海水入侵地质灾害调查及防治对策

——以深圳市为例

Geological hazards investigation and prevention countermeasures of seawater intrusion

—— A case study of Shenzhen

廖化荣　危媛丞　汪文富　主编

化学工业出版社
·北京·

内容简介

本书从水文地质、工程地质和环境资源及环境地质等角度出发，提出了海水入侵灾害成因研究的基本内容和方法。在分析各种环境地质条件和水资源评价的基础上，结合多年的监测数据，应用多种测试手段和数值模拟分析，根据海水入侵各项评价指标，探讨了海水入侵的成因、机理、类型、灾害等级划分的原则和防治意义等，对海水入侵的发展趋势进行了预测，提出了有效的海水入侵综合防治措施。本书以深圳市海水入侵调研结果为例，按海水入侵灾害的严重程度对深圳市各区域进行了灾害等级的划分，对深圳市海水入侵的分布范围、海水入侵类型、入侵过渡带的特征、入侵规律及入侵原因等进行了深入分析和研究，提出了深圳市的地下水开采方案和海水入侵防治方案。

本书可供土木、地质、地理、水利水电、农田水利、农业水土、环境科学等专业和领域的科研人员、设计和施工技术人员参考，也可供高等院校相关专业的师生学习拓展。

图书在版编目（CIP）数据

海水入侵地质灾害调查及防治对策：以深圳市为例/廖化荣，危嫒丞，汪文富主编 . —北京：化学工业出版社，2022.1

ISBN 978-7-122-40605-7

Ⅰ.①海… Ⅱ.①廖…②危…③汪… Ⅲ.①海蚀-地质灾害-调查-深圳②海蚀-地质灾害-灾害防治-深圳 Ⅳ.①S157.1②P694

中国版本图书馆 CIP 数据核字（2022）第 007814 号

....

责任编辑：刘丽菲
责任校对：宋　玮
装帧设计：李子姮

....

出版发行：化学工业出版社
　　　　　（北京市东城区青年湖南街 13 号　邮政编码 100011）
印　　装：北京建宏印刷有限公司
710mm×1000mm　1/16　印张 16　字数 316 千字
2022 年 5 月北京第 1 版第 1 次印刷

....

购书咨询：010-64518888
售后服务：010-64518899
网　　址：http://www.cip.com.cn

凡购买本书，如有缺损质量问题，本社销售中心负责调换。

....

定　　价：88.00 元　　　　　　　版权所有　违者必究

编写人员名单

主　　编：廖化荣　　危媛丞　　汪文富

副 主 编：蔡衍钻　　汪　磊　　韩伟良　　吴志斌

编写人员：廖化荣　　危媛丞　　汪文富　　蔡衍钻　　汪　磊

　　　　　韩伟良　　吴志斌　　卫　敏　　齐明柱　　雷呈斌

　　　　　曾江波　　赵海权　　李前国　　彭扬义　　肖林超

　　　　　潘黎明

前言

灾害是一种自然的或人为的因素引起的不幸事件（或过程），它对人类的生命财产、社会经济活动、资源和环境造成了一定程度的危害和破坏。海水入侵地质灾害是指由于自然或人为原因，滨海地区地下水动力条件发生改变，使滨海地区含水层中的淡水与海水（或地下咸水）之间的平衡状态遭到破坏，导致海水或与海水有水力联系的高矿化地下咸水沿含水层向陆域方向扩侵，影响入侵带内人、畜生活和工农业生产用水等，使淡水资源遭到破坏的现象或过程。

目前，全世界已经有几十个国家和地区发现了海水入侵问题。我国海水入侵主要发生在地下水开采量较大的沿海城市。海水入侵给当地经济造成巨大损失，严重破坏生态环境，造成水位下降、水质恶化、土壤盐渍化、耕地资源退化等次生环境问题，危害人体健康及自然环境。海水入侵地质灾害的核心是使地下水资源遭到破坏。海水入侵研究的重点是开发资源和保护环境的优化管理。由于海水入侵是一个从陆地到海洋、从地上到地下、从自然环境到人类社会经济发展的综合问题，因此海水入侵地质灾害的应对措施必须从自然到人类社会经济发展综合考虑以达到资源与环境统一，人与自然和谐。

海水入侵灾害是一个复杂多元的综合生态地质环境系统，要全面、彻底地揭示它的成因、机理、规律及防治对策与效益，需长期多学科联合研究，应加强海水入侵区域的自然地理、水资源条件、水文地质、环境地质、工程地质、古环境、地形地貌条件等方面的研究，设立监测监控网络平台，追踪海水入侵程度及治理效果的动态变化，使海水入侵灾害的综合防治取得最佳效益。

本书在查阅大量国内外文献的基础上，对海水入侵地质灾害的研究方法和研究理论、调查手段、主要指标体系等进行了深入分析，以深圳市为例，结合深圳市的地形地貌特点、环境地质条件、地下水发育特征、水文地质分区特点等，采用剖面水质监测和电测深、电测井法等监测方法和手段，对不同地貌区咸水层的平面和垂向分布规律进行了分析和探讨，在重点区域进行咸水界面运移规律的动态监测，查明并总结了咸水界面沿水平方向和垂直方向的动态运移规律，综合确定了深圳市海水入侵所处的发展阶段、发展速率及今后的发展趋势，建立了海水入侵数值模型，模拟预测了今后不同时期海水入侵可能发生的范围和程度，对比了不同防治方案海水入侵的动态变化，为海水入侵地质灾害的防治提供了可靠的依据。

主要研究内容包括：

（1）充分收集已有的气象、遥感、地形、地质、水文地质、地表水等数据资料，补充海岸带水文地质勘查资料，查明海岸带地下水系统结构及其形成、演化。

（2）开展海水入侵地质灾害调查，查明不同时期海水入侵程度、范围、通道及主要影响因素，研究海水入侵现状特征、成因及演化规律。

（3）合理布置监测点，建立海水入侵长期监测网络，开展海岸带地下水长期监测。

（4）完成海水入侵地质灾害数据库建设，利用 GIS 技术实现海水入侵空间数据与属性数据的一体化管理，建立海水入侵地质灾害信息管理系统。

（5）开展海水入侵预测模型研究，建立海水入侵数学模型，建立基于GIS 的海水入侵趋势预测系统，实现基于地下水系统结构和数值模拟的海水入侵趋势预测。

（6）调查海水入侵的损失情况，建立海水入侵评估体系，开展灾情评估，研究海水入侵对城市发展的影响，提出切实可行的防治对策。

（7）重点开展地下水开采、填海工程和入海河流水位变化对海水入侵影响的研究。

本书共三部分，共 9 章。第一部分绪论，介绍本书的基本研究内容。第二部分为深圳市海水入侵地质灾害调查，分 5 章：第 1 章深圳市海水入侵地质灾害概述；第 2 章介绍深圳市的地质环境条件；第 3 章介绍深圳市的水文地质分区；第 4 章介绍深圳市海水入侵的地质灾害特征；第 5 章介绍海水入侵地质灾害危险性分区与危害性初步评价。第三部分为深圳市海水入侵地质灾害趋势预测及防治对策，分 4 章：第 6 章介绍海水入侵地质灾害趋势预测；第 7 章介绍海水入侵地质灾害灾情评估；第 8 章介绍海水入侵地质灾害防治对策；第 9 章介绍深圳市海水入侵地质灾害监测。

本书的作者有廖化荣、危媛丞、汪文富、蔡衍钻、汪磊、韩伟良、吴志斌、卫敏、齐明柱、雷呈斌、曾江波、赵海权、李前国、彭扬义、肖林超、潘黎明，其中廖化荣负责全书统稿，其他作者编写了部分章节并对本书提供了有价值的指导。

本书得以完成，除了要感谢各位作者及诸多专家提供的宝贵建议与支持外，还得到了贵州省科技计划项目（黔科合基础［2019］1143）和贵州理工学院高层次人才科研启动经费项目（项目编号：XJGC20190914）的资助。本项目由深圳市国土资源和房产管理局委托深圳市房地产估价中心发起，由深圳市勘察测绘院（集团）有限公司主持，联合北京大学、中国地质环境监测院、广东省地质环境监测总站共同完成，在此，对各单位和共同参与单位的各位领导及参与人员为本研究项目做出的贡献表示衷心的感谢。

鉴于作者水平有限、编写时间仓促，书中难免会有瑕疵、疏漏、不当之处，敬请读者批评指正。

获取相关图件可与著者联系，邮箱：76133246@qq.com。

编者

2021 年 11 月

目录

第1篇　深圳市海水入侵地质灾害调查

绪　论

0.1　概述

深圳市海水入侵地质灾害调查与防治对策研究工作共分两个阶段：第一阶段为深圳市海水入侵地质灾害调查。第二阶段为深圳市海水入侵地质灾害趋势预测及防治对策研究；深圳市地下水开采、填海工程、入海河流等对海水入侵影响研究；海水入侵地质灾害信息管理系统、海水入侵地质灾害趋势预测和灾情评估系统、海水入侵地质灾害信息发布系统研究。

0.2　研究任务和要求

开展该研究的目的是查明深圳沿海地带海水入侵的程度、原因及入侵形式，揭示海水入侵发生机理和发展规律，重点查明海岸带地下水开采、填海工程和入海河流水位变化情况及其对海水入侵的作用，研究海水入侵对海岸带城市发展的影响，提出海水入侵地质灾害的防治对策。

0.3　研究目标

①　揭示深圳海水入侵的发生机理，建立海岸带地下水演化模型，预测海水入侵发展趋势，为科学进行海岸带开发建设及海水入侵防治提供理论依据；
②　建立海岸带地下水长期监测网络，适时监控海水入侵过程，为海岸带地下水资源管理和工程建设提供数据支持；
③　建立海水入侵地质灾害数据库和信息管理系统，以及基于地理信息系统（GIS）的海水入侵地质灾害趋势预测和灾情评估系统，为海水入侵地质灾害防治和城市发展规划提供数据和分析研究平台。

0.4　研究内容

①　充分收集已有的气象、遥感、地形、地质、水文地质、地表水等数据资

料，补充海岸带水文地质勘查资料，查明海岸带地下水系统结构及其形成、演化。

② 开展海水入侵地质灾害调查，查明不同时期海水入侵程度、范围、通道及主要影响因素，研究海水入侵现状特征、成因及演化规律。

③ 合理布置监测点，建立海水入侵长期监测网络，开展海岸带地下水长期监测。

④ 完成海水入侵地质灾害数据库建设，利用GIS技术实现海水入侵空间数据与属性数据的一体化管理，建立海水入侵地质灾害信息管理系统。

⑤ 开展海水入侵预测模型研究，建立海水入侵数学模型，建立基于GIS的海水入侵趋势预测系统，实现基于地下水系统结构和数值模拟的海水入侵趋势预测。

⑥ 调查海水入侵的损失情况，建立海水入侵评估体系，开展灾情评估，研究海水入侵对城市发展的影响，提出切实可行的防治对策。

⑦ 重点开展地下水开采、填海工程和入海河流水位变化对海水入侵影响的研究。

第1篇

深圳市海水入侵
地质灾害调查

第1章
深圳市海水入侵地质灾害概述

1.1 工作范围

查清海岸带海水入侵地质灾害的分布特征，工作范围为深圳沿海海岸带。海岸带范围的界定是指深圳市管辖的内海、领海以及相邻依托的陆域，重点是大陆的近海沿岸、潮间带和海岸区域。

深圳现行法定海岸线由广东省人民政府 2018 年批准实施，分为西部岸线和东部岸线，西部岸线自宝安东宝河口至福田深圳河河口，东部岸线自盐田沙头角至大鹏坝光。全市岸线全长 260.5km，其中人工岸线 160.1km，自然岸线 100.4km，自然岸线占比 38.53%。根据深圳市海岸带主要特征，将海岸带进行评述如下：

① 东部海岸带为大鹏湾及大亚湾沿岸海域。海岸带从西部沙头角开始，沿海岸带向东经盐田、大小梅沙至葵涌盆地，环绕大鹏半岛向北经岭澳核电站至坝光村一带与惠州分界，海域范围包括粤港水域界线以内的大鹏湾及大亚湾近海海域。

② 西部海岸带包括深圳湾、前海湾和珠江口东缘沿岸海域。海岸带北至东宝河与东莞相接，向南经沙井、福永、西乡至前海湾，环绕蛇口半岛后转向东，经华侨城至深圳湾东侧与香港分界，海域范围包括伶仃水道的领域范围。

根据《深圳市海水入侵地质灾害调查与防治对策研究》项目任务书要求和深圳市海岸带地形地貌特征，本项目工作范围应基于上述海岸带沿岸，向海域方向涵盖潮间带及部分近海海域（根据海岸情况控制在 200～500m 之间），向陆域方向涵盖海积、海冲积、冲积平原，为查明海岸带地下水系统结构，将研究范围延至山地或台地边缘。重点范围为潮间带、海积、海冲积、冲积平原。据此，确定本项目工作范围面积约为 675km^2（表 1-1）。

表 1-1 深圳市海水入侵地质灾害调查与防治对策研究项目工作面积

单位：km^2

区域 \ 面积	陆域面积	海域面积	合计
西部海岸带	406	30	436
东部海岸带	200	39	239
合计	606	69	675

1.2 经济地理及城市发展概况

1.2.1 经济地理

深圳市辖区呈现近东西向条带状，地处广东省南部，东临大亚湾和大鹏湾，西濒珠江口和伶仃洋，北与东莞、惠州两市接壤，南与香港山水相连，是珠江三角洲重要中心城市和中国南部交通枢纽。深圳市北部与内陆相连，南部除罗湖口岸至沙头角一带和香港以深圳河相隔外均为临海海岸带。

根据 2020 年 12 月统计数据，深圳市下辖罗湖、福田、南山、宝安、龙岗、盐田、龙华、坪山、光明 9 个行政区及大鹏新区、深汕特别合作区 2 个功能区，61 个镇级行政单位（56 个街道、4 个镇）。海岸带涉及全市 9 个行政区。陆地位置为东经 $113°46'$~$114°37'$，北纬 $22°27'$~$22°52'$，陆域总面积为 $2465.8km^2$；海域位置为东经 $113°39'$~$114°39'$，北纬 $22°09'$~$22°52'$，海域总面积 $1145km^2$。

深圳市海岸带市政路网发达，并有广深、盐坝、惠盐等高速公路和滨海大道、西部通道、坪西一级公路相通；沿海岸分布有赤湾、妈湾、蛇口、东角头、盐田等水运港口、码头数十处；拥有宝安国际机场，截至 2016 年 12 月，共有 44 家国内外航空公司开通深圳航线，航线总数 188 条；有京九铁路和广深铁路。华侨城以东的西海岸带已建地铁，正在建设或规划建设沿海高速、地铁等交通网络；拥有沙头角、文锦渡、罗湖、皇岗和西部通道等通达香港的公路及铁路口岸。深圳市有高度发达的海、陆、空交通体系，交通十分便利。

1.2.2 深圳市主要环境地质问题

随着深圳市城市的迅速发展，深圳市的发展也面临土地、资源、人口负担和环境承载力"四个难以为继的"瓶颈性制约，资源短缺、总体环境质量变差等社会发展的问题日益明显。

（1）面临水资源环境污染和水资源短缺的压力

深圳市水资源主要来源于天然降水，根据深圳市水务局统计数据，2019 年深圳市降水量 1918.17mm，水资源总量为 26.65 亿立方米，其中地下水资源量为 5.71 亿立方米，人均用水量为 429.29L/日，人均居民生活用水量为 160.89L/日，万元 GDP 用水量为 $7.82m^3$，万元工业增加值用水量为 $4.99m^3$。2019 年，深圳市原水供应量达到 21.06 亿立方米；海水利用量达到 111.70 亿立方米。

根据深圳市水利规划设计院完成的《深圳市需水量预测专题报告》的预测结果，2030 年深圳市需水量将达到 31.0 亿立方米。深圳市多年平均水资源量为 18.72 亿立方米，按 2005 年常住人口 597 万人计算，人均水资源量为 $313m^3$，为全国平均值的 1/6；按实际人口 1071 万人计算，人均水资源量为 175m³，不到全国平均值的 1/10，属严重缺水城市。深圳市 80％以上用水须市外水源解决。

2015 年深圳市全市共监测 9 个流域 48 条河流 75 个断面。75 个监测断面的监测数据分析结果表明，东涌河水质达到地表水Ⅱ类标准，水质为优；盐田河水质达到地表水Ⅲ类标准，水质良好；王母河水质达到地表水Ⅴ类标准，处于中度污染水平；其他河流水质均劣于地表水Ⅴ类标准。深圳河、茅洲河和龙岗河 3 条监测断面总数大于或等于 5 的河流Ⅰ～Ⅲ类水质断面数占各自总监测断面数的比例分别为 28.6％、0 和 20.0％，劣Ⅴ类水质断面比例分别为 71.4％、100％和 40.0％，3 条河流水质均处于重度污染水平，主要超标污染物为氨氮和总磷等。监测断面水质与沿程污染源排放、污水处理设施运行和河道整治工程密切相关。

2015 年全市河流重污染断面比例高达 85.3％。全市黑臭水体共有 133 条，其中建成区黑臭水体 36 条。根据污染物分担率统计结果，15 条主要河流［深圳河、布吉河、大沙河、茅洲河、观澜河、西乡河、龙岗河、坪山河、新洲河、福田河、皇岗河、凤塘河、沙湾河（罗湖）、盐田河和王母河］的污染物分担率占前 3 位的污染物多为氨氮、总磷和生化需氧量，3 项污染物的污染分担率合计多在 50％以上，可见深圳市河流水质主要受生活污染源的影响。其中，新洲河和皇岗河氨氮的污染分担率最高，均为 38.0％；观澜河总磷的污染分担率最高，为 38.1％。与其他河流相比，水质较好的盐田河和王母河的各项生活类污染物的污染分担率则相对接近。

东部海域整体水质良好，达到国家海水水质第一类标准；西部海域水质劣于第Ⅳ类标准，受珠江口来水影响，主要污染物为无机氮、活性磷酸盐和大肠菌群。

深圳是一座缺水城市，七成以上的用水来自东江。同时，近 40 多年来的经济高速发展，水质污染日趋严重，水质性缺水日益突出，水环境的承载力严重透支，水问题已成为制约深圳经济社会持续健康发展的瓶颈。

（2）土地资源短缺、水土流失问题日益严重

根据《深圳市近期建设与土地利用规划 2015 年度实施计划》，2015 年全市（含前海合作区）计划供应建设用地 1600hm²，其中预下达指标 1450hm²，预留指标 150hm²。根据《深圳市 2018 年度土地变更调查主要数据成果的公报》，2018 年全市耕地面积 3618hm²，建设用地面积 100595hm²，可建设用地将基本消耗殆尽。

根据深圳市水务局 2019 年统计数据，按照《区域水土流失动态监测技术规定（试行）》的土壤侵蚀模数定量计算，结合《土壤侵蚀分类分级标准》（SL 190—2007）的水土流失强度进行判别，全市水土流失面积为 51.85km²，占陆域面积的 2.10％，水土流失现象仍较突出。

深圳市可建设用地减少和水土流失将制约城市的可持续发展。

（3）城市地质环境的突变性和缓变性问题均比较突出

在深圳市城市迅速发展、人口快速增长的同时，水质、空气、淤泥、噪声等方面的污染加重或恶化；建筑垃圾资源化水平低；崩塌、滑坡、泥石流、岩溶塌陷、地面不均匀沉降等突变性地质灾害时有发生；海水入侵与地下水咸化等缓变性地质灾害也较严重。

1.3　前人工作程度

深圳市自建特区以来，适逢改革开放大好时机，加之特区的优势，各项事业都得到突飞猛进的发展。地质勘察工作也同样得到空前的重视和大力发展，所取得的各类地质资料极为丰富，为深圳市的各项建设提供了可靠的资料和坚实基础，同时也为日后地质工作积累了丰富的经验。这些资料包括小、中比例尺区域地质调查、矿产地质、水文地质和工程地质调查；大中比例尺各类地质勘察成果，以及为各类工程建设所做的专门勘察，提供了各种比例尺的各类图件和成果报告。20 世纪 90 年代后期至今环境地质及地质灾害危险性评估工作也迅速发展，因此，深圳市无论基础地质工作还是专门性地质工作均为本书的研究提供了宝贵的地质依据。

1.3.1　基础地质调查和填图工作

深圳市范围内已先后完成了本区的 1∶200000 区域物探调查和 1∶100000 及 1∶50000 区域地质矿产调查工作，并提交了相应的调查报告和图件。上述成果资料为本书海水入侵地质灾害调查研究提供了基础性的区域地层、地质构造框架资料依据。

1.3.2　水文地质、工程地质调查和勘察工作

① 1∶200000 区域水文地质调查工作，1981 年；

② 深圳市经济特区内的 1∶50000 水文地质工程地质调查和编图工作，1985 年；

③ 1∶100000 的《深圳市区域稳定性评价报告》，1987 年；

④ 199—1997 年，有关单位对珠江三角洲地区未来海平面上升引起的灾害进行了系统研究，提出了对海岸带管理和减灾对策，该项目对本书海岸带灾害调查和研究有很好的借鉴作用；

⑤《深圳市东水西调输水工程深圳断裂带地段断裂构造稳定性评价报告》，1997 年；

⑥ 深圳市 1∶50000 区域水文地质调查和地下水资源评价工作，1999 年；

⑦ 自深圳特区建立至今，众多勘察单位先后完成了数以万计建筑场地（如

滨海大道、西部通道、深圳机场、高速公路等）的工程地质和岩土工程勘察，获得大量钻孔、物探等勘探资料。

上述各项勘察工作为本书海水入侵地质灾害调查研究提供了较丰富的水文地质和工程地质及区域稳定评价的基础性资料。

1.3.3 环境地质调查和地质灾害调查、评估、评价工作

深圳市地质环境工作起步较晚，项目主要是在近几年才陆续开展。目前已完成的较大型地质环境专题调查评价项目报告有：《深圳河（湾）环境地质调查报告》、《深圳市地质环境与地质灾害调查》（内含西部地区海水入侵调查工作）、《宝安区海岸带地质灾害调查》、《深圳市大鹏半岛国家地质公园地质调查》、《深圳市海域地质矿产资源开发利用与地质环境保护规划》、《深圳市龙岗区岩溶塌陷灾害勘查报告》等，以及一些大型场地选址水工环地质调查与评价报告等。正在进行的长期动态监测项目有：全市局部地段地下水动态监测、深圳断裂带中黄贝岭 F8 断层位移监测、深圳罗湖活动性断裂分布区建筑群与地面变形监测及趋势预测、深圳市罗湖建成区断裂带现今活动性与地应力监测研究等项目（工作程度图参见文献［31］）。

1.4 执行标准

(1)《海岸带综合地质勘查规范》GB/T 10202；

(2)《供水水文地质勘察规范》GB 50027；

(3)《地下水动态监测规程》DZ/T 0133；

(4)《区域水文地质工程地质环境地质综合勘查规范（比例尺 1∶50000）》GB/T 14158；

(5)《1∶50000 海区地貌编图规范》DZ/T 0238；

(6)《1∶50000 海区第四纪地质图编图规范》DZ/T 0239；

(7)《区域地质调查总则（1∶50000）》DZ/T 0001；

(8)《浅覆盖区区域地质调查细则（1∶50000）》DZ/T 0158；

(9)《1∶250000 区域地质调查技术要求》，DD 2019—01；

(10)《地下水资源管理模型工作要求》GB/T 14497；

(11)《区域环境地质调查总则》（试行）DD 2004—02；

(12)《城市环境地质问题调查评价规范》DD 2008—03；

(13)《地表水环境质量标准》GB 3838；

(14)《地下水质量标准》GB/T 14848；

(15)《农田灌溉水质标准》GB 5084；

(16)《县（市）地质灾害调查与区划基本要求》实施细则（修订稿）(2006)；

（17）《地质灾害分类分级标准》T/CAGHP 001；

（18）《地理信息 术语》GB/T 17694；

（19）《数字化地质图图层及属性文件格式》DZ/T 0197；

（20）《地质调查元数据内容与结构标准》中国地质调查局（2001）；

（21）《资源评价工作中地理信息系统工作细则》DDZ 9701；

（22）《地质图用色标准及用色原则 1∶50000》DZ/T 0179；

（23）《地质图空间数据库建设工作指南》中国地质调查局（2001）；

（24）《中国地震动参数区划图》GB 18306；

（25）《物探化探计算机软件开发规范》DZ/T 0169；

（26）《信息技术 软件生存周期过程》GB 8566；

（27）《计算机软件需求规格说明规范》GB/T 9385；

（28）《计算机软件测试文档编制规范》GB/T 9386；

（29）《信息处理 数据库流程图、程序流程图、系统流程图、程序网络图和系统资源图的文件编制符号及约定》GB 1526；

（30）《中华人民共和国计算机信息系统安全保护条例》；

（31）《地理空间数据交换格式》GB/T 17798；

（32）《地质矿产术语分类代码》GB 9649；

（33）《地质灾害防治条例》（2004）；

（34）《地质灾害防治管理办法》（1999）；

（35）《全国国土资源信息网络系统建设规范》自然资源部信息中心（2002）；

（36）《全国国土资源信息网络系统安全管理规定》自然资源部信息中心（2002）；

（37）《生活饮用水卫生标准》GB 5749；

（38）《水利水电工程钻孔抽水试验规程》SL 320；

（39）《综合水文地质图图例及色标》GB/T 14538。

1.5 工作方法及完成工作量

地下水乃至地表水是海水入侵的重要载体。本书海水入侵地质灾害调查与防治对策研究，需调查与研究的主要地质问题是查明工作区地下水水化学特征。围绕这一问题，本项目主要工作方法是野外水文地质调查（含同比例尺地质测绘），物探勘探、水文地质钻探、野外抽水试验、地下水长期监测，辅以室内水质分析及岩土测试等方法，通过上述工作查清深圳市海岸地带地下水水化学特征，分析深圳市地下水遭海水入侵的现状以及发展趋势，为下一步应对海水入侵制订切实可行的对策。

1.5.1 综合地质、水文地质测绘

综合地质、水文地质测绘是海水入侵地质灾害研究的基础性工作，也是主要

工作手段之一。深圳市极强的人类工程活动，即大量工程建设，使原始地面遭到大面积人为覆盖，破坏了大地的原始状态，给本项目的调查研究带来了极大困难。

综合地质、水文地质测绘，使用地形底图为 1∶10000，提交成果为 1∶25000。由于深圳市尚无大于 1∶25000 地质图，野外测绘在进行水文地质调查的同时，进行地质测绘。

通过初步调查发现人工揭露水点——水井主要分布于村民居住区，野外工作时采用逐村调查访问。市政府为限制地下水开采引起新的环境问题，在对旧村庄进行改造时，将大部分民井填埋，保留甚少。未经改造的村庄保留了不少水井，密度较大，为此对这部分水井进行了选择，井与井之间要有 100～200m 的距离，并选择井深大、使用人数较多的井作为调查井点。调查的重点地段放在沿海地带，目的是查明海水入侵的范围；对相对远离海岸带的后缘地段也对其水点进行了调查，目的是确定地下水的背景值。调查中对每个水井进行准确的定位，依据大比例尺图上的地形地物及相对位置确定，调查其含水层岩性、结构、水井结构、使用情况、地下水用途及用水量、水位变化等情况，对每个水井进行取样水质分析。在进行水文地质调查的同时，对主要地质界线、断裂构造、地形地貌等进行调查。

1.5.2 物理勘探

1.5.2.1 基本要求

地面物探的目的是圈定含水层空间分布及富水区，提高水文地质勘察质量，指导勘探钻孔的布置，提高钻探效果和减少钻探工作量。凡具有地球物理前提，且可以消除人工物理场干扰的地区，均进行了地面物探工作。根据测区水文地质条件、被探测体的地球物理特性等因素选择物探方法。在水文地质测绘基础上，选择具有代表性的海岸类型、水文地质单元和已经或潜在海水入侵灾害的地段布设，主要物探线应垂直水文地质单元和海岸线布置，并于钻探工程设计之前进行，以指导勘探钻孔的合理布置。

1.5.2.2 地面物探勘查工作的任务和目的

① 含水层（带）的分布范围、厚度、埋深、富水性，圈定地下水富水地段；
② 埋藏冲洪积扇的分布范围和埋藏深度，浅部冲洪积扇储水结构的边界条件、底板形态；
③ 古河道的形态、规模、掩埋深度及富水性；
④ 咸水分布范围、厚度，以及咸水区内淡水透镜体的分布；
⑤ 覆盖层厚度，隐伏断裂带、接触带和沉积间断面的空间分布位置及其富水的可能性。

1.5.2.3 地球物理测井工作的任务和目的

地球物理测井的目的，是弥补岩心采取率的不足，在钻孔中取得更多的地质、水文地质资料，减少取样孔数，指导成井。地球物理测井主要探测下列内容：

① 钻孔地质剖面、断裂带、裂隙带、岩溶发育带的位置及厚度；

② 含水层（带）的位置及厚度；

③ 咸、淡水的分界面；

④ 抽水试验孔的涌水量与含水层地下水有效进水深度的关系；

⑤ 测量钻孔孔径、孔斜、井液，寻找井内事故位置；

⑥ 尽可能测定含水层的岩性、密度、孔隙度、渗透系数及地下水的矿化度、流速、流向、流量等。

地球物理测井工作结束后，应按地球物理测井规范要求提交测井综合曲线图，地质、水文地质解译成果及文字总结。

1.5.2.4 方法选择

海水入侵具有隐蔽性，且影响海水入侵的因素很多，单一的方法勘查研究海水入侵一般难以奏效，需尽可能采用综合方法；以先进理论为指导、地质观察研究为基础，不断提高海水入侵的研究程度和质量，充分合理地利用区内已有的资料。

物探方法用于监测海水入侵，是依据咸淡水两种不同介质对自然或人工电场不同的电导反映（电阻率、充电率差异）来确定海水入侵形成的咸淡水界面，它常和化学指标法共同使用，相互补充、相互印证。采用的主要指标有：

① 电阻率指标，主要方法有垂向电测深法和瞬变电磁法。

② 充电率指标，目前仅限于激发极化法。

一般视电阻率值 $20\Omega \cdot m$ 作为咸淡水界面的特征值。垂向电测深法是海水入侵监测中最常用的物探方法，缺点是易受高阻包气带和低阻地层的影响导致测量误差。瞬变电磁法能够有效地确定不同深度的导电层（包括高阻包气带和低阻地层），特别适宜于多层含水层海水入侵监测，但其曲线解译复杂，影响了实际使用。激发极化法可以根据人工电场在地下岩层产生极化二次场的衰减特性及多项物理参数异常来确定岩层性质，它可以作为垂向电测深法的一种补充手段。另外，电剖面法、电磁剖面法和地震反射法等物探方法也可用于海水入侵监测，常多种方法联合使用，相互补充。

综合分析现有的物探方法，根据深圳市海水入侵地带的实际情况，本书以高密度电法和联合剖面法为主，同时以瞬变电磁法、激发极化法及地球物理测井等多种辅助手段，对海水入侵进行地球物理综合探测。

1.5.2.5 实际完成工作量

物探勘察共完成物探高密度电法测线 13 条 47140m，联合剖面法测线 6 条

33200m，视电阻率测井 27 孔 637m。

1.5.3 水文地质钻探

在区域水文地质地面测绘的基础上，选择具有代表性的海岸类型和已经或潜在海水入侵灾害的地段布设水文地质钻探剖面及钻探点。深圳市西部海岸共计19 条剖面，其中宝安区布置 8 条剖面、南山区布置 6 条剖面、福田区布置 3 条剖面、罗湖区布置 2 条剖面；深圳市东部海岸布置 10 条剖面，共 29 条剖面。根据所处位置的具体情况每条剖面布设钻孔 2～5 个，共计 112 个钻孔，其中：抽水试验孔 8 个，抽水试验观测孔 8 个，水文地质勘查孔 57 个，长期监测孔 47个，其中松散层孔隙水长期监测孔 32 个，基岩裂隙水长期监测孔 15 个。

1.5.3.1 钻孔质量要求

① 钻孔孔径：抽水试验孔孔径 300mm，松散地层钻孔应保证滤水管外有 50～75mm 的填砾厚度，下入内径不小于 130mm 的硬质厚壁 PVC 管。水文地质勘查孔、抽水试验观测孔在松散地层中，钻孔终孔孔径不小于 110mm。基岩钻孔终孔口径不小于 91mm。

② 孔斜：每 100m 间距内不超过 2°。

③ 冲洗液：一般要求使用清水钻进，但可以根据地层稳定程度和水源条件，合理选择清水或泥浆作为钻进冲洗液。

④ 钻孔止水（或封孔）：分层抽水试验钻孔均应进行止水或封孔，止水材料可选用黏土球、海带等，封孔采用水泥浆。

⑤ 岩心采取率：黏性土、完整基岩平均不低于 85%（每层不低于 70%），砂性土、风化或破碎基岩平均不低于 60%（每层不低于 50%）。

⑥ 岩心取样：采取的岩心试样应有代表性，能反映取芯层的岩性特征，采取的试验样品必须满足试验要求。

⑦ 钻进过程中，应连续地进行简易水文地质观测，并及时做好观测记录。

⑧ 勘探钻孔（包括观测孔）均应测量孔口坐标和高程。抽水试验孔井管和监测孔井管可选用厚壁 PVC 管（壁厚大于 10mm）。

1.5.3.2 滤水管应满足的技术要求

① 抽水试验孔滤水管孔隙率一般不小于 20%；

② 抽水孔滤水管的口径，在松散含水层中应不小于 130mm，破碎基岩含水层应不小于 110mm，观测孔滤水管口径一般不小于 89mm；

③ 抽水孔滤水管的下端应有管底封闭的沉淀管，其长度可根据孔深确定，一般为 2～5m。

1.5.3.3　洗井质量检验标准

① 滤水管安装完毕后应及时洗井。根据地层岩性、钻孔结构、孔管材料和设备情况可灵活选用机械或化学的洗井方法，以满足洗井质量检验标准为准则；

② 洗井后通过两次简易抽水试验对比验证，单孔涌水量增大不超过 5％，动水位升降不超过水位下降值的 1‰；

③ 断续大强度洗井，井水不出现混浊现象；

④ 采用活塞洗井法洗井后，井内沉砂不上升或基本不上升；

⑤ 与相同条件的生产井比较，单位涌水量应基本一致。

钻进过程中应及时进行地质编录，钻孔竣工后及时提交钻孔地质柱状图、水文地质观测及岩心记录表、测井曲线、岩心照片、素描图、采样及分析结果等地质资料，并编制钻孔综合成果图。

1.5.4　水文地质试验

水文地质试验主要是进行了抽水试验，设计中的弥散试验和流速试验由于受场地试验条件和试验方法的限制未能进行，增加了简易抽水试验和非稳定流抽水试验。

1.5.4.1　抽水试验基本要求

（1）抽水试验

主要分为单孔抽水、多孔抽水。

① 单孔抽水试验：仅在一个试验孔中抽水，用以确定涌水量与水位降深的关系，概略取得含水层渗透系数。

② 多孔抽水试验：在一个主孔内抽水，在其周围设置 1 个或若干个观测孔观测地下水位。通过多孔抽水试验可以求得较为准确的水文地质参数和含水层不同方向的渗透性能及边界条件等，观测孔孔深应尽量与抽水孔一致；在钻孔中进行的抽水试验均采用多孔抽水试验，抽水孔为 JC2、JC7、JC13、JC21、JC28、JC31、JC39、JC45。观测孔距抽水孔的距离根据抽水层的岩性、厚度确定，一般在 20～50m 之间。

（2）抽水试验前应做好的准备工作

① 编制抽水试验设计任务书；

② 测量抽水孔及观测孔深度，如发现沉淀管内有沉砂应清洗干净；

③ 正式抽水前做一次最大降深的试验性抽水，作为选择和分配抽水试验水位降深值的依据；

④ 正式抽水前数日对抽水孔和观测孔及其附近有关水点进行水位统测，如果地下水位日变化很大时，还应取得典型地段抽水前的日水位动态曲线。

（3）抽水试验孔布置要求

① 抽水孔的布置应符合下列要求：对勘查区水文地质条件具有控制意义的典型地段，应布置抽水试验孔，根据抽水试验资料计算的水文地质参数编制参数分区图。

② 观测孔的布置应符合下列要求：

a. 为了计算水文地质参数，在抽水孔的一侧垂直地下水的流向布置 1 个观测孔；

b. 利用钻孔和已有井孔进行约 40 次、150 台班的现场抽水试验、水位恢复试验。

（4）稳定流抽水试验要求

稳定流抽水试验一般进行三次水位降深，根据工作区的实际情况，含水层薄，水量小，进行二次或一次最大降深试验。

在稳定延续时间内，涌水量和动水位与时间关系曲线在一定范围内波动，没有持续上升或下降的趋势。当水位降深小于 10m，用深井泵等抽水时，水位波动值不超过 50mm。一般不应超过平均水位降深值的 1%，涌水量波动值不能超过平均流量的 3%。

（5）观测频率及精度要求

① 水位观测一般在抽水开始后第 1min、3min、3min、3min、5min、5min、10min、20min、30min 进行观测，以后每隔 30min 观测一次，稳定后可延至 1h 观测一次。水位读数准确到厘米。

② 涌水量观测与水位观测同步进行。

③ 水温、气温宜 2～4h 观测一次，读数应准确到 0.5℃，观测时间应与水位观测时间相对应。

停泵后立即观测恢复水位，观测时间间隔与抽水试验要求基本相同。若连续 3h 水位不变，或水位呈单向变化，连续 4h 内每小时水位变化不超过 10mm，或者水位升降与自然水位变化相一致时，即可停止观测。

1.5.4.2　资料整理要求

试验期间，对原始资料和表格及时进行了整理。试验结束后，单孔抽水试验提交抽水试验综合成果表，其内容包括：水位和流量过程曲线、水位和流量关系曲线、水位和时间（单对数及双对数）关系曲线、恢复水位与时间关系曲线、抽水成果、水质分析成果、水文地质计算成果、施工技术柱状图、钻孔平面位置图等。多孔抽水试验尚应提交抽水试验地下水水位下降漏斗平面图、剖面图。

1.5.5　室内水、土、岩分析试验

1.5.5.1　水质分析

（1）水质分析的主要任务

① 划分地下水化学类型，研究区域水文地球化学特征及其垂直和水平分带

规律；

② 查明入侵区地下水物质成分和含量、途径、范围、深度、程度、危害情况及发展趋势等，为拟定应对措施提供依据。

（2）采样、分析要求

① 一般水文地质点（泉、井、孔）应采取简分析样；

② 各含水层的代表性水文地质点，以及所有抽水孔（井）应按抽水层次取全分析样，全分析样个数不少于简分析样总数的 20%；

③ 在拟建水源地范围内，各主要含水层的重点抽水孔应取细菌分析样；

④ 根据水文地质环境和设计部门对水质的要求，采取相应的微量元素和特种成分分析样；

⑤ 在滨海及其他水质复杂的地区，为查明因地下水开采可能引起的水质恶化，在抽水过程中应定时测定氯离子的变化；

⑥ 本项目工作安排采取水样约 1300 组。

（3）水质分析具体指标

水质分析指标：Na^+、K^+、Ca^{2+}、Mg^{2+}、Cl^-、SO_4^{2-}、HCO_3^-、Br^-、pH 值、游离 CO_2、侵蚀性 CO_2、总碱度、总硬度、总矿化度。为了更好地研究海水入侵，增加了对 Na^+、K^+ 分测和 Br^- 的分析。

1.5.5.2 土壤试验

（1）土壤试验的主要任务

① 确定土壤名称，查明各土层的渗透系数等物理力学指标。

② 划分地层分布和地层结构，为研究区域含水层分布、地下水系统结构提供依据。

③ 本项目工作初步安排采取土样约 500 个。

（2）采样、试验要求

① 一般水文地质钻孔和不同类型的土层均应采取土样。

② 采样间距易溶盐测试样一般为 1.0m 一个样。

③ 试验项目除常规土壤项目外，还应进行渗透、有机质含量等特殊项目的试验。

④ 颗粒分析样的采取，当无特殊要求时，含水层中一般每 2～3m 取一个，含水层厚度小于 2m 时应取一个；非含水层可以仅在典型剖面上的钻孔中采取，一般每 3～5m 取一个，厚度小于 3m 者应取一个。地层厚度很大时可以适当少取。

（3）土样分析具体指标

土的物理性试验项目：土壤名称、含水量、细粒含量（%）、渗透系数。土的易溶盐分析项目：Ca^{2+}、Mg^{2+}、Cl^-、SO_4^{2-}、HCO_3^-、CO_3^{2-} 及 pH 值。

1.5.5.3 岩石试验

对岩石进行物理性质和化学成分分析，本项目工作初步安排采取岩石样品约30组。具体分析指标为：岩石矿物成分、含水率、颗粒密度、渗透试验。

1.5.6 海水入侵的稳定同位素研究

同位素技术是确定地下水变咸成因的最为直接的手段。虽然古沉积物中的咸水与现代海水在化学成分相近，但它们的同位素成分却不相同，通过测定淡水、咸水和海水的同位素组分，可以判别地下水咸化的来源和成因。

对研究滨海地下水是否遭到海水入侵有意义的稳定同位素有水中的氢^{2}H、氧^{18}O同位素。

水中^{2}H/^{1}H、^{18}O/^{16}O的值随水的来源不同而有变化，因为天然情况下存在同位素分馏作用（如水汽蒸发和冷凝作用）。以标准海水中同位素的含量作为参考，其他类型水中的同位素相对标准海水中偏移的多少用δ(‰)来表示。一般而言，地下水中^{2}H和^{18}O的含量相对当地海水中的含量要低。另外，地下水中^{2}H和^{18}O这两种同位素存在着一定的关系。地下水的主要补给来源为大气降水，为此大气降水的氢氧同位素分布规律非常重要。大量研究已经证实，大气降水的δD和δ^{18}O之间呈线性关系，如全球大气降水线为：$\delta_D = 8\delta^{18}O + 10$。但因存在纬度效应、大陆效应及高度效应等，不同地区的大气降水线略有差异。工作区地处亚热带滨海平原地区，日照强烈，蒸发量大，可以参照广东地区类似背景的研究成果，本区大气降水线方程可修正为：$\delta_D = 6.97\delta^{18}O + 2.59$。因此，氢、氧稳定同位素成为示踪水体运移、交换与混合的理想示踪剂，可以识别海水与现代淡水的混合。因此，凡有条件利用同位素技术的调查地区，都应创造条件开展同位素分析工作。

采取同位素测定样品100组，同位素分析的目的：

① 查明地下水的成因、补给源、径流途径、形成条件、示踪地下水运动轨迹。

② 确定水中溶解物质的起源，示踪地下水中化学成分的运移。同位素分析成果与地质、水文地球化学资料综合利用，可深入解决水文地质问题［地下径流形成规律，降水、地表水与地下水的转化关系，含水层（带）间的补排关系，咸水向淡水入侵等］。

1.5.7 水文地质监测

1.5.7.1 监测孔布置

根据深圳市海岸带海岸类型的划分和分布情况和目前海水入侵灾害程度，以及未来潜在发生海水入侵灾害的可能性，本次布置海水入侵地质灾害监测网共由 17 条监测剖面、47 个监测孔组成，其中：西部海岸带 11 条监测剖面、共 31 个监测孔；东部海岸带 6 条监测剖面、共 16 个监测孔。布孔范围既涵盖了深圳市所有海岸类型，又突出了重点。在布置上述监测第四系孔隙潜水剖面的基础上，根据基岩岩性、构造发育情况等选择具有代表性的基岩裂隙水监测孔，共计 15 个基岩水监测孔。工作区自动实时监测系统共设 3 个监测孔，部署 11 号剖面 JC20、JC21、JC23。其余均为人工监测系统。

1.5.7.2　监测项目

自动实时监测系统监测项目包括水位、水温、电导率三个项目，可随时记录野外现场的监测数据，并设定监测周期。人工监测系统监测的项目包括：地下水水位、水温、氯离子浓度、矿化度、地下水密度、水位、水温，时间步长为 15d，氯离子浓度、矿化度和地下水密度监测时间步长为 30d。遇特殊情况适当加密。

1.5.7.3　监测时间

监测时间从 2008 年 8 月开始至 2009 年 12 月结束，共进行了 16 个月的监测工作。

1.5.8　完成工作量

野外调查工作得到了深圳市国土资源与房产管理局、深圳市房地产估价中心及相关部门的配合与支持。完成工作量详见表 1-2。

表 1-2　完成工作量统计表

序号	项目类别	计量单位	设计工作量	完成工作量	完成百分比/%	备注
一	海水入侵地质灾害调查					
	1∶10000 遥感解译	km²	675	675	100	
	1∶1000 海水入侵水文地质调查	km²	675	680	100.7	
	水井点	点		213		
	泉点	点		4		
	河溪点	点		43		
	海水调查点	点		40		
	填海点	点		9		
	构造点	点		7		
	地质点	点		243		
	野外 1∶10000 手图	幅		70		
	收集水文钻孔及水质分析资料	件		780		
二	测量					
1	GPS 控制测量	点	300	330	100	
2	剖面测量	km	58	80.34	138.5	
三	物探					
1	高密度电法	点	10000	10100	100	
2	联合剖面法	点	5000	5050	100	

序号	项目类别	计量单位	设计工作量	完成工作量	完成百分比/%	备注
四	钻探					
1	水文钻探孔	m/孔	1950	2024.1m/65	103.8	
2	试验监测孔	m/孔	1400	1224.7m/47	87.5	完成计划孔数
五	原位测试					
1	现场抽水试验	台班	150	155	103	
2	物探测井	m	600	637	106	
3	简易抽水试验	台班	30	33	110	变更增加
4	非稳定流抽水试验	台班	20	20	100	变更增加
六	取样					
1	岩样	组	30	35	117	
2	土样	组	500	540	108	
3	野外调查水样	组	1300	1328	102	
七	室内试验					
1	岩样	组	30	35	117	
2	土样	组	500	510	102	
3	野外调查水样（简分析）	组	500	508	101	
4	水样（H、O同位素）	组	100	100	100	
5	古地磁测量	组	10	10	100	
6	磁化率测量	组	10	10	100	
7	微体古生物分析鉴定	组	10	10	100	
八	地下水监测工作					
1	监测孔	个	46	47	110	
2	监测时段	月	13	16	123	
3	监测水位	次	1300	1316	101	
4	水质监测	次	650	752	116	

第2章
环境地质条件

2.1 气象水文

2.1.1 气候条件

深圳市属南亚热带海洋性季风气候，夏长冬短，气候温和，日照充足，雨量丰沛，干湿季分明，季风影响显著。近年来受全球气候变暖和城市发展的影响，气候呈现出气温升高、降水强度加大、日照减少、湿度下降、能见度降低的趋势。

根据深圳市气象局2021年1月数据，年平均气温23.0℃，历史极端最高气温38.7℃，历史极端最低气温0.2℃；一年中1月平均气温最低，平均为15.4℃，7月平均气温最高，平均为28.9℃；年日照时数平均为1837.6h；全年86%的雨量出现在汛期（4~9月）。春季天气多变，常出现"乍暖乍冷"的天气，盛行偏东风；夏季长达6个多月（平均夏季长196d），盛行偏南风，高温多雨；秋冬季节盛行东北季风，天气干燥少雨。深圳气候资源丰富，太阳能资源、热量资源、降水资源均居广东省前列，但又是灾害性天气多发区，春季常有低温阴雨、强对流、春旱等，少数年份还可出现寒潮；夏季受锋面低压槽、热带气旋、季风云团等天气系统的影响，暴雨、雷暴、台风多发；秋季多秋高气爽的晴好天气，是旅游度假的最好季节，但由于雨水少，蒸发大，常有秋旱发生，一些年份还会出现台风和寒潮；冬季雨水稀少，大多数年份会出现秋冬连旱，寒潮、低温霜冻也是这个季节的主要灾害性天气。

雨量：深圳多年平均年降雨量为1967.0mm。东海岸葵涌、南澳等地，年降雨量为2000mm以上，西海岸年降雨量较小，为1700mm以下。雨季降雨量为1516.1mm（5~9月），占年降雨量78%，旱季降雨量为417.2mm（10月至次年4月），占年降雨量22%。汛期（4~9月）累计降雨量1467.9mm，占全年总降雨量92.8%。整个工作区内降雨量也有差异，东部大鹏、南澳降雨量较多，约2000mm，东部葵涌及西海岸一带降雨量偏少。

日照：深圳平均日照时数为2120.5h，太阳年总辐射量为54.2MJ/m^2。1997年深圳日照偏少，记录到年日照时数1591h。20世纪50~70年代，市内的年平均日照时数有2200h，但从20世纪80年代至今则仅有1850h。日照时数的不断减少，与大气环境（包括污染）的变化有关，光照不足对植物生长和人们身体健康均有所影响。

台风：1950—1979 年内，在深圳登陆的台风有 10 次，平均每年 0.3 次，如包括受台风影响的次数在内，则有 220 次，平均每年 7.3 次，最多年份为 11 次（1964 年），最少的年份也有 3 次。每年的台风活动时间为 5~12 月，6~10 月较多。台风数量从 2015 年前的每年平均 2.6 个，到 2016—2020 年增加到平均每年 4 个。其中，南海台风影响深圳的频次增加更明显，由 2015 年前的每年平均 0.8 个，到 2016—2020 年增加到平均每年 2 个。整体上，近 10 年影响深圳的台风总数有增加趋势，其中严重影响的个数增加明显，2015 年之前平均每年 0.6 个，2016—2020 年平均每年 2 个。

风暴潮：风暴潮是一种灾害性的自然现象，由于剧烈的大气扰动，如强风或气压骤变（通常指台风和温带气旋等灾害性天气系统）导致海水异常升降，使受其影响海区的潮位大大地超过平常潮位的现象，称为风暴潮。由于地形特征，珠江口明显，大鹏湾相对较弱，但仍存在增水现象，平均风暴潮位 2.5~3.5m，平均增水 1.0~2.0m。宝安沿岸最大潮位达 2.78m（1933 年）。由于风暴潮与台风关系密切，其发生时间主要在台风活动频繁的 7~9 月。

2.1.2　地表水系

（1）河流

深圳市由于近东西向、北东向、北西向及近南北向的断裂构造较发育，特别是东部地区的断裂构造甚为发育，山体坡度较陡，切割也较强烈，地表水系较为发育。按深圳市地域范围统计（含深汕），集雨面积大于 1km² 的河流共计 362 条，其中独立河流 94 条，一级支流 144 条，二级支流 93 条，三、四级支流 31 条。河道总面积为 1198.57km²。集水面积大于 10km² 者 13 条，集水面积大于 100km² 的河流有深圳河、茅洲河 2 条。这些河流以海岸山脉为分水岭，以汇入海湾为归宿，按地域分为海湾水系、珠江口水系和东江水系三大水系。

海湾水系位于深圳市南部和东南部，有大小河流 120 余条；珠江口水系位于西部，有大小河流 40 条；东江水系位于北部，主要有龙岗河、坪山河和观澜河，分别注入东江或东江的一级、二级支流（该水系位于本次工作区外）。深圳河流及其支干流在空间上组合成树枝状、放射状及梳状水系。

深圳市海岸带主要入海河流分布及河流概况见表 2-1。

表 2-1　深圳市海岸带主要入海河流概况一览表

水系	河流名称	河道分叉级数	流域面积/km²	干流长度/km	入海河口
珠江口水系	茅洲河	5	389.13	30.9	伶仃洋东宝河口
	西乡河	4	74.9	16.6	大王洲附近

水系	河流名称	河道分叉级数	流域面积/km²	干流长度/km	入海河口
海湾水系深圳湾	深圳河	5	309.0	31.8	深圳湾渔农附近
	大沙河	4	90.69	18.0	深圳湾大沙河口
海湾水系大鹏湾	盐田河	3	21.9	6.6	盐田河口
	大梅沙河	2	8.6	4.8	上角湾
	葵涌河	4	41.9	10.4	沙鱼涌
	东涌河	2	14.3	5.4	东涌河口
海湾水系大亚湾	新圩河	3	17.5	5.2	新圩河口
	王母河	3	15.8	7.2	龙歧河口

深圳河有深圳母亲河之称，发源于梧桐山牛尾岭，由东北向西南流入深圳湾，全长37km，河道平均比降1.1‰，水系分布呈扇形，主要支流有布吉河、福田河、沙湾河及香港一侧的梧桐河、平原河。具有源短流急、降雨集中滞留时间短、河水位易涨易跌的特点。流域面积309km²，其中深圳一侧187.5km²。

茅洲河是深圳市最长的河流，发源于羊台山北麓，干流全长41.61km，流域面积398.13km²，其中深圳市境内面积310.85km²。大沙河发源于深圳市西部的羊台山，上游有支流西丽水和长岭陂水在平山汇合，中游又有沙头坑水支流汇入，最后在后海处汇入深圳湾，天然河道蜿蜒曲折，全长18km，流域面积90.69km²。

（2）水利工程

截至2019年底，深圳市共有蓄水工程183座［其中，大型水库2座，中型水库14座，小（Ⅰ）型水库63座，小（Ⅱ）型水库104座］，总控制集雨面积621.906km²，总库容9.73亿立方米。

多年平均径流量18.27亿立方米，特枯年97%保证率时，年径流量7.67亿立方米。雨量较充沛，历年平均降水总量34.22亿立方米，年径流量较大，但由于降雨时空分布不均，年际变化较大，加之河流短小，暴雨集中滞留时间短，境内可利用水资源有限。地下水资源总量每年6.5亿立方米，年可开采资源量为1.0亿立方米。

2.2　地形地貌

深圳市东部、西部两个海岸带的地形地貌有着明显的差异。

2.2.1　东部地貌

东部海岸带以丘陵海蚀地貌为主，其后部多为高丘陵及低山（其中梧桐山高程为934.6m），组成岩石较为复杂，多以火成岩（花岗岩）为主，丘陵之间分布有宽1.0～1.5km、长1.2～2.0km的冲洪积砂质、砾质海滩的海积地貌，其高程为1.5～5.8m。总的地势为北高南低，局部转为南西高北东低，其中基岩海岸地形坡度一般 20°～50°，砂砾质堆积海岸地形坡度 1°～5°，且岸边多形成高于内陆沙堤，如西涌沙堤高程为 8.4～13.7m。

2.2.2　西部地貌

西部海岸带以海积及河流冲洪积平原地貌为主，零星分布丘陵，丘陵走向多与海岸线近垂直发育，呈近放射状即自北西部的近东西向向南逐步转变为北东南西向进而转变为近南北向，丘陵多由基岩组成，地形坡度约 20°～50°，部分为人类工程改造形成陡崖，地表植被发育。

淤泥质海滩为主的仅在东宝河口一带。蛇口半岛为低丘陵海蚀地貌，局部以低山丘陵为主，区内低丘陵多形成孤立残丘，高程多为百余米，大小南山较高，分别为 235m 和 220m。但也有部分低丘被大规模建设而人为铲平，残丘之间多为冲洪积为主的河谷平原，高程 3.5～12.8m。其前缘则以海积或冲洪积与海积混合相平原为主，近后缘低丘前多为台地分布，总的地势为北东高南西低，地形坡度 1°～4°。

2.2.3　海岸地貌类型

深圳市是一座滨海城市，为一南北向窄而东西向宽近南北向半岛，即东、南、西均临海（南侧仅部分与香港特别行政区以深圳河为界）。海岸线总长约 257.3km，其中东部约 125.5km。根据深圳海岸带地形的形态、成因及有关海岸带地貌调查规范的划分原则，沿海大致可划分为下列海岸地貌类型（表 2-2）和海岸类型（表 2-3，海岸地貌类型划分图参见文献 [31]）。

表 2-2　海岸地貌类型划分及特征表

成因类型	形态类型	代号	分布现状及基本特征
侵蚀构造地形	高丘陵	I	分布于东部丘陵山地边缘，以梧桐山东南一带较发育，高程＞250m。花岗岩及火山岩出露区峰脊圆缓，变质岩区峰脊较陡峭。山坡坡度一般 10°～25°
剥蚀侵蚀地形	低丘陵	II	分布较普遍，见于西部凤凰岩、朱凹山、大小南山、内伶仃岛尖峰山、安托山；东部沙头角、盐田后山、求水岭、雷公山、大鹏半岛的排牙山、七娘山周边。高程 100～250m，丘顶浑圆，山坡平缓，沟谷发育，由花岗岩、火山岩及变质岩构成
	高台地	III	分布于西部大南山之东，安托山之南，以及内伶仃岛尖峰山边缘；东部大鹏半岛王母、龙歧一带，高程 60～80m，多由花岗岩组成
	中台地	IV	分布于西部凤凰山之南、蛇口之北，南头至大冲及安托山之东；东部见于大鹏城周边，高程 30～45m，台面多被花岗岩风化土覆盖
	低台地	V	分布于西部凤凰至黄田，白石洲望楼山，上沙头以北；东部大鹏半岛的新圩以南，高程 10～15m。主要由花岗岩、变质岩等风化剥蚀而成

成因类型	形态类型		代号	分布现状及基本特征
海成堆积地形	海积阶地		VI	分布于蛇口半岛中部和白石洲附近,阶地高程 3～3.5m。阶面基本平坦,由细砂、中粗砂、砂质淤泥等组成,堆积厚度 7～8m
	海滩	砾质	VII	见于东部沙头角、大鹏湾的乌泥涌、黄梅坑、岭下、坝岗。砾石滩宽 10～20m,坡度 5°～10°。砾石多由石英砂岩、变质砂岩、脉石英组成
		砂质	VII	分布于东部沙头角、盐田、大小梅沙、溪涌、选福、下沙、水头沙、西涌、东涌、桔钓沙等海湾。高程 1～1.5m,坡度 2°～3°,宽 30～70m,多由黄白色中细砂组成
		淤泥质	VII	分布于西海岸东宝河至大铲湾及深圳湾岸边;西部见于坝岗滩。海滩宽 1200～2300m,滩坡约 1°～2°,组成物质以淤泥为主
	砂堤		VIII	发育于小海湾的湾口,沿海出露不下 30 处。砂堤长 600～2000m,宽 80～200m,组成物质为细至中粗砂,堤高 3～12m
	潟湖平原		IX	发育于东部小海湾拦湾砂堤后缘,全区出现不下 30 余处。高程多为 1.5～1.7m。沉积物由淤泥或淤泥质砂组成
河海成堆积地形	冲积海积平原		X	分布于西部东宝河以南,经沙井、福永、西乡至南头一带;东部见于大鹏王母河口。平原宽 1.5～3km,高程 1.2～1.5m。组成物质上部为淤泥及淤泥质砂,下部为河流相砂砾层
	三角洲平原		XI	西部大沙河与小沙河河口呈显著向海突出的扇形三角洲。长 0.5～3km,宽 0.5～2km,地面高程 1～1.5m。组成物质中上部以中砂为主,下部变为粗砂小砾,平均厚约 10～12m
河成堆积地形	冲积平原		XII	西部分布于沙井至松岗之间茅洲河两岸,宽 200～500m,组成物质多为粉砂黏土或黏土质砂,厚度<20m
	河成阶地		XIII	分布于深圳河下游、葵涌河、王母河等地。阶地面高程一般为 3～4.5m。具二元结构,上部为粉质黏土,下部为砂砾卵石
	洪积平原		XIV	分布于蛇口半岛南山北侧、西部的沙头角、盐田、土洋、下洞、鹏城河沟的上游或山前地带。常具平缓或扇状地形。其上多为砂卵砾石堆积
生物成堆积地形	红树林滩地		XV	原分布于西部东宝河以南至大铲湾沿岸;西部见于坝岗滩,现仅存于福田红树林滩地。滩宽1100m,坡度 1°～2°,由淤泥组成。其上生长的红树林种类有秋茄、木榄、海榄雌、桐花树、海芒果等。鸟类则以白鹭、鹰、鹮为主

表 2-3　深圳市海岸类型划分及特征表

海岸类型	分布位置	长度/km	特征
淤泥质海岸	东部:坝岗滩 西部:东宝河口以南至大铲湾及深圳湾沿岸	58.1	海岸线长而平直,岸坡平缓,海滩宽1200～2300m,滩坡 1°～2°,由淤泥质滩地构成
三角洲及河口海岸	西部:茅洲河等河口地带	6.8	属单汊型三角洲河口,输泥、砂量较大,口门附近堆积显著。地面高程 1.0～1.5m,中上部以中砂为主,下部为粗砂及细砾,平均厚度 10.0～12.0m

海岸类型	分布位置	长度/km	特征
红树林海岸	东部：坝光海边 西部：福田滨海大道东部	5.0	滩宽 1100m，滩坡 1°~2°，由淤泥组成，为沿海红树林湿地。红树林由红 18 种属组成，并有大量鸟儿栖息，现存 367.64hm²
基岩海岸	东部：大鹏湾、大亚湾西侧的大鹏半岛沿岸 西部：主要见于妈湾一带	81.9	岸线曲折，湾岬相间，岸线狭窄，岸坡较陡（约 30°~50°）
砂砾质海岸	东部：沙头角、坝岗、盐田、西涌、大、小梅沙、东涌河口沙滩或潟湖沙滩堆积	25.6	岸滩宽度不大，坡度较平缓，与基岩海岸相间出现。其中砾质滩宽度小，10~20m，坡度陡（5°~10°）；砂质滩宽度大（30~70m），坡度较缓（2°~3°）
填海海岸	东部：盐田港 西部：福田保税区，后海至华侨城一带，宝安机场、蛇口港	79.9	属人工地形，地表平坦，岸边平直，或呈折线弯。高程：盐田 1.7~4.0m；宝安机场 2.3~4.2m

2.2.4　海岸变迁

随着深圳市城市建设规模的扩大，根据建设用地和城市规划的需要，填海造地活动也逐渐加强，这就形成了特殊的海岸类型——填海海岸。深圳市的填海具有西部强东部弱的明显特点。西部海岸带填海活动始于 20 世纪 80 年代，先是福田保税区，后相继扩大至环蛇口半岛、宝安机场、华侨城、宝安区沿海海岸和西部通道等；东部海岸带填海活动主要集中在盐田区沙头角至盐田港一带。

根据深圳市规划局（2006—2020 年）填海造地规划，自 2006~2020 年，深圳市规划填海造地总面积达 60.3km²（规划填海工程分布图参见文献 [31]）。

2.3　地层岩性

工作区地层由沉积地层与火成岩地层共同组成，沉积地层时代有震旦系、泥盆系、石炭系、三叠系、侏罗系、白垩系~古近系及第四系；侵入岩地层主要有奥陶系、侏罗系和白垩系。由于地处莲花山断裂带的南西端，区域构造运动活跃，区域变质作用、岩浆活动频繁，对地层的破坏明显，造成地层连续性差，缺失多，除中~新生代地层外，其他各时代地层的岩石多受到不同程度的变质作用。现将工作区地层由老至新分述如下。

2.3.1　地层

2.3.1.1　震旦系

震旦系是区内出露的最老地层，分布在宝安区公明北部、白花及其西部、福永—西乡—西丽、梅林—银湖及北部、深圳水库北西部等地。为一套陆源碎屑沉积，经区域变质作用及混合岩化作用形成的变质岩系。剖面岩性以变粒岩、黑云母片岩、条带状混合岩互层出现，夹石英岩、含砾中粒石英砂岩等，为一套砂泥质碎屑岩变质而成，自下向上，混合岩化作用有所加强，底部出现较多的混合花岗岩，局部见有片麻岩。厚度＞1487.4m。

2.3.1.2　泥盆系

泥盆系分布于王母径心背、大鹏镇未木岭—钓神山、排牙山—高岭山、大鹏半岛北东局部及南门头一带。测区仅发育中上泥盆统老虎头组（$D_{2-3}l$）、春湾组（D_3c）。

① 老虎头组（$D_{2-3}l$）。主要分布在大鹏镇未木岭—钓神山、排牙山—高岭山、大鹏半岛北东局部及南门头一带，总体呈近东西向展布。该组岩性为灰、灰白、灰紫色中—厚层状石英质砾岩、砂砾岩、含砾砂岩、中粒砂岩、细粒砂岩、粉砂岩和泥岩，局部夹含炭泥质粉砂岩。含丰富的动植物化石，未见顶底。

② 春湾组（D_3c）。分布在龙岗区大鹏镇排牙山—高岭山、大鹏半岛北东局部及南门头一带，是一套滨海潮坪相细碎屑岩为主的沉积岩，区域与上覆大乌石组为连续沉积，厚度1418.73m。组内岩石按其粗细变化大致可分为2个大的沉积旋回，即2个岩性段，每一段都以底部含砾（砾质）细粒石英砂岩（局部砾岩）开始。第一段较薄，以砂岩为主（约占73%），按其粗细变化又可划分出2个小旋回：下部（第一小旋回）以黄白色中层状细砂岩为主体，底部含砾（局部砾岩）夹薄层泥质砂质石英粉砂岩；上部（第二小旋回）自下而上出现3个沉积韵律，以黄白色底部含砾不等粒屑砂岩（局部砾岩）、细粒石英砂岩为主体夹薄层粉砂质千枚状页岩，顶部灰白色石英细砂——绢云千枚岩与第二段含砾（局部砾岩）细粒石英砂岩为界。第二段以页岩为主（约占2/3），其次是细粒石英砂岩，少量粉砂岩，根据粗细变化大致可分出6个沉积韵律，它们之间厚薄不等，岩性变化不大。横向上含砾砂岩层位稳定，但含砾不均，局部较多砾岩。

本组岩石多已变质成变质砂岩、粉砂岩、千枚岩、绢云板岩、斑点板岩，下部具片理化。

2.3.1.3　石炭系

区内仅出露下石炭统大塘阶，根据岩性、岩相可分为石磴子组和测水组。

① 石磴子组（C_1s）。该组分布于龙岗区葵涌，地表露头少见，多为第四系及第三系覆盖。石磴子组为浅海相碳酸盐岩夹砂泥质岩，受燕山期岩体影响多已经变质为白色、灰白色大理岩、白云质大理岩及灰、深灰色结晶灰岩。厚度123～680m，与泥盆系为断层接触。

② 测水组（C_1c）。出露在龙岗区葵涌。与下伏石磴子组整合接触，本组为一套海陆交互相砂泥质碎屑岩含煤建造，局部夹碳酸盐岩。依岩性可划分为上、下两段：下段（C_1c^1）为一套砂泥质岩夹炭质页岩，局部含砾，厚度＞377.2m；上段（C_1c^2）岩石粒度比下段粗，以石英砂岩为主，底部以砂砾岩或含砾砂岩为

标志层与下段分界。厚度＞197.1m。

2.3.1.4 三叠系

三叠系仅见上统小坪组（T_3x），在工作区零星出露于北西部宝安区松岗一带。小坪组岩性主要为灰、灰白、灰黄色薄层—中厚层状含砾粗粒石英砂岩、中细粒长石石英砂岩、中细粒石英砂岩。上部为紫红色粉砂岩、粉砂质泥岩夹炭质页岩及煤线。底部以砂砾岩不整合于下古生界片麻状细粒二长花岗岩或震旦系之上，厚度341.1m。

2.3.1.5 侏罗系

侏罗系分布于宝安区公明—光明北部、宝安区龙华北部—龙岗区平湖—布吉—横岗、梧桐山脉、葵涌北部—坝岗、大鹏半岛东部七娘山等地。区内发育类型多样的地层，有海相、海陆交互相、湖泊相夹火山碎屑、火山喷发岩等，与古生界为不整合接触。根据岩性、岩相及古生物依据，可划分为上、中、下统。

（1）下侏罗统

下侏罗统仅在宝安区松岗、龙岗区布吉南部和葵涌北部有少量露头，与下部石炭系地层之间为角度不整合接触，上部与中侏罗统间为连续沉积。工作区内出露的下侏罗统有金鸡组和桥源组。

① 金鸡组（J_1j）。本组岩石普遍变质，以斑点板岩、变质砂岩出现，含空晶石、红柱石及硬绿泥石等变质矿物。岩石中的碎屑一般以细粒级为主，含长石碎屑较低，一般＜20%，普遍含有酸性斑岩岩屑。本组下段由砂岩、泥岩互层组成沉积韵律，砂岩具斜层理和波痕，波痕的波峰尖、波谷圆，波痕指数6.6～10，为浪成波痕。斜层理多为水下形成的冲洗层理，其特点是小层与层系的夹角低缓，是滨岸环境沉积的主要标志。泥岩产丰富瓣鳃类化石及少量异地埋藏的植物碎片。水平层理、小型交错层理、透镜状层理、结核及生物潜穴等沉积构造发育，属滨海～浅海的沉积环境。所发现的瓣鳃类化石大多数是钻泥或底栖的属种，纹饰较粗，反映它们是生活在水体较浅的环境。本组下段应为滨海～浅海沉积的砂泥质岩。

② 桥源组（J_1qy）。本组底部以长石石英砂岩为主，向上石英砂岩明显增多，顶部又以长石石英砂岩为主。桥源组之泥岩多为浅灰、灰黑、砖红色。呈夹层产于砂岩中，层理发育，含硅质较高，出现硅质泥岩。

（2）中侏罗统

出露在龙岗区布吉南部木棉湾等地，与下部地层间多为断层接触，或不整合接触，属内陆湖泊相砂泥质碎屑岩夹火山碎屑岩建造，厚度巨大，超过3600m，与下统金鸡组间为连续沉积。根据化石、岩性组合、出露层序划为塘厦组（$J_{1-2}t$）、吉岭湾组（J_2jl），各组间为不整合接触。

① 塘厦组（$J_{1-2}t$）。塘厦组未见顶，底部被燕山四期花岗岩侵入。可分为三个岩性段：1～26层为第一岩性段，27～56层为第二岩性段，57～75层为第三

岩性段，三段的岩性变化基本相同，都由夹多层砾岩层的长石石英砂岩或是石英砂岩开始，以泥岩、砂质泥岩结束。呈现由粗到细的沉积特点。每段都夹有十几米至数十米厚的火山岩或凝灰质岩石。剖面总厚度＞2339m。

② 吉岭湾组（J_2jl）。以石英砂岩为主，底部以含砾石英砂岩、砂砾岩与塘厦组分界。从底部往上，碎屑粒度由粗变细。上部出现较厚的泥岩及钙质砂岩、粉砂岩等，夹火山岩。

（3）上侏罗统

上侏罗统出露于梧桐山、葵涌笔架山、南澳七娘山等地。主要是一套陆相喷发的酸性、中酸性火山岩及火山碎屑岩，与下伏地层间为不整合接触。根据火山岩岩性、火山的旋回性等特点，将测区火山岩地层分为热水洞组（$J_{2-3}r$）、南山村组（J_3K_1n）。

① 热水洞组（$J_{2-3}r$）。分布在梧桐山一带，主要由陆相爆发形成一套下粗上细的酸性火山碎屑岩夹酸性、中酸性熔岩，与下石炭统测水组呈断层接触，局部与中上泥盆统老虎头组呈喷发不整合。下部以一套酸性含角砾、含集块的火山碎屑岩夹流纹岩，局部为英安岩；上部以一套流纹质凝灰熔岩及凝灰岩组成，夹少量流纹斑岩，与下部主要区别是角砾含量少，火山碎屑粒度较细，熔岩成分增加。

② 南山村组（J_3K_1n）。分布于葵涌笔架山、南澳七娘山一带。笔架山的南山村组火山物质与梧桐山区基本相同，但笔架山火山碎屑多见有玻屑，岩屑以酸性斑岩为主；七娘山的南山村组以流纹质凝灰岩为主，夹有4层砂泥质碎屑岩，夹层厚度103m，层理发育，砾石呈磨圆状，是水下沉积的产物，显示了该区至少有4次火山喷发间断。

2.3.1.6 第四系

测区第四系分布较广，主要沿河流水系及沿海地区分布。依据其发育特征，沿海区可划分为2个组级岩石地层单位：礼乐组、桂洲组（表2-4），内陆仅发育大湾镇组。此外，还有时代、岩性未分的残积层。

表 2-4 珠江三角洲地区第四纪地层划分沿革

本书		中国科学院南海海洋研究所（1978年）		珠江三角洲（李平日等，1987年）	广东省区域地质志（1988年）	广东省岩石地层（1994年）		李作明（1997年）
桂洲组	灯笼沙段	桂洲组		东里组	灯笼沙组	桂洲群	灯笼沙组	坑口组
	万顷沙段			澄海组	万顷沙组		万顷沙组	
	横栏段			潮州组	横栏组		横栏组	
							杏坛组	
礼乐组	三角层	礼乐组风化层	陆丰组	莲下组	三角组	礼乐群	陆丰组	深届组
	西南镇段	礼乐组		鲍浦组	西南镇组		三角组	赤腊角组
	石排段			贾里组	石排组		西南镇组	
				南社组			石排组	

（1）礼乐组（Ql）

主要分布在宝安区沙井、松岗一带，根据沉积物和岩性组合特征，分为3段：石排段、西南镇段及三角层。本组^{14}C同位素年龄值为（30360±580)a，时代属晚更新世。

石排段岩性为一套河流相沉积的灰白色或灰黄色粗砂、砂砾层，局部夹风化砂质黏土，为工作区第四纪最底部沉积。砂砾层中的砾石成分多为石英，砾径2～10mm，次棱角状、次圆状，厚度14～26.30m。

不整合于下伏基岩之上，表明了当时为河流冲洪沉积环境。

西南镇段岩性为一套海进期沉积的深灰、浅灰、灰黄色含淤泥质细砂、中细砂，夹深灰色砂质淤泥及粉砂质黏土互层，上部夹粗砂层，厚度3.0～6.04m，偶见河口—滨海区的有孔虫，表面沉积环境为海积—冲积过渡的滨海相沉积。

三角层为一套黄、红、白等颜色花斑状砂质黏土、粉砂质黏土，上部为浅灰、灰黄色砂质黏土及淤泥质粉砂薄层，厚度1.85～2.36m，为海退后暴露地表风化剥蚀的产物。

（2）桂洲组（Q$_g$）

主要分布在宝安区沙井、福永、松岗一带，根据沉积物和岩性组合特征，分为3段：横栏段、万顷沙段及灯笼沙段。据广州地理研究所资料，深圳渔农村S4号孔埋深4m的冲积淤泥腐木^{14}C年龄值为距今（5090±160)a，沙湾河下游埋深6.8m的冲积腐木^{14}C年龄值为距今（4930±120)a，埋深2.5m为距今（1200±80)a，王母龙岐S8钻孔埋深5.4m的贝壳^{14}C年龄值为距今（3360±120)a，埋深8m的淤泥腐木^{14}C年龄值为距今（4340±110)a，南头后海潟湖平原埋深0.5m的淤泥^{14}C年龄值为距今（1280±70)a，时代属全新世。

横栏段岩性为一套海进期沉积的深灰、灰黑色淤泥、粉砂质淤泥夹粉砂及粉砂质黏土薄层。淤泥较纯，含腐烂或半腐烂片状的贝壳，大小一般在0.5～8.0cm。底部含腐木枝叶，厚度3.25～4.06m。为海进期的河口—滨海相沉积。

万顷沙段岩性为一套深灰、浅灰、灰黄色淤泥质细砂、粉砂为主，局部夹灰黑色含贝壳砂质淤泥及淤泥质粉砂，底部含少量炭质及腐木根叶，厚度6.5～5.63m，属河流—滨海相沉积。

灯笼沙段为一套河口—海陆交互沉积的灰黄、褐黄色砂质黏土为主，夹深灰色粉砂质淤泥及粉砂，含铁质物。上部以砂质黏土为主，含植物根系，下部含少量贝壳碎片及炭质物，厚度0.5～1.6m。属海陆交互沉积。

（3）未分统残坡积层（Q^{edl}）

残积层和坡积层多混合在一起，难以划分，但在工作区分布广泛。见有角砾碎屑残坡积层、花岗岩孤石残坡积层为主。

2.3.2　岩石

2.3.2.1　火山岩

（1）英安岩

见于梧桐山热水洞组下部、笔架山南山村组上部，多呈夹层产出，厚度小。岩石呈灰色，斑状结构，基质显微霏细结构，微嵌晶～霏细结构。斑晶有斜长石（5％～15％）、石英（1％～5％）、钾长石（1％～2％），还见有<1％的角闪石及5％的黑云母（已蚀变）。斑晶含量变化较大，粒度一般 0.25～2.5mm。局部粒度较大，达 5mm×15mm。斜长石具较自形的板柱状外形，可见聚片双晶，石英他形粒状，多具熔蚀状外形，局部可见方形截面，钾长石自形长板状，卡氏双晶发育，晶体中有暗色矿物包裹体。基质主要是长英霏细物质，局部呈显晶质，可见少量的斜长石、石英微晶。

（2）流纹岩类

该类岩石是工作区火山岩的主要组分，多呈夹层产出。岩石有多斑流纹岩、球粒流纹岩等。

① 多斑流纹岩。岩石一般呈夹层状，灰～灰白色，斑状结构。斑晶有钾长石、斜长石、石英，以及少量的黑云母。斑晶含量变化大，多在 15％～20％，粒度为 0.5～3mm，少数 4～5mm。基质结晶程度不一致，为微嵌球粒结构、微嵌晶结构、显微半自形粒状结构、微粒结构及霏细结构。由石英、钾长石、斜长石微晶及长英霏细物质组成。微量矿物有锆石、磷灰石、金属矿物等，次生矿物有黑云母、绿泥石、白钛石、金红石、萤石及白云母等。

② 球粒流纹岩。分布在工作区溢流相。岩石灰～灰白色，斑状结构，斑晶有钾长石、斜长石、石英，斑晶含量高达 15％～20％，粒度 0.1～4mm，一般 0.5～2.5mm，个别可达 5～8mm。基质具霏细结构、球粒结构，由长英霏细物质及长石、石英微晶组成。基质中球粒明显，由纤维状长英微晶组成，自中心向外呈放射状分布，球粒中可见石英、长石核心。球粒多呈球状、扇状、管状、羽状等成带状或沿层面分布。球粒一般较小，粒度一般 0.5～3mm，最大 8mm。

③ 流纹岩。分布在笔架山火山穹窿核部。岩石灰白色，斑状结构，斑晶含量少，有钾长石、斜长石、石英，长石多呈自形板状，少数具熔蚀港湾状、浑圆状，石英则呈熔蚀浑圆状。粒度 0.5～2.5mm。基质霏细结构，局部球粒结构，由长英霏细物质及硅质组成。微量矿物有锆石、金属矿物。次生矿物有白钛石、绢云母等。岩石具清晰的流纹构造，流纹由硅质条带及长英霏细质条带组成，相互平行延伸，可见有旋涡状揉曲及绕过斑晶或其他碎屑、流纹条带细长连续，宽 0.5～2mm，分布不均匀。

④ 流纹质火山集块岩。分布局限，仅见于盐田水产研究所海边、七娘山，为近火山口相，呈不规则透镜状夹于流纹质含角砾凝灰岩中，厚约 2m。岩石

灰～灰绿色，岩屑角砾集块结构，碎块有流纹斑岩、流纹质凝灰岩、长英角岩、石英砂岩、粉砂岩、泥质岩等。含量 50% 以上，部分达 80%～90%，大小混杂，碎块长轴略呈定向，大小（2～30）cm×40cm。多呈次棱角～浑圆状。基质为角砾凝灰结构，由酸性凝灰物质组成，充填于角砾之间。

⑤ 流纹质火山角砾岩。分布于笔架山岩区火山穹隆的火山通道中，梧桐山岩区爆发相中也有出现。岩石灰色，集块角砾结构，碎块为酸性斑岩、凝灰岩、熔结凝灰岩及变质泥质岩等。含量可达 60%～80%，大小混杂，无一定方向，可分为几个粒级，有 0.5～20mm，2～10cm，少数 >20cm，以 2～20mm 为主，含量也较少。形态均呈棱角状、次棱角状，部分边缘较圆滑。岩石中含少量钾长石、斜长石、黑云母、石英等晶屑，大小 0.1～1.5mm，棱角状。基质凝灰结构，由细碎屑及火山灰尘物质组成，镜下仍可见鸡骨状、楔状等火山灰形态，基质中碎屑略具定向排列。

⑥ 流纹质凝灰岩。岩石灰白、灰绿色，晶屑砂状结构、凝灰结构，由晶屑、岩屑、玻屑及火山灰组成。晶屑有石英、钾长石、斜长石、黑云母，岩屑中有火山岩及异源物质，粒度 0.1～2mm，少数 >2mm。棱角状、次棱角状及不规则状，部分晶屑或斑晶具板状、等轴粒状等较自形的轮廓及熔蚀浑圆状、港湾状。胶结物为火山灰、玻屑，已脱玻化为长英霏细物、绢云母、黏土矿物等，略具定向～半定向分布。

⑦ 流纹质晶屑凝灰岩。分布于梧桐山岩区、南澳七娘山及笔架山岩区爆发相中和中侏罗世塘厦盆地的爆发相中。岩石灰色，晶屑砂状结构、凝灰结构，岩石中晶屑有石英 15%～30%，钾长石 10%～20%，斜长石 10%～20% 及中性岩、酸性斑岩、凝灰岩、粉砂岩等岩屑，含量 5%～6%，多见有黑云母碎片，含量 3%～7%。

（3）英安质凝灰岩

分布于中侏罗世塘厦盆地、晚侏罗世梧桐山岩区爆发相，出露少，夹层状产出，夹层厚度均小，仅几米到几十米。岩石呈灰、深灰色，凝灰砂状结构，角砾结构。火山碎屑由晶屑、岩屑、玻屑等组成。晶屑含量变化较大，一般 20%～50%，以斜长石为主，含量 10%～30%，钾长石、石英次之，部分夹层含黑云母片；多呈尖棱状、棱角状、次棱角状、崩碎阶梯状、熔蚀浑圆状、港湾状，部分长石板柱状，发育有裂纹；大小 0.1～2mm，个别 3～5mm。岩屑有酸性斑岩、英安斑岩、安山岩、凝灰岩及变质砂岩，含量较少，约 3%～5%，大小 0.5～2mm，棱角状、不规则状，部分边缘圆滑。

2.3.2.2 侵入岩

（1）早奥陶世侵入岩

调查区早奥陶世侵入岩主要分布于宝安区石岩玉律—光明—公明、西乡—福永—沙井、南山区大南山西部、塘朗山南部，零星见于银湖及北部、深圳水库北西侧等地。围岩为中元古界变质岩，二者间为侵入接触，大部分被第四系掩盖，出露不完整。

主要岩性为片麻状细粒含斑黑云母二长花岗岩，岩石新鲜呈灰白色，局部深灰色，风化呈褐黄色，岩石多具细粒花岗结构，部分具似斑状结构。他形—半自形粒状结构，变余花岗结构，常具片麻状或弱片麻状构造。

（2）中侏罗世侵入岩

零星见于龙岗区平湖镇、葵涌新岭村、小梅沙一带。

① 第一阶段侵入岩。岩性为闪长斑岩（$J_2^1\delta\pi$）、石英闪长岩（$J_2^1\delta o$）。

② 第二阶段侵入岩。岩性为中、细粒斑状花岗闪长岩（$J_2^{2a}\gamma\delta$）。

（3）晚侏罗世侵入岩

晚侏罗世侵入岩出露较广泛，先后可划分3次侵入活动，并常形成复式岩体，如屯洋、王母、白芒等。

① 第一次侵入岩（$J_3^{1a}\eta\gamma$）。主要见于龙岗区屯洋—王母—大鹏，呈不规则状，与泥盆纪、石炭纪、早侏罗世地层侵入接触，并使其角岩化。侵入最新地层为中—晚侏罗世火山岩。岩石以细中粒斑状黑云母花岗岩为主要岩石类型，局部可出现二长花岗岩及混杂岩，中粒斑状花岗结构，基质具变余花岗结构、轻微变晶结构。岩石中似斑晶主要由钾长石及少量石英、斜长石组成。

② 第二次侵入岩（$J_3^{1b}\eta\gamma$）。主要见于龙岗区坪地、坑梓镇南东侧、王母—大鹏，为不规则状的小岩枝、岩株。围岩多为泥盆纪、石炭纪地层及早期侵入体，局部为早侏罗世地层及中晚侏罗世火山岩。岩体边部可见围岩捕虏体，具较窄的细粒边缘相。因第四系掩盖或没入海洋而不完整。岩性较均一，主要由细中粒斑状黑云母二长花岗岩组成。

③ 第三次侵入岩（$J_3^{1c}\eta\gamma$）。主要见于龙岗区三洲田水库—赤澳、葵涌上径心，均位于第一次侵入岩的中心或内部，为不规则状的小岩枝、岩株侵入于早期侵入体中，长轴近东西向或北东向展布。岩体大部分较完整。岩石为细粒斑状黑云母花岗岩，似斑状结构、基质花岗结构，显微粒晶结构，定向构造。

（4）早白垩世侵入岩

早白垩世侵入岩多呈小岩株，少数小岩基，零星出露较广泛，可划分3次侵入活动。

① 第一次侵入岩（$K_1^{1a}\eta\gamma$）。主要见于盐田区与龙岗区交界的盐田坳，呈不规则状的小岩株侵入于早期侵入体中，使围岩角岩化。长轴近北东向展布。代表性岩石为细粒斑状黑云母二长花岗岩，呈灰白色或浅肉红色，似斑状结构，块状构造。斑晶由半自形厚板状钾长石、斜长石组成。

② 第二次侵入岩（$K_1^{1b}\eta\gamma$）。主要见于南山区、宝安区（白芒岩体），为规模较大的岩基，长轴近东西向展布。岩体大部分较完整。侵入岩主要由中（粗中或细中）粒斑状（角闪）黑云二长花岗岩组成。岩石似斑状结构，基质花岗结构，块状构造。

③ 第三次侵入岩（$K_1^{1c}\eta\gamma$）。主要见于宝安区（白芒岩体）、王母西涌、坪地黄竹嶂，多呈不规则状小岩株、小岩枝，部分长条状，呈近东西或北东向分布。对比第二次侵入岩，岩性突变，推测为侵入接触。岩石主要为细、中细粒斑状或含斑（角闪）黑云母二长花岗岩，总体上矿物分布不均，含量变化较大。岩石似斑状结构，基质花岗结构，块状构造。

（5）晚白垩世侵入岩

晚早白垩世侵入岩（$K_2^{1b}\eta\gamma$）多呈小岩株，呈小岩株、小岩枝，部分长条状，呈近东西或北西向分布，零星出露于葵涌虎地排、大鹏镇北西部，工作区仅划分一次侵入活动。侵入岩主要由细粒斑状黑云母二长花岗岩及细粒、中细粒或中粒（黑云母）花岗岩组成，花岗结构，部分具似斑状结构。

2.3.2.3 变质岩

主要区域变质岩石类型：

（1）变质砂岩

由变质砂岩、粉砂岩互层，或与片岩互层组成，偶夹变质含砾砂岩。岩性有变质石英砂岩、变质长石石英砂岩、变质含砾粗砂岩等。岩石呈灰—灰绿色，风化后为紫红—灰黄色，变余砂状结构、显微鳞片花岗变晶结构，局部鳞片变晶结构、中薄层状构造、条带状构造、块状构造等。由石英含量55%～75%，长石少量，黑云母绢云母集合体20%～45%，白云母2%～3%，以及微量锆石、磷灰石等组成。

（2）变粒岩

岩性有黑云斜长变粒岩、黑云母变粒岩、混合质黑云斜长变粒岩、混合质董青石黑云母变粒岩、混合质董青石变粒岩。岩石灰、灰褐色，风化后黄白、浅紫色，显微鳞片花岗变晶结构，花岗变晶结构，局部残余砂状结构，条带状构造，半定向构造。

（3）石英岩

灰白色，他形粒状变晶结构，花岗变晶结构，鳞片他形粒状变晶结构。半定向构造、条带状构造。岩石以石英含量高、普遍含石榴石为特征。岩石中石英、长石多呈他形粒状，以不规则边缘相接触，粒度0.5～1mm。黑云母呈鳞片状定向分布，在长石石英岩中，长石石英可相对富集成条带。

（4）片岩类

呈灰绿、深灰色，粒状鳞片变晶结构，鳞片花岗变晶结构，片状构造，半定向构造。

（5）片麻岩

多呈夹层状产于黑云母变粒岩中，并可见其与黑云斜长变粒岩呈渐变过渡关系，岩性有黑云斜长片麻岩、黑云片麻岩。岩石灰—灰绿色，鳞片花岗变晶结构，片麻状构造。主要由石英 35%～55%，斜长石 10%～30%，黑云母 20%～30%，少量钾长石及微量锆石、磷灰石、金属矿物等组成。

（6）混合岩

由浅色条带（脉体）及深色的基质组成，脉体与基质之比为（1:3）～（4:5）。脉体一般较规整，多顺层理、片理贯入，脉幅一般<5mm，有些仅 0.5～1.5mm，延伸不太远。脉体以花岗质为主，伟晶质、硅质次之，脉体绝大部分顺层贯入，亦有分支、尖灭侧现等。

（7）变质砂岩类

由变质砾岩、变质砂砾岩、变质含砾微粒石英砂岩、变质含砾石英砂岩、变质含砾不等粒砂岩等组成，变余砂状结构，碎裂构造。主要由碎屑物和填隙物两部分组成。碎屑成分主要由石英、长石及各种岩屑构成，多呈次棱角状，少数棱角状，填隙物主要由绢云母和铁质构成。

（8）千枚岩类

主要有粉砂质绢云母千枚岩、石英砂质绢云母千枚岩、石英绢云母千枚岩和绢云母千枚岩。岩石具显微鳞片变晶结构、变余砂状结构，千枚状构造，主要新生矿物是绢云母和石英。见微量锆石、电气石等。原岩为泥质岩。

（9）石英岩类

主要有绢云母石英岩、石英岩及石英岩状砂岩，具显微鳞片花岗变晶结构、花岗变晶结构及变余砂状结构，块状构造。岩石主要由石英组成，含少量白云母和黑云母。原岩为石英砂岩。

（10）板岩类

岩石种类较多，有粉砂质绢云母板岩、炭质板岩、斑点板岩、绢云母板岩等。具变余砂状结构、显微鳞片变晶结构，块状构造。主要由绢云母和泥质组成，其次为石英和炭质。原岩为粉砂质泥岩和泥岩。

（11）大理岩

由灰岩重结晶而成，具粒状变晶结构，块状构造。

2.4 构造与地震

2.4.1 断裂构造

深圳海岸带构造主要表现为断裂带，通过航空遥感图像解译和大量的物探（如地震影像法等）探测和部分钻探验证，海湾断裂带十分发育，可分为北东向和北西向两组（图件参见文献［31］），现分述如下：

2.4.1.1 北东—北东东走向断裂带

可划分为西部和东部两个断裂带，西部为深圳湾断裂带，东部称大鹏湾断裂带。总体走向呈北东45°～北东东，倾角50°～70°，它控制了海湾形态、海底地形和半岛的展布。

（1）深圳湾北东走向断裂带

可分为两个断裂束，即深圳湾南断裂束和深圳湾北断裂束，它是深圳罗湖断裂带南延分支的两个断裂束。前者的规模较大，延伸长，常构成不同年代地质体的分界线。

① 深圳湾南断裂束。罗湖断裂经过福田保税区南面，越过深圳河口进入香港尖鼻咀，与流浮山断裂衔接。其中两支断裂伸进上白泥一带近岸海域。在上白泥附近沿岸，可见大规模的构造破碎带，宽15～50m，走向北东40°，倾向北西，倾角60°～80°。沿断裂带贯入的石英脉常被剪切破坏。断裂面还保留了清晰的逆冲擦痕。据海上钻孔揭露：断裂上盘为燕山四期粗粒花岗岩，下盘为白垩纪砂砾岩，断裂带附近碎裂岩中有安山岩充填。该断裂至少经过三次的反复活动，力学性质具有压扭—张扭—压、压扭的多次转换特点。据香港尖沙咀、上白泥的构造岩热释光测年资料，结果为（17.23±1.04)万年、（28.96±2.71）万年。强烈的构造活动事件发生在中更新世中期至晚更新世早期。

② 深圳湾北断裂束。罗湖断裂的北支经安托山南延进入深圳北部海域，至少由四组的北东向断裂组成，靠北面的断裂则从蛇口半岛的赤湾山、马鞍山南一带通过。据海域钻孔揭露，断裂束内主要为燕山四期粗粒花岗岩，但其中夹有许多震旦纪云开群的变质岩断块，断裂带附近碎裂岩、糜棱岩、断层泥等构造岩发育，垂直厚度＞20m，沿断层常有煌斑岩脉侵入。

（2）大鹏湾北东东向断裂带

可划出两个断裂束，即大鹏湾顶断裂束和大鹏湾中部断裂束。

① 大鹏湾顶断裂束。该断裂南与香港上水粉岭断裂束相连，北段进入大鹏半岛经葵涌一带继续向北东方向延伸。在大鹏湾顶表现为海岸断裂，岸线平直，卫星图像清楚显示。通过沙头角保税区近岸填海工程249个钻孔揭露，断裂破碎带面积大于69000m²，长400m，最宽＞250m。断裂走向北东50°，倾向北西，断裂面沿倾向波状弯曲，倾角陡缓相间，倾角总体较缓，约25°～30°，性质属逆掩断层，断裂带分别由断层泥、糜棱岩、碎裂岩等组成。

② 大鹏湾中部断裂束。南部香港吓罗山—西贡断裂束，与北部大鹏半岛大鹏王母断裂束遥相对应，预计两大断裂束的衔接，当落在大鹏湾的中部。

国家地震局在大鹏半岛曾进行地震转换波测深表明：该区康氏面以上为一狭长的断陷区，轴线方向为NE50°～60°，标志着北东向断裂影响深度区达康氏面下，控制着东西两侧大亚湾及大鹏湾断陷海盆的分布。

2.4.1.2 北西—北北西向断裂带

本区东部海湾和西部海湾都有北西向断裂带发育，尤其是西部海湾北西向断裂活动更为强烈。

（1）珠江口深圳湾北北西向断裂带

蛇口半岛及海域中由东西向大致有五条断裂，包括南头断裂、蛇口断裂、大铲岛断裂、妈湾断裂和孖洲岛断裂。这些断裂大致沿北西300°～330°方向延伸，倾向北东为主，倾角45°～80°，往南通过深圳湾口海域，然后延入香港与大濠岛—凉水岸断裂相连。断裂以斜冲断层、冲断层为主，构造岩常见有碎裂硅化岩、构造角砾岩、糜棱岩。断层面擦痕、阶步、滑动镜面十分显著，深圳湾口海域，经钻探和物探发现一个北西走向凹槽带，钻孔一般在深40～50m才能见到基岩，个别地段100m深仍未见基岩。在孖洲岛沿北西向断裂，被石英巨脉充填，宽达30m，延伸穿过两小岛，地貌宏伟壮观。并见石英脉又被挤压破碎胶结的反复活动迹象。力学性质表现为压-张(扭)-压扭的转化过程，多数沿顺时针方向扭动，部分呈逆时针扭动。在香港尖鼻咀南北西向断裂构造岩测年资料分别为：(13.22±1.10)万年和(38.74±3.22)万年，断裂活动大致在中更新世中晚期。

（2）大鹏湾盐田北西向断裂

该断裂北段分布在陆域盐田—横岗一线，向南延入大鹏湾海域，走向北西315°，与大鹏湾的延伸方向基本一致，倾向北东，倾角55°。构造岩有碎裂岩、硅化岩、构造角砾岩、糜棱岩。断裂通过地段，大部分显示负地形地貌，具线状展布的特点。构造岩多具鳞片变晶结构，定向构造，矿物重结晶、压扁拉长定向排列。石英常呈波状消光，新生矿物出现绿泥石和绢云母。断裂早期表现为老地层逆冲在较新地层之上。后期表现为规模较大的水平位移，力学性质具有先压扭后张扭的特征，并将北东向断裂切割。

（3）大鹏半岛枫木浪北北西向断裂

分布于大鹏半岛的中南部，沿枫木浪水库两端穿行于燕山三期、五期花岗岩中，延伸数公里、宽20m，呈舒缓波状，卫星图像显示清晰，地貌反映呈线状狭长沟谷南经西冲延伸入海。断裂走向北西330°，倾向南西，倾角70°。构造岩主要为糜棱岩、碎裂岩，常见构造透镜体发育。断裂带内扭张裂隙，水平擦痕均发育，具有先压扭后张扭的多次活动特点。构造岩测年资料为(14.15±0.87)万年和(8.68±0.53)万年，活动期为晚更新世早期。北东向与北西向两组断裂的联合活动结果，形成了蛇口半岛、大鹏半岛隆起，以及珠江口、大鹏湾断陷。又以蛇口半岛与深圳湾一带两组断裂交汇点，构造活动相对较为强烈。

2.4.2 地震

2.4.2.1 地震活动

区域历史上记载过两次破坏性地震，均予以确认。第一次地震发生于1874年6月23日，震中位于担杆岛东北，震级5级，震中处于海域，深圳湾与震中距离约60km，深圳湾烈度约Ⅴ度。第二次地震发生于1905年8月12日，震中在澳门外海中，震级5。深圳湾与震中距离约70km，深圳湾烈度约Ⅴ度。

对区域仪器记录的地震，重新进行了核定。对每个地震逐一核查，剔除了爆破事件，确认为真实地震事件，列入目录（表2-5）。在长达近30a的时间里，只记录到30余次小震，平均每年只有一次地震事件，可见本区地震活动水平不高。表2-5中列出了台网记录到全部地震目录。震中主要分布于深圳北部、东边及大濠岛、九龙、香港一带，伶仃洋里也有零星分布。

表2-5　深圳湾周边地区地震目录

序号	发震时间						震中位置			M_L
	年	月	日	时	分	秒	北纬	东经	地点	
1	1970	1	3	20	21		22°40′	113°35′	珠江口	2.9
2	1970	7	2	13	45		22°11′	113°45′	台山	2.0
3	1971	1	12	21	23		22°20′	113°10′	宝安	2.3
4	1971	6	30	9	20		22°10′	113°38′	珠海	2.6
5	1971	6	30	9	21		22°10′	113°38′	珠海	2.8
6	1972	12	31	11	16		22°05′	113°54′	万山群岛	3.3
7	1973	12	16	22	7		22°48′	114°00′	东莞	2.8
8	1975	5	15	13	34		22°24′	114°18′	大鹏湾	2.6
9	1977	6	17	22	48		22°36′	114°00′	宝安	2.3
10	1977	10	22	18	42		22°36′	114°00′	宝安	3.1
11	1978	1	5	16	54		22°36′	114°12′	宝安	1.8
12	1978	6	15	3	14		22°18′	113°42′	珠海	2.1
13	1982	8	27	10	29		22°19′	114°01′	香港	2.5
14	1982	8	30	4	22		22°18′	114°00′	香港	2.5
15	1982	9	27	11	29		22°29′	114°16′	深圳	2.3
16	1983	7	22	11	00		22°37′	114°06′	深圳	2.8
17	1983	7	29	7	50		22°33′	114°02′	深圳	1.8
18	1983	10	2	3	3		22°33′	114°09′	深圳	1.5
19	1983	12	6	22	25		22°35′	114°01′	宝安	2.8
20	1984	7	21	1	3		22°44′	113°37′	东莞	2.2
21	1984	7	25	11	14		22°40′	113°38′	东莞	2.3
22	1985	2	16	7	30		22°45′	113°44′	东莞	1.7
23	1985	2	16	7	36		22°45′	113°44′	东莞	2.3
24	1985	4	29	5	29		22°24′	113°48′	深圳	2.3
25	1988	1	24	11	6		22°34′	114°11′	深圳	2.3
26	1990	3	18	14	57		22°06′	113°37′	南海	2.9
27	1990	7	17	6	1		22°38′	114°06′	深圳	2.3
28	1991	4	21	7	0		22°30′	113°54′	深圳	2.7
29	1991	4	24	7	0		22°30′	113°54′	深圳	2.7
30	1991	5	3	12	35		22°30′	114°16′	深圳	2.9
31	1991	7	29	17	49		22°37′	114°15′	深圳	2.6
32	1991	8	23	16	59		22°32′	114°16′	深圳	3.0
33	1992	3	20	17	6		22°38′	114°38′	深圳	2.9
34	1992	4	29	16	58		22°33′	114°03′	深圳	2.8
35	1993	6	13	14	18		22°33′	114°09′	深圳	1.7
36	1995	5	11	9	59		22°16′	114°05′	香港	2.9

利用现代观测台网记录的小震初动资料，对深圳湾及其附近地区的小震求出了综合断层面解，结果与东南沿海地区应力场基本一致（表2-6）。

表 2-6 深圳湾近区震源机制解

产状	节面 A	节面 B	P 轴	T 轴	N 轴
走向/方位/(°)	336.5	270	331	210	112
倾向	SW	N			
倾角/(°)	50	65	49	10	25

（1）现今地震构造应力场状态

根据单震 P 波初动法，P、S 波振幅比法和格点尝试法进行分析，本区地震构造应力场，其主要应力轴普遍近于水平，震源错动面较陡，以水平运动为主，主压应力轴为 300°左右。导致区内北西—北北西和北东—北东东向两组断裂，发生轻微的剪切运动，构成了本区近今微震的主要控震构造。

（2）潜在震源的分布特征

据历史地震记录资料，本区绝大部分均为<3.8 级的小震。区内地震活动水平不高。据深圳-香港微震震中分布图显示，沿海岸带微震震中点明显受北东和北西向两组断裂带控制，按空间分布及其出现的频率和密集程度，有如下特点：

① 微震震中点密集分布在北西向和北东东向两组断裂带的交汇区；

② 西海岸沿珠江口边缘深圳湾口、南头附近北西向断裂带为微震震中点的发育地带；

③ 北西向断裂带形成的凹槽带、断陷带附近，微震震中点出现频率较高；

④ 微震震中点分布以珠江口边缘北西向断裂密集带为中心，向东密集程度有逐渐减弱的趋势。

尽管区内地震活动水平不高，近百年内未遭遇强烈的破坏性地震，国家地震局根据本区、西临珠江口 6.5 级潜源区，南邻担杆群岛 7.5 级潜源区，本区断裂带在晚更新世前均有不同程度的活动迹象，故将本区震级上限定为 5.5 级。

（3）地震烈度评定

广东省地震局通过对外围地震危险区的确定及烈度衰减半径计算，本区地震的综合影响为Ⅵ～Ⅶ度。近年来区内经为数较多的工程地震危险性分析，掌握了 50a 超越概率为 0.1 的基岩加速度峰值为 0.073～0.091 之间，烈度值在 6.3～6.9 范围内变化，从工程抗震设防长远的安全性考虑，本区地震烈度定为Ⅶ度区。

2.4.2.2 地震地质灾害分析

本区未来 100a 内可能发生的地震地质灾害主要有砂土液化和软基震陷等问题。

西海岸深圳河口北岸自北往南，从丘陵谷地开始，以残坡积砂土为主，标贯值多高于液化临界值，属于非砂土液化区；向外依次为河流冲积或冲洪积平原，经常埋藏有饱水中细砂层、砂质黏性土层，在烈度Ⅶ度时为基本不液化区，烈度Ⅷ度条件下，属于轻微液化区。局部地段埋藏厚度较大的冲洪积饱水细砂层，标贯值很低，无论在烈度Ⅶ度或Ⅷ度时，都会发生中等程度液化。近岸的滨海—冲积沉积地带，海积与河流冲积交替的饱水砂层，在Ⅶ～Ⅷ度烈度时，都将轻微液化。

在滨海沉积层下和深圳湾内，广泛分布淤泥层，压缩性高，天然含水量在44.9%～107.2%之间，承载力标准值＜40kPa，测得剪切波速值120～139。据《岩土工程勘察规范（2009年版）》(GB 50021—2001) 表5.5规定，可以不考虑软土震陷影响的临界承载力标准值和平均剪切波速值分别为：烈度Ⅶ、Ⅷ度区80kPa、100kPa和90m/s、140m/s。以此对照，本区软土如按承载力标准值判断，Ⅶ度即会发生震陷，如按剪切波速值判别，则Ⅶ度不会震陷，Ⅷ度即会发生震陷。总之，淤泥层未经处理不宜作为建筑天然地基和持力层。

以上仅根据收集部分资料进行初步分析，详细的砂土液化与软基震陷的判定，有待进一步的调查研究工作。

第 **3** 章
水文地质分区

3.1 水文地质条件

深圳市城市整体呈东西向展布，由于东西部地形地貌条件差异较大，城市的功能差别也各异，因此东西部水文地质条件也不同，现分别评述。

3.1.1 东部地区

深圳市东部地区地形以低山丘陵为主，工作区则以低丘为主，在低丘之间分布有较开阔平坦的河谷冲洪积平原，如西涌、南澳、王母、葵涌、大小梅沙和盐田等，不同的地形地貌影响各自的水文地质条件。

3.1.1.1 含水层

东部主要含水层有第四系松散岩类孔隙含水层、基岩裂隙含水层、岩溶溶洞裂隙含水层。各类含水层所处地形地貌条件、地层结构不同，致使地下水动力性质、富水性、水化学特征不同，也就形成不同类型地下水，其水文地质特征也各不相同，分述如下。

（1）第四系松散岩类孔隙水

① 含水层岩性。该类地下水主要赋存于开阔沟谷冲洪积平原（如盐田、大小梅沙、葵涌、王母、西涌、南澳等地），其中较大河系有盐田河、葵涌河、王母河等，河流两岸形成高度不同、厚度不同的阶地沉积，其他沟谷地表水系均不甚发育，多呈小溪或暂时性水流。

含水层岩性主要由卵石、细砂、粉细砂组成。其中西涌主要为粉细砂，含较多黏粒；葵涌则由卵石、中粗砂等组成，厚 4～8m（由上游至中游逐渐变厚）；大小梅沙、盐田、南澳等地含水层由细砂及卵石组成，盐田河中上游近山一侧多为漂石，上部多由一层粉质黏土覆盖，地下水具微承压性，部分地段（如西涌）上覆粉质黏土缺失，砂层直接出露地表，地下水形成潜水，地下水位埋深一般较浅，为 0.36～4.00m。

② 地下水补给径流和排泄条件。该类地下水主要分布于低平地沟谷冲积平原浅部，部分含水层直接暴露于地表，且沟谷中多有常年流水溪，其补给来源主

要为大气降水的入渗，临河溪地带，河水位高于地下水位时可直接接受河水补给。当含水层与基岩裂隙水相邻时，由于基岩裂隙水来源高于孔隙水，可接受基岩裂隙水的侧向补给。

因地形特征多为由上游向下游微倾斜，地下含水层与地表相近似呈微向下游倾斜，地下水径流方向亦呈由上游向下游缓慢运动。

地下水的排泄则因该含水层位下游多与海水或地下咸水相接触，多直接沿海岸线向海水排泄，或蒸发排泄（含植物蒸腾作用），也有少部分以人工开采形式排泄。枯水季节当地下水位高于河水位时近河地段则有部分直接排向河溪。

河溪入海口段因受潮汐影响产生海水沿河溪倒灌，致使河水位高于地下水位而发生海水补给地下水，因此于近海岸地段多分布海咸水。

③ 地下水富水程度。地下水富水性划分按《综合水文地质图图例及色标》（GB/T 14538）中富水性划分标准进行，主要按三个指标进行划分，对松散岩类孔隙水及覆盖型基岩裂隙水按单井涌水量进行划分，裸露型基岩区以地下水径流模数、泉流量作为富水性划分标准（表3-1）。

表 3-1　地下水富水性划分标准表

项目	水量丰富	水量中等	水量贫乏	水量极贫乏
单井涌水量/(m^3/d)	>1000	100~1000	10~100	<10
地下水径流模数/$s^{-1} \cdot km^2$	>10	5~10	1~5	<1
泉流量/(L/s)	>5	1~5	0.1~1	<0.1

孔隙水富水程度决定其含水层岩性及其厚度，由于该地河流短小，形成冲洪积层一般厚度不大，且砂层内多含有较多黏粒，因此其富水性一般较差，据JC45号孔抽水试验资料，当降深 $S=5.36m$ 时，出水量 $Q=86.4m^3/d$，为水量贫乏级，其渗透系数 $K=1.08m/d$，详见图3-1（JC45号孔抽水试验综合成果图）。

盐田港片区由于盐田河流程相对较大，冲洪积层为卵石层，据JC31号孔抽水资料：渗透系数 $K=34.1m/d$，当降深达 1.5m 时，出水量 $Q=324m^3/d$，属中等富水，详见图3-2。

④ 地下水化学特征。第四系孔隙水化学特征主要受其所在地形地貌位置也就是距海岸线远近影响，即距海岸线近者地下水矿化度高，且 Cl^- 含量也高。如KC44孔紧临海边，其地下水与海水化学特征非常近似，KC44孔海平面以上砂层中取样，地下水 pH 值 7.05，矿化度 117.48mg/L，水质类型为 $Cl^- \cdot HCO_3^- \text{-} Ca^{2+} \cdot Mg^{2+}$ 型水；在深度26m（海平面以下）取样水质分析结果是 pH 值 7.33，矿化度 21501.69mg/L，地下水类型为 $Cl^- \cdot SO_4^{2-} \text{-} Na^+ \cdot Mg^{2+}$ 型水。远离海岸线则地下水矿化度与 Cl^- 均较低，接近区域地下水背景值，如 KC42 孔，地下水 pH 值 6.26，矿化度 14.71mg/L，水质类型为 $HCO_3^- \cdot Cl^- \text{-} Ca^{2+} \cdot Na^+$ 型水，详见表3-2。

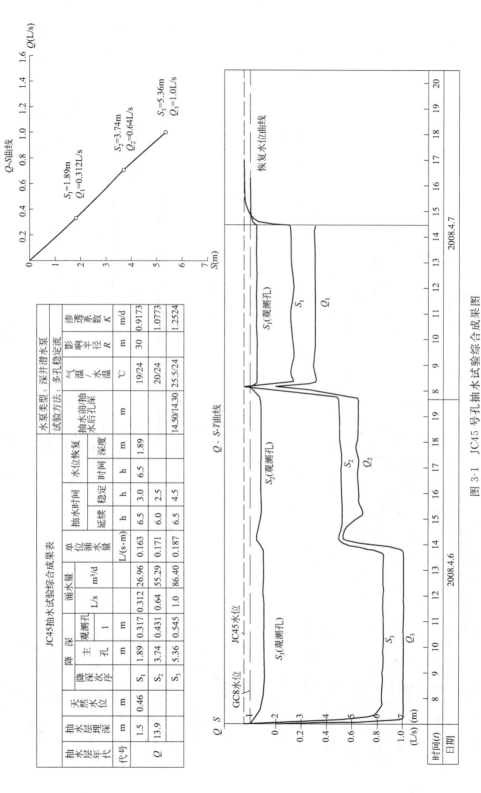

图 3-1　JC45 号孔抽水试验综合成果图

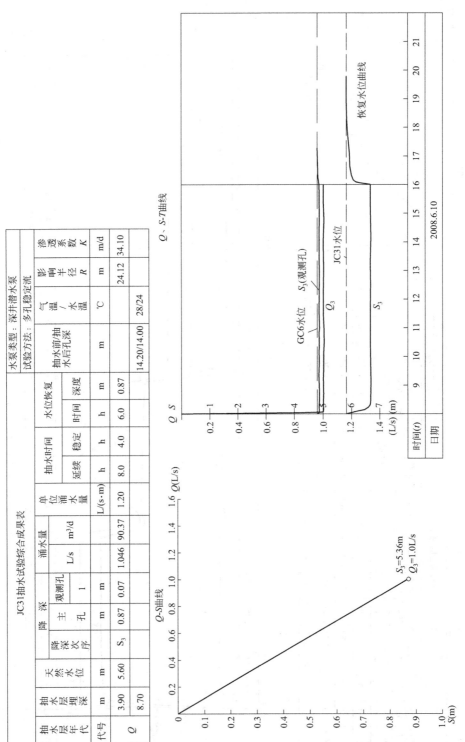

JC31抽水试验综合成果表

抽水层年代		抽水层埋深	天然水位	降深			涌水量		单位涌水量	抽水时间		水位恢复		抽水前/抽水后孔深	气温/水温	影响半径	渗透系数
				降深次序	主孔	观测孔 1				延续	稳定	时间	深度			R	K
代号		m	m		m	m	L/s	m³/d	L/(s·m)	h	h	h	m	m	℃	m	m/d
Q	3.90		5.60	S_3	0.87	0.07	1.046	90.37	1.20	8.0	4.0	6.0	0.87	14.20/14.00	28/24	24.12	34.10
	8.70																

水泵类型：深井潜水泵
试验方法：多孔稳定流

图 3-2 JC31 号孔抽水试验综合成果图

表 3-2 东部地区孔隙水水质类型统计表

钻孔编号	含水层埋深/m	顶板高程/m	底板高程/m	厚度/m	岩性	水位埋深/m	水位高程/m	pH值	矿化度/(mg/L)	地下水类型
KC35	4.7	8.44	6.04	2.4	中细砂	3.3	11.34	6.51	55.69	$HCO_3^- \cdot Cl^- - Na^+ \cdot Ca^{2+}$
KC36	3.6	0.02	−4.38	4.4	淤泥质细砂	2.3	1.32	6.71	1051.54	$Cl^- \cdot HCO_3^- - Na^+ \cdot Mg^{2+}$
KC39	11.7	13.57	11.87	1.7	碎石	5.1	20.17	6.88	5.26	$HCO_3^- - Ca^{2+}$
KC40	7	2.292	0.392	1.9	淤泥质中砂；中砂	0.2	9.092	5.94	36.19	$HCO_3^- - Na^+ \cdot Ca^{2+}$
KC42a	8	−0.135	−2.635	2.5	砂卵石	1.5	6.365	6.68	30889.56	$Cl^- \cdot SO_4^{2-} - Na^+ \cdot Mg^{2+}$
KC43	6.2	−3.131	−10.731	7.6	砂卵石	2.2	0.869	6.93	26437.31	$Cl^- \cdot SO_4^{2-} - Na^+ \cdot Mg^{2+}$
KC44	1.3	0.277	−3.323	3.6	中粗砂	2	−0.423	7.05	188.6	$Cl^- \cdot HCO_3^- - Ca^{2+} \cdot Mg^{2+}$
KC45	2	1.904	0.704	1.2	淤泥质砾砂	2.95	0.954	6.48	14288.02	$Cl^- \cdot SO_4^{2-} - Na^+$
KC47	0	6.148	3.148	3	砂卵石	0.3	5.848	6.2	40.64	$HCO_3^- \cdot Cl^- - Na^+ \cdot Ca^{2+}$
KC49	1.2	7.87	−9.23	17.1	粉砂	4.8	4.27	7.79	24405.91	$Cl^- \cdot SO_4^{2+} - Na^+ \cdot Mg^{2+}$
JC31	3.9	2.68	−2.12	4.8	卵石	5.6	0.98	6.4	162.01	$HCO_3^- \cdot SO_4^{2-} - Ca^{2+} \cdot Na^+$
JC32	9.1	−3.309	−9.509	6.2	淤泥质粉细砂	5.1	0.691	7.34	5202.97	$Cl^- \cdot SO_4^{2-} - Na^+ \cdot Mg^{2+}$
JC33	13.5	−9.495	−13.495	4	淤泥质中细砂	4.3	−0.295	6.81	3239.7	$Cl^- \cdot SO_4^{2-} - Na^+ \cdot Mg^{2+}$
JC34	3	1.652	−4.548	6.2	中细砂	3.2	1.452	7.22	96.81	$HCO_3^- \cdot Cl^- - Ca^{2+} \cdot Na^+$
JC35	2.6	1.66	−10.74	12.4	中粗砂	3.1	1.16	6.46	85.82	$HCO_3^- \cdot Cl^- - Ca^{2+} \cdot Na^+$
JC40	6.1	−0.129	−10.629	10.5	角砾；强风化花岗岩	5.7	0.271	5.43	22148.62	$Cl^- \cdot SO_4^{2-} - Na^+ \cdot Mg^{2+}$

⑤ 地下水水位变化特征。由于东部地区地形变化较大，地下水埋深也有较大的差别，一般 1.5～4.5m，最深 5.7m，最浅 0.2m。地下水位的变化受季节性影响很大，总体是雨季地下水位上升，枯水季节地下水位下降，近海岸地段还受海水潮汐影响。

（2）基岩裂隙水

① 含水层岩性。该类地下水主要赋存于广大裸露基岩区及浅埋基岩区，各类基岩如火成岩、火山岩及沉积岩，表层遭受各种风化作用，致使裂隙发育，这些裂隙为地下水的储存和运移提供了条件。裂隙发育深度，因受岩性及构造影响各地不一，据勘察，风化带可划分为全风化、强风化、中等风化和微风化四个带，各地厚度极不均匀，有些带缺失，一般全风化带厚度 5.60～18.40m，强风化带厚度 1.0～6.6m，中等风化带厚度 0～16m，微风化带未揭穿。风化带内的地下水一般均呈连通，具统一的地下水位，位于基岩裸露区多形成潜水，若上覆存在第四系相对隔水层，则多可形成微承压水。地下水位埋深不大，一般1.3～9.5m。

② 地下水补给径流和排泄条件。基岩裸露及浅埋地段，基岩裂隙水主要补给来源为大气降水入渗，部分上覆第四系为含水层，则可接受第四系孔隙水的直接补给或越流补给。其径流则多由高处向低处，由于丘陵不高，径流途径多较

短。地下水的排泄多是就近排向海水、河水或第四系孔隙水，基岩裸露地段也有部分以蒸发形式排泄。

③ 地下水富水程度。基岩裂隙水富水程度主要视其裂隙发育程度、裂隙充填程度及充填物特性而定。据野外调查其泉水流量一般为 0.1L/s（枯水季节），属于水量贫乏级。

④ 地下水化学特征。基岩裂隙水的水化学特征与地下水的补、径、排条件有关，也与基岩埋藏深度和距离海岸线远近有关。在裸露区，地下水位一般较高，水力坡度一般较大，水化学变化较快。如 22 号剖面 JC37 号孔离海岸线约 80m，地下水 pH 值 7.52，矿化度 12118.02mg/L，水质类型为 $Cl^- \cdot SO_4^{2-}$-$Na^+ \cdot Mg^{2+}$ 型水，JC36 号孔离海岸线约 240m，地下水 pH 值 6.92，矿化度 17.6mg/L，水质类型为 HCO_3^--Ca^{2+} 型水。埋藏区的基岩裂隙水，离海岸线较近且在海平面以下的，地下水化学特征多与海水比较接近，如 KC44 孔在深度 26m（海平面以下）取样水质分析结果是 pH 值 7.33，矿化度 21501.69mg/L，地下水类型为 $Cl^- \cdot SO_4^{2-}$-$Na^+ \cdot Mg^{2+}$ 型水，详见表 3-3。

⑤ 地下水水位变化特征。东部地区基岩裂隙水埋深受地形地貌影响较大，一般埋深 1.5～4.4m，最大埋深 9.5m，水位的变化受降雨影响明显。

（3）岩溶溶洞裂隙水

① 含水层岩性。该类型地下水主要赋存于下石炭统石磴子组碳酸盐岩（为灰色灰岩、灰白色大理岩）溶蚀溶洞裂隙中，分布于葵涌沟谷平原中部及上部，碳酸盐岩多掩埋地下 8.0～21.90m，上覆多有一定厚度相对隔水的粉质黏土，致使该类地下水多具有一定承压性，承压水头高出含水层 4.0～16.0m，地下水水位埋深 4.0～6.0m。碳酸盐岩岩溶发育据部分钻孔揭露，统计其溶洞率可达 15.97%，溶洞 69% 有充填，充填物为黏性土和粉砂。溶洞高一般为 1.0～2.0m，最高达 6.8m。

② 地下水补给径流和排泄条件。由于这部分基岩多掩埋于地下一定深度，故而接受大气降水的入渗补给量相对较少，因上覆第四系多有富含地下水的砂卵石层，因此第四系孔隙水则成为岩溶水的主要补给源，尤其是砂层或卵石层直接覆盖于碳酸盐岩之上时。

地下水的径流也是由上游向下游，缓慢补给下游花岗岩裂隙水。

排泄方式：一是以泉的形式直接排泄于地表；二是部分向下游径流补给该沟谷出口处花岗岩裂隙水。

表 3-3　东部地区基岩裂隙水水质类型统计表

钻孔编号	含水层埋深/m	顶板高程/m	底板高程/m	厚度/m	岩性	水位埋深/m	水位高程/m	pH值	矿化度/(mg/L)	地下水类型
KC30	13.5	17.383	14.683	2.7	强风化凝灰岩	4.4	26.483	5.24	22.27	$HCO_3^- \cdot Cl^-$-$Ca^{2+} \cdot Na^+$
KC31	22	−5.332	−10.332	5	强风化凝灰岩	1.5	15.168	7.02	73.41	$HCO_3^- \cdot Cl^-$-Ca^{2+}

钻孔编号	含水层埋深/m	顶板高程/m	底板高程/m	厚度/m	岩性	水位埋深/m	水位高程/m	pH值	矿化度/(mg/L)	地下水类型
KC32	18.2	−12.4	−24.9	12.5	强风化凝灰熔岩	1.3	4.5	6.78	54.19	$HCO_3^- \cdot Cl^- - Ca^{2+} \cdot Mg^{2+}$
KC33	10.4	19.223	16.623	2.6	强风化凝灰熔岩	5.6	24.023	6.94	63.7	$HCO_3^- \cdot Cl^- - Ca^{2+}$
KC34	14.5	−1.651	−7.151	5.5	强风化花岗岩	4.3	8.549	7.29	116.71	$HCO_3^- \cdot Cl^- - Ca^{2+}$
KC36	14.6	−14.6	−15.1	0.5	强风化花岗岩	2.3	1.32	7.03	4445.66	$Cl^- \cdot HCO_3^- - K^+ \cdot Ca^{2+}$
KC41	20.5	−11.227	−13.727	2.5	强风化花岗岩	2.3	6.973	6.6	88.37	$HCO_3^- \cdot Cl^- - Mg^{2+} \cdot Ca^{2+}$
KC42b	28.8	−28.8	−32.5	3.7	强风化花岗岩	1.5	6.365	6.88	16990.86	$Cl^- \cdot SO_4^{2-} - Na^+ \cdot Mg^{2+}$
KC43	31.4	−31.4	−34.5	3.1	强风化中粒斑状花岗岩	2.2	0.869	6.67	20546.9	$Cl^- \cdot SO_4^{2-} - Na^+ \cdot Mg^{2+}$
KC44	31.7	−31.7	−32.1	0.4	强风化粗粒花岗岩	2	−0.423	7.33	21584.97	$Cl^- \cdot SO_4^{2-} - Na^+ \cdot Mg^{2+}$
KC46	20.3	−20.3	−21.5	1.2	强风化粗粒花岗岩	2.3	1.153	6.37	18707.47	$Cl^- \cdot SO_4^{2-} - Na^+ \cdot Mg^{2+}$
KC48	13.6	−2.055	−19.255	17.2	全风化粗粒花岗岩	2.15	9.395	7.04	69.98	$HCO_3^- \cdot Cl^- - Ca^{2+}$
JC36	1.4	−1.4	−6.2	4.8	强风化花岗岩		24.95	6.92	17.6	$HCO_3^- - Ca^{2+}$
JC37	5.1	9.919	3.319	6.6	强风化花岗岩	9.5	5.519	7.52	12248.4	$Cl^- \cdot SO_4^{2-} - Na^+ \cdot Mg^{2+}$
JC40	6.1	−0.129	−10.629	10.5	角砾;强风化花岗岩	5.7	0.271	5.43	22148.62	$Cl^- \cdot SO_4^{2-} - Na^+ \cdot Mg^{2+}$

③ 地下水富水程度。由于富水性受岩层本身岩溶溶洞、裂隙发育程度及这些溶洞及裂隙的充填情况制约，因此其富水性非常不均匀，野外调查岩溶泉水流量约 $432m^3/d$，属水量中等级，据 JC39 孔由于未揭露到溶洞，其抽水试验成果，降深 $S=2m$ 时，涌水量 $Q=86.4m^3/d$，属水量贫乏级，结合本区调查和收集到的资料显示，本区岩溶溶洞裂隙水总体属水量丰富—贫乏级。

④ 地下水化学特征。碳酸盐岩岩溶溶洞裂隙水的水化学特征受地下水补给水源和地下水在碳酸盐岩运移速度、水化学反应等有关，据 JC39 号孔水质分析，地下水 pH 值 7.15，矿化度 375mg/L，水化学类型为 $HCO_3^- \cdot Cl^- - Ca^{2+}$ 型水。

3.1.1.2 隔水层

区内地表及浅部广泛分布黏性土、砾质黏土、淤泥、淤泥质土，基本不透水可视为相对隔水层，地下深部完整基岩（碳酸盐岩除外）亦可视为相对隔水层，再则泥质页岩、煤系等均可视为相对隔水层。

3.1.2 西部地区

西部地区由于总体地势较平坦，是各种工业以及人类居住的重要场所。地形总体以冲积及海积平原为主，间或有低矮残丘零星分布。区内较大河流有茅洲河、大沙河、西乡河及深圳河。在这些河流两岸多分布有河流冲洪积阶地，阶地下部多有厚度不等的砂层、砾砂层及卵石层等，松散层构成西部主要地下水含水层，即孔隙水含水层；其次为零星分布的基岩区表层由风化裂隙形成的基岩裂隙水。该区海岸带由于建设需要形成较大范围人工填海工程，也即形成一个新的水文地质单元，即含有封存海水的特殊填海区地下水类型。

3.1.2.1　含水层

（1）第四系松散岩类孔隙水

① 含水层岩性。这类地下水主要分布于该区主要河流中、下游的两岸阶地、冲洪积平原及近海地段海积平原下部松散中粗砂、砾砂及卵石层中。含水层厚度一般为1.5～5.0m，最薄的为KC17号孔，粗砂层厚0.6m，最厚的为JC23号孔，砾砂层厚10.10m。局部地段有二层含水层，如JC2号孔在埋深5.6～7.8m有一层中砂含水层，18.8～21m有一层粗砂含水层；JC13号孔在埋深1.8～7.6m有一层砾砂含水层，9.4～13.2m有一层砾砂含水层。由于其上覆多有相对隔水黏性土，多具微承压性。

② 地下水补径排条件。这类地下水埋藏浅，其主要补给来源有大气降水直接入渗补给，邻河地段汛期河水位高时接受部分河水的侧向补给。其径流由于地形平缓，含水层分布亦平缓，地下水多缓慢地向相对较低的地方径流。地下水大部分排泄到海水或河水中；部分为人工开采方式排泄，调查本区旧的村落有民井500余口，均有不同程度的使用，是一个重要的地下水排泄方式；小部分以蒸发作用进行排泄。

③ 地下水富水程度。该含水层分布广泛，其富水程度差异亦较大。孔隙水富水程度决定其含水层岩性和厚度，部分河流较大，形成冲洪积层一般厚度较大，处于河流下游，砂层内多含有较多黏粒，其富水性一般较差，如JC21号孔，含水层岩性为砾砂，含水层厚度5.3m，据抽水试验，当降深 $S=6.46\text{m}$ 时，涌水量 $Q=20.4\text{m}^3/\text{d}$，为水量贫乏级，其渗透系数 $K=0.37\text{m/d}$（图3-3）。JC28号孔，含水层为圆砾，厚度较薄，只有0.8m，据抽水试验，当降深 $S=3.87\text{m}$ 时，涌水量 $Q=27.87\text{m}^3/\text{d}$，其渗透系数 $K=9.52\text{m/d}$，虽然渗透性较好，但由于含水层薄，亦为水量贫乏级（图3-4）。在含水层相对较厚，透水性较好的地段，地下水富水性较好，如JC13号孔，有两层砾砂含水层，总厚度达9.6m，抽水试验当降深 $S=0.44\text{m}$ 时，出水量 $Q=197.6\text{m}^3/\text{d}$，富水性中等，其渗透系数 $K=21.58\text{m/d}$（图3-5）。再如搜集资料，大沙河下游于20世纪80年代进行水源地勘察时，曾获得单井涌水量100～670m^3/d 的成果。

④ 地下水化学特征。本区第四系孔隙水化学特征主要受地下水补给源的影响，与其距海岸线远近有影响，具有较好的分带性，即距海岸线近者地下水矿化度高，且 Cl^- 含量也高。如宝安机场西侧的5号剖面，距海岸线50m的KC6号孔，含水层为1.2m的中砂层，地下水的pH值7.13，矿化度16051.46mg/L，水质类型为 $Cl^- \cdot SO_4^{2-}\text{-}Na^+ \cdot Mg^{2+}$ 型水；福田保税区的16号剖面KC24号孔，含水层为厚4.7m的中砂、圆砾层，地下水pH值6.55，矿化度10091.19mg/L，水质类型为 $Cl^- \cdot HCO_3^-\text{-}Na^+ \cdot Mg^{2+}$ 型水；距KC24号孔350m的JC28号孔，含水层为厚0.8m的圆砾层，地下水pH值5.79，矿化度4995.16mg/L，水质类型为 $Cl^- \cdot SO_4^{2-}\text{-}Na^+ \cdot Mg^{2+}$ 型水。远离海岸线则地下水矿化度与 Cl^- 均较低，如JC27号孔，地下水pH值6.62，矿化度59.51mg/L，水质类型为 $HCO_3^- \cdot Cl^-\text{-}Ca^{2+} \cdot Na^+$ 型水，详见表3-4。

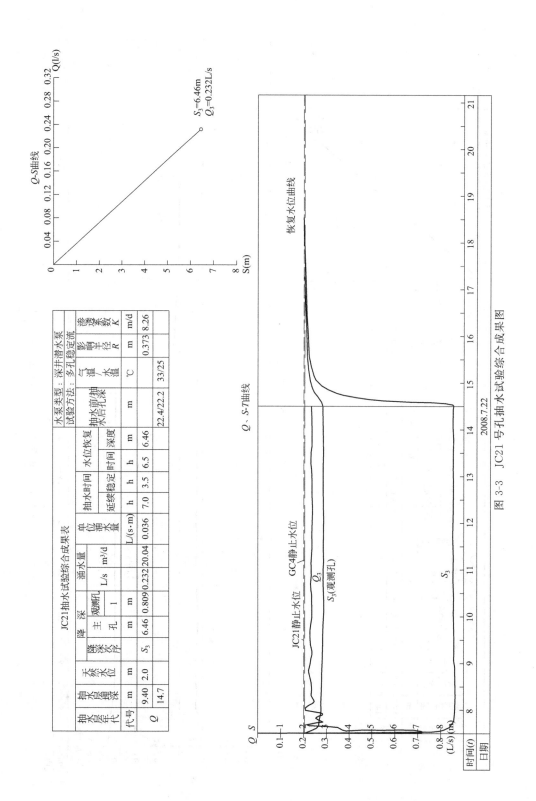

图 3-3 JC21 号孔抽水试验综合成果图

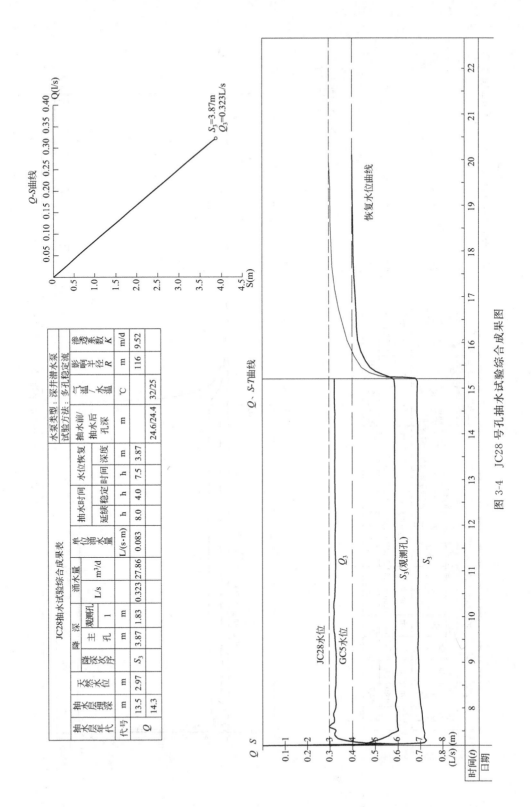

图 3-4　JC28 号引孔抽水试验综合成果图

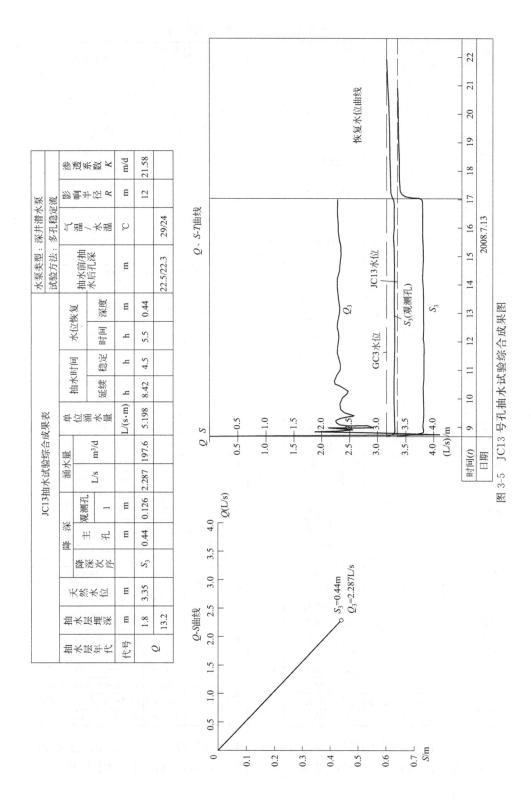

图 3-5 JC13 号孔抽水试验综合成果图

表 3-4　西部地区孔隙水水质类型统计表

钻孔编号	含水层埋深/m	顶板高程/m	底板高程/m	厚度/m	岩性	水位埋深/m	水位高程/m	pH值	矿化度/(mg/L)	地下水类型
KC4	6.3	−2.08	−8.98	6.9	粗砂	2.1	2.12	6.76	77.82	$HCO_3^- \cdot Cl^- - Na^+ \cdot Mg^{2+}$
KC5	4	2.92	−0.88	3.8	砾砂	2.6	4.32	7.21	49.85	$HCO_3^- \cdot Cl^- - Ca^{2+} \cdot Na^+$
KC6	7.5	−3.88	−5.08	1.2	中砂	2.2	1.42	7.13	16205.54	$Cl^- \cdot SO_4^{2-} - Na^+ \cdot Mg^{2+}$
KC7	7.5	−3.86	−4.76	0.9	圆砾	3.3	0.34	7.36	8249.68	$Cl^- \cdot HCO_3^- - Na^+ \cdot Mg^{2+}$
KC9	10	−10	−14.1	4.1	中砂	1.8	−1.8	7.2	8481.87	$Cl^- \cdot SO_4^{2-} - Na^+ \cdot Mg^{2+}$
KC15	9.5	−6.37	−12.97	6.6	粉砂;强风化花岗岩	3.2	−0.07	6.56	14429.57	$Cl^- \cdot SO_4^{2-} - Na^+ \cdot Mg^{2+}$
KC16	3	4.82	−2.98	7.8	砾砂	4.2	3.62	6.18	73.42	$HCO_3^- \cdot Cl^- - Na^+ \cdot Ca^{2+}$
KC17	6.4	5.7	5.10	0.6	粗砂	3.7	8.4	7.77	265.48	$HCO_3^- \cdot Cl^- - Na^+ \cdot K^+$
KC18	12.6	−8.54	−16.94	8.4	砂质黏土	1.6	−1.6	6.54	15633.45	$Cl^- \cdot SO_4^{2-} - Na^+ \cdot Mg^{2+}$
KC20	7.9	10.13	4.13	6	中粗砂;砾砂	6.2	11.83	6.95	102.47	$HCO_3^- \cdot Cl^- - Ca^{2+} \cdot Na^+$
KC23	3.6	0.42	−2.48	2.9	砾砂	4.1	−0.08	6.75	52.04	$HCO_3^- \cdot Cl^- - Ca^{2+}$
KC24	20.3	−16.1	−20.8	4.7	中砂;圆砾	2.2	2	6.55	10091.19	$Cl^- \cdot HCO_3^- - Na^+ \cdot Mg^{2+}$
KC25	3.6	13.85	12.65	1.2	中粗砂加卵土	4.2	13.25	6.62	89.47	$HCO_3^- \cdot Cl^- - Ca^{2+}$
KC27	4.9	0.66	−5.34	6	中粗砂;砾砂;卵石	3.8	1.76	6.74	55.44	$HCO_3^- \cdot Cl^- - Ca^{2+} \cdot Na^+$
KC28	7.3	−2.19	−4.69	2.5	粗砂	2.7	2.41	6.72	132.77	$Cl^- \cdot HCO_3^- - Ca^{2+}$
KC29	7.9	−1.77	−5.97	4.2	粉砂;粗砂夹卵石	4.3	1.83	6.72	89.18	$HCO_3^- \cdot Cl^- - Na^+ \cdot Ca^{2+}$
KC50	12.1	−9.23	−16.33	7.1	砾砂	1.2	1.67	8.88	5602.1	$Cl^- \cdot SO_4^{2-} - Na^+ \cdot Mg^{2+}$
JC1	20.5	−16.74	−20.74	4	淤泥质砾砂	3.5	0.26	6.38	121.09	$HCO_3^- \cdot Cl^- - Na^+ \cdot Ca^{2+}$
JC2	5.6	−1.54	−3.74	2.5	中砂	1.7	2.36	6.3	25191.88	$Cl^- \cdot SO_4^{2-} - Na^+ \cdot Mg^{2+}$
JC3	15.3	−12.08	−16.28	4.2	粗砂	2.1	1.12	5.74	26198.74	$Cl^- \cdot SO_4^{2-} - Na^+ \cdot Mg^{2+}$
JC9	4.8	5.13	3.83	1.3	淤泥质中砂	2.3	7.63	7.01	68.45	$HCO_3^- \cdot Cl^- - Na^+ \cdot Ca^{2+}$
JC10	7.9	−3.85	−5.15	1.3	中粗砂	2.6	1.45	6.63	21908.65	$Cl^- \cdot SO_4^{2-} - Na^+ \cdot Mg^{2+}$
JC11	12.7	−12.7	−17.9	5.2	强风化混合岩	3.7	−3.7	6.92	61.16	$HCO_3^- \cdot SO_4^{2-} - Ca^{2+}$
JC12	3.1	1.34	−3.76	5.1	砾砂	3	1.44	7.43	203.53	$HCO_3^- \cdot Cl^- - Ca^{2+} \cdot Na^+$
JC13	1.8	2.63	−3.17	5.8	圆砾	3.22	1.21	6.37	175.27	$HCO_3^- \cdot Cl^- - Na^+ \cdot Ca^{2+}$
JC14	4.3	2.88	−11.32	14.2	砾砂;强风化花岗岩	3.2	3.98	6.99	86.77	$HCO_3^- \cdot Cl^- - Ca^{2+} \cdot Na^+$
JC20	6.8	0.81	−0.79	1.6	中砂	5.8	1.81	6.72	71.01	$HCO_3^- \cdot Cl^- - Ca^{2+} \cdot Na^+$
JC21	9.4	−2.26	−7.56	5.3	砾砂	1.6	5.54	5.45	132.03	$Cl^- \cdot HCO_3^- - Na^+$
JC22	6.9	−1.98	−8.28	6.3	淤泥质中粗砂;砾砂	5.51	−0.59	6.42	59.08	$HCO_3^- \cdot Cl^- - Na^+ \cdot Ca^{2+}$
JC23	10.1	−4.65	−14.75	10.1	砾砂	2.8	2.65	6.88	21659.48	$Cl^- \cdot HCO_3^- - Na^+ \cdot Mg^{2+}$
JC24	7.5	5.06	−1.64	6.7	中粗砂	2	10.56	6.6	48.97	$HCO_3^- \cdot Cl^- - Na^+ \cdot Ca^{2+}$
JC27	13.1	−7.96	−12.96	砾砂		4.5	0.64	6.62	59.51	$HCO_3^- \cdot Cl^- - Na^+ \cdot Ca^{2+}$
JC28	13.5	−9.47	−10.27	0.8	粗砂	2.97	1.06	5.79	4995.16	$Cl^- \cdot SO_4^{2-} - Na^+ \cdot Mg^{2+}$
JC47	0	4.17	−4.93	9.1	填石	1.4	2.77	7.04	9422.14	$Cl^- \cdot SO_4^{2-} - Na^+ \cdot Mg^{2+}$
	0	4.58	−1.92	6.5	填石			6.92	1010.69	$Cl^- \cdot HCO_3^- - Na^+ \cdot Ca^{2+}$
JC49	0	4.27	0.17	4.1	填石	2.3	1.97	10.65	861.06	$Cl^- \cdot CO_3^{2-} - Ca^{2+} \cdot Na^+$

　　⑤ 地下水水位变化规律。西部地区孔隙水埋深一般为 1.6~3.2m，最大埋深 6.2m。地下水位的变化受季节性影响明显，雨季水位较高，枯水季节水位降低。

（2）基岩裂隙水

① 含水层岩性。基岩裂隙水主要分布于该区基岩裸露及浅埋区，基岩以块状花岗岩为主，部分为变质的混合岩及石英砂岩，其浅部因遭受强烈风化作用，致使风化裂隙发育，为地下水赋存提供了一定空间。

② 地下水补径排条件。基岩裂隙水在基岩裸露区主要接受大气降水直接入渗补给，覆盖区若上覆为第四系孔隙含水层则可接受孔隙水的垂直渗流或越流补给。径流则由较高处向较低处。排泄若是沿海边地段则排向海中，如蛇口、南山一带，若相邻为第四系含水层，则可侧向径流补给第四系孔隙水。部分为人工开采形式排泄和自然蒸发形式排泄。

③ 地下水富水程度。本区基岩裂隙虽然发育，但由于裂隙张开程度差，且多有充填，不利于地下水的富存和运移，地下水的富水程度较差。通过 GC2 号孔强风化花岗岩抽水试验，当降深 $S=5.58m$ 时，出水量为 $29.43m^3/d$，渗透系数为 $0.14m/d$，属水量贫乏级；JC7 号孔强风化花岗岩抽水试验，当降深 $S=3.82m$ 时，出水量为 $23.5m^3/d$，渗透系数为 $0.311m/d$，属水量贫乏级。

④ 地下水化学特征。基岩裂隙水的水化学特征具有明显的分带性，近海岸线接近海水的水化学特征，远海岸线为淡水水化学特征，其间具有渐变性。如 5 号剖面距海岸线 50m 的 KC6 号孔，含水层为强风化混合岩，地下水的 pH 值 7.01，矿化度 6529.16mg/L，水质类型为 $Cl^- \cdot SO_4^{2-}-Na^+ \cdot Mg^{2+}$ 型水；距海岸线 200m 的 KC7 号孔，含水层为强风化混合岩，地下水的 pH 值 7.26，矿化度 5470.63mg/L，水质类型为 $Cl^- \cdot HCO_3^--Na^+ \cdot Mg^{2+}$ 型水；距海岸线 300m 的 KC8 号孔，含水层为强风化混合岩，地下水的 pH 值 6.53，矿化度 372.15mg/L，水质类型为 $HCO_3^- \cdot Cl^--Ca^{2+} \cdot Mg^{2+}$ 型水，详见表3-5。

表3-5　西部地区某岩裂隙水水质类型统计表

钻孔编号	含水层埋深/m	顶板高程/m	底板高程/m	厚度/m	岩性	水位埋深/m	水位高程/m	pH值	矿化度/(mg/L)	地下水类型
KC1	26.4	−22.41	−38.01	15.6	强风化花岗岩	2.6	1.39	4.99	8634.71	$Cl^- \cdot HCO_3^--Na^+ \cdot Mg^{2+}$
KC2	23	−19.14	−23.04	3.9	强风化花岗岩	1.2	2.66	6.46	16352.91	$Cl^- \cdot SO_4^{2-}-Na^+ \cdot Mg^{2+}$
KC3	17.4	−13.18	−36.08	22.9	强风化花岗岩	11.5	−7.28	6.78	134.52	$HCO_3^- \cdot Cl^--Na^+$
KC5	18	−18	−22.5	4.5	强风化混合岩	2.6	4.32	6.39	101.78	$HCO_3^- \cdot Cl^--Na^+ \cdot Ca^{2+}$
KC6	15	−15	−29.4	14.4	强风化混合岩	2.2	1.42	7.01	6529.16	$Cl^- \cdot SO_4^{2-}-Na^+ \cdot Mg^{2+}$
KC7	15.3	−15.3	−37.1	21.8	强风化混合岩	3.3	0.34	7.26	5470.63	$Cl^- \cdot HCO_3^--Na^+ \cdot Mg^{2+}$
KC8	27	−5.66	−14.76	9.1	强风化混合岩	2.2	19.14	6.53	36.78	$HCO_3^- \cdot Cl^--Ca^{2+} \cdot Mg^{2+}$
KC9	29.5	−29.5	−35.5	6	强风化混合岩	1.8	−1.8	7.23	6149.85	$Cl^- \cdot SO_4^{2-}-Na^+ \cdot Mg^{2+}$
KC14	16.7	−13.3	−32.2	18.9	强风化花岗岩	3.1	0.2	7.3	3710.12	$Cl^- \cdot SO_4^{2-}-Na^+ \cdot Ca^{2+}$
KC16	12	−4.18	−12.58	8.4	强风化花岗岩	4.2	3.62	6.75	92.14	$HCO_3^- \cdot SO_4^{2-}-Na^+$
KC17	17	−4.9	−10.4	5.5	强风化花岗岩	3.7	8.4	7.13	181.83	$HCO_3^- \cdot Cl^--Na^+ \cdot Ca^{2+}$
KC18	35.5	−35.5	−40.5	5	强风化花岗岩	1.6	−1.6	6.56	11212.32	$Cl^- \cdot SO_4^{2-}-Na^+ \cdot Mg^{2+}$
KC20	18.2	−18.2	−22.7	4.5	强风化花岗岩	6.2	11.83	6.51	67.53	$HCO_3^- \cdot Cl^--Na^+ \cdot Ca^{2+}$
KC21	17.8	−0.17	−2.97	2.8	强风化花岗岩	6.1	11.53	5.21	126.26	Cl^--Na^+
KC22	18.9	−18.9	−20.6	1.7	强风化花岗岩	3.4	−3.4	6.86	2540.72	$Cl^- \cdot SO_4^{2-}-Na^+ \cdot Ca^{2+}$

钻孔编号	含水层埋深/m	顶板高程深/m	底板高程/m	厚度/m	岩性	水位埋深/m	水位高程/m	pH值	矿化度/(mg/L)	地下水类型
KC24	28.6	−28.6	−32.5	3.9	强风化花岗岩	2.2	2	7.27	2068.99	Cl^-·HCO_3^--Na^+·Mg^{2+}
KC26	36.1	−30.02	−33.72	3.7	强风化花岗岩	5.9	0.18	7.14	48.89	HCO_3^-·Cl^--Ca^{2+}
KC27	22.1	−22.1	−28.2	6.1	强风化花岗岩	3.8	1.76	7.05	90.57	HCO_3^-·SO_4^{2-}-Na^+
KC28	21.5	−21.5	−32.6	11.1	强风化石英岩	2.7	2.41	6.89	1085.25	Cl^-·HCO_3^--Na^+·K^+
KC29	16.5	−16.5	−25.1	8.6	强风化花岗岩	4.3	1.83	6.72	89.18	HCO_3^-·Cl^--Na^+·Ca^{2+}
KC50	28.5	−28.5	−34.3	5.8	强风化混合岩	1.2	1.67	6.39	11947.85	Cl^-·SO_4^{2-}-Na^+·Mg^{2+}
KC51	22.5	−5.38	−11.38	6	强风化花岗岩	2.35	14.77	6.38	78.58	HCO_3^--Ca^{2+}
KC52	19	−6.95	−12.25	5.3	强风化花岗岩	4.1	7.95	6.26	123.46	HCO_3^-·SO_4^{2-}-Ca^{2+}
JC4	13.4	−10.08	−12.18	2.1	强风化混合岩	1.6	1.72	6.95	74.59	HCO_3^-·Cl^--Na^+
JC6	15.3	−15.3	−18.2	2.9	强风化片麻岩	3	−3	7.02	17003.03	Cl^-·SO_4^{2-}-$Na^+$$Mg^{2+}$
JC7	23.5	−17.38	−29.08	11.7	强风化花岗岩	1.31	4.81	6.67	44.93	HCO_3^-·Cl^-
JC11	12.7	−12.7	−17.9	5.2	强风化混合岩	3.7	−3.7	6.92	61.16	HCO_3^-·SO_4^{2-}-Ca^{2+}
JC15	17.5	9.95	0.75	9.2	强风化花岗岩	3.8	23.65	7.03	107.21	HCO_3^-·Cl^--Na^+·Ca^{2+}
JC17	30	−23.49	−44.49	21	强风化花岗岩	4.2	2.31	7.06	193.46	HCO_3^-·Cl^--Na^+·K^+
JC26	31	−26.38	−29.48	3.0	强风化花岗岩	2.2	2.42	6.91	99.48	HCO_3^-·SO_4^{2-}-Ca^{2+}
JC29	15.1	−6.73	−20.63	13.9	强风化花岗岩	3.3	5.07	6.47	77.22	HCO_3^-·Cl^--Ca^+·Na^{2+}
JC30	10.5	−5.33	−22.33	17	强风化花岗岩	1.9	3.27	8.59	137.44	HCO_3^-·CO_3^{2-}-Na^+·Ca^{2+}

⑤ 地下水水位变化规律。水位埋深一般1.2～4.2m，最大埋深11.5m，基岩裸露区地下水位随季节变化明显，隐伏区则较小。

（3）填土区孔隙水

① 含水层岩性。这类地下水由于填海工程的特殊性形成一个新的特殊的水文地质条件，由原始海水区人为改造为陆域，形成上部为人工填土，下部为原始海底各类地层的这种特殊情况。海底沉积物多为海相淤泥、含砂淤泥等构成，个别地段为基岩。人工填土多为淤泥和淤泥渣土（建筑垃圾中的惰性部分）、开山块石、碎石土、含砾粉质黏土等组成，其厚度变化一般不大，多为3～5m，最厚20～30m。这些填土局部地段具大孔隙性，可赋存一定的孔隙水，且多为填土后接受大气降水补给形成浅层水，下部则为封存的海水。

② 地下水补径排条件。这类地下水有两种，上部人工填土孔隙水直接接受大气降水补给或接受相邻含水层的侧向补给。下部封存的海水，基本处于较稳定状态，地下水径流若有侧向补给则多缓慢向海边径流最后排向海水。深部咸水若有侧向淡水补给则也可做缓慢径流逐渐排泄向海水。

③ 地下水富水程度。地下水的富水性受填海材料的影响，一般由淤泥、淤泥渣土和含砾石粉质黏土作为填海材料，由于孔隙小，富水性较差，多为水量极贫乏；由块石、碎石土组成的部分填海区，由于孔隙度较大，透水性较强，但由于含水层厚度不大，富水性也不强，多为贫乏级。

④ 地下水化学特征。据JC47（填土底层）、JC48（填土下部）和JC49（填土浅部）孔资料，显示其地下水化学类型分别为 Cl^-·SO_4^{2-}-Na^+·Mg^{2+}、

Cl^--Na^+ 及 Cl^--$Na^+ \cdot Ca^{2+}$ 型水，底部含水层如 KC24 孔第四系孔隙水为 $Cl^- \cdot HCO_3^-$-$Na^+ \cdot Mg^{2+}$ 型水。

3.1.2.2 隔水层

深部完整基岩可视为相对隔水层；低丘前缘台地上分布有较厚残坡积含砾石粉质黏土，其透水性差也可视为相对隔水层；海相和滨海相沉积的淤泥、粉砂质淤泥、粉质黏土等透水性差的可视为相对隔水层。

3.2 水文地质图编图原则

水文地质图是深圳市海水入侵地质调查与研究的基础性图件，是海水入侵水文地质调查成果的主要表达形式之一，又是区域水文地质研究的基本工具和手段。应依据调查成果以及水文地质问题密切相关的环境地质条件为基础，以客观的水文地质问题为研究对象，通过规范的方法、步骤和统一的图例在图面上综合表示出来形成一重点突出、图面清晰、层次分明、避让得当、实用易读的图件。它应真实反映工作区每个地域的水文地质条件及地下水特征。

地下水是海水入侵的重要载体之一，该图应充分显示地下水影响海水入侵的各种特征。海水入侵地质灾害的发生发展其决定因素是海岸地带的水文地质条件及地下水的水动力特征。为更好地研究与阐明海水入侵地质灾害的发生发展、预测以及采取适宜对策，真实地、科学地将水文地质条件及地下水特征相似的地质体（或区域）归并为一个区域，以便更好地开发与保护地下水资源。

3.3 水文地质图的基本内容

第一图层：地理背景。主要表示水文地质图的地理背景条件。由地形高程、水系、主要交通、重要居民点、境界、植被和重要建设工程（水利水电工程、供水工程、主要河流闸堤工程等）图层构成。

第二图层：地质背景。主要表示水文地质条件及地下水特征的地质背景条件。由地层、岩性、地层结构（如隐伏岩溶等）、地质构造、第四系地层、地貌特征及有关地质资源等图层构成。确定图层构成要素时，要突出本项目特点，如海岸带类型、海水咸度分布特征等图层。

第三图层：调查勘探工程。表示用于查明水文地质背景（包括地下水补给、径流、储存和排泄条件、水化学特征、富水性变化等）的各类水点、勘探工程等。如钻探、野外试验、泉水、民井、机井、各类监测点等图层。

第四图层：水文地质分区，是图面反映区域水文地质规律的内容，由分区界线、分区代号等图层构成。原则上分为二级，第一级分区，主要以地形地貌、地

质构造、水文地质条件为依据；第二级分区，主要以地下水富水性为依据。

3.4 水文地质分区

3.4.1 水文地质区

水文地质区的划分应以水文地质条件类同为划分的重要依据。决定水文地质条件的重要因素是地质环境的地形、地貌、地层岩性及地质构造等。因此水文地质图的第一级分区原则应是地形地貌、地层岩性及地质构造。根据深圳市海岸带的环境地质特征，可将整个海岸带划分为三个水文地质区，水文地质分区符号用罗马数字表示：Ⅰ、Ⅱ、Ⅲ，即第四系松散岩类孔隙水区（Ⅰ）；基岩裂隙水区（Ⅱ）；隐伏碳酸盐岩溶洞裂隙水区（Ⅲ）。

3.4.2 水文地质亚区

水文地质亚区的划分应是在水文地质区内将其地下水的富水性相似作为划分亚区的依据，如含水层的成因类型、富水性、透水性相近似的地域作为亚区的划分依据。每一水文地质区的地质环境均具有一定的相似性，但每一个水文地质区内的每一地段其地下水特征又因种种因素如第四系的成因类型、地层厚度、岩性差异以及地下水的补、径、排条件也存在一定差异，反映每一地段地下水富水性、透水性等也存在一定差异。这些差异也是引起海水入侵地质灾害程度不同的重要因素，在水文地质分区的基础上，进一步将地下水赋存的岩性、结构、富（透）水性相近的地段划分为水文地质亚区。表示方法为在分区编号的罗马数字右下角加阿拉伯数字脚码，如 $Ⅰ_1$、$Ⅰ_2$、$Ⅰ_3$。

据深圳市海岸地带勘察资料第四系松散岩类孔隙水区（Ⅰ），由于第四系成因类型不同，地层结构及岩性分布条件、补给条件等不同，其透水性、富水性均存在一定的差异。根据这些差异，参照有关规范规程可划分为三个亚区：松散岩类孔隙水富水性中等区（$Ⅰ_1$）；松散岩类孔隙水富水性贫乏区（$Ⅰ_2$）；填海咸水区（$Ⅰ_3$）。

基岩裂隙水区（Ⅱ），本工作区基岩以花岗岩为主，还有不多的凝灰岩，因上述岩类多具相似水文地质性质，因此划归块状岩，变质岩，砂岩等另具一定的水文地质特征，因此划归层状岩，再者从已获得资料显示基岩裂隙水富水性按规范应为贫乏级。故而将基岩裂隙水按岩性及富水性划分为两个亚区：块状岩裂隙水富水性贫乏区（$Ⅱ_1$）；层状岩裂隙水富水性贫乏区（$Ⅱ_2$）。

隐伏碳酸盐岩溶洞裂隙水区（Ⅲ）由于分布面积小，勘察工作量及相关资料有限，加之岩溶发育极不均一，因此对该区不做进一步的亚区划分。

对于隐伏含（透）水层如碳酸盐岩溶洞裂隙水，基岩裂隙水可采用条纹叠加表示，基岩则按块状岩与层状岩分别以不同彩色横条表示。

3.5 水文地质分区说明

按上述分区原则，深圳海岸地带水文地质分区按其富水性共划分为三大区、六个亚区，现进行分区说明。

3.5.1 第四系松散岩类孔隙水区（Ⅰ）

该区分布范围广，东、西部均有分布。由于东西部地形地貌存在一定差异，因此该区主要分布于西部。东部多零星分布于山间较开阔沟谷中。含水层多为冲洪积及海积砂、圆砾、卵石及漂石层等组成。由于含水层岩性、厚度、补、径、排条件存在一定差异，因此其富水性也存在一定差异。依据有关规程、规范及野外试验成果，该区可划分为富水性中等区（即单井涌水量为 $100\sim1000m^3/d$）及富水性贫乏区（单井涌水量 $<100m^3/d$）两个亚区。个别点如深圳火车新客运站于1989年进行水文地质勘察时，计算出场地平均单位涌水量为 $1318m^3/$（d·m），属于富水性丰富区，因属点上资料，未单独划分。

（1）松散岩类孔隙水富水性中等亚区（Ⅰ$_1$）

据本次勘察，该区主要分布于东部盐田河中、下游一带及西部茅洲河、西乡河一带等三个地段。另据1985年大沙河水资源勘察资料，大沙河下游及河口三角洲地段，孔隙水富水性亦为中等亚区。

东部盐田河中游及下游部分地段主要分布于盐田河两岸阶地区，含水层岩性，中游左岸近山地带多为漂石，其他地段多为卵石，下游则相变为粉细砂，其富水性相对较差。含水层厚 $3.80\sim6.20m$，地下水水位埋深一般 $3.71\sim5.60m$，近海岸地带地下水水位受潮汐影响。地下水多为潜水，部分为微承压水。地下水主要接受大气降水及邻区基岩裂隙水侧向补给，地下水富水性，由于含水层多为粗大颗粒漂石及卵石构成且较纯，富水性较好，单井涌水量为 $90.37m^3/d$（因降深小，故划为中等富水）。地下水流向与河流方向近于一致，自谷地后部流向前部，沿谷底向海中排泄。由于地下水交替较快，因此地下水水质类型多为 HCO_3^--Ca^{2+} 型水。

西部主要分布于两个地段，一是茅洲河及东宝河中、下游一带，二是西乡河一带。

茅洲河地段为冲洪积海积平原，地形平缓。含水层岩性主要为粗砂及砾砂，含水层厚 $2.20\sim4.20m$，为承压水；地下水水位埋深 $1.60\sim3.50m$，近河地带因河水受潮汐影响较明显，致使地下水水位亦有一定变化，一般潮位时，地下水水位变化为 $0.21m$。地下水的主要补给来源为大气降水及邻区第四系孔隙水及基岩裂隙水侧渗补给，也有少量河水侧渗补给。地下水富水性虽含水层厚度不大，但其中黏粒含量少（见表3-6），因此其透水富水性较好，经试验单井涌水量为

103.86m³/d。其地下水中 Cl^-、Na^+ 及 Br^- 含量高，分别为 13328.84mg/L、9400mg/L 及 28.00mg/L，水质类型为 $Cl^- \cdot SO_4^{2-}$-$Na^+ \cdot Mg^{2+}$ 型水。

表3-6 松散岩类孔隙水各水文地质区含水层颗分成果表

剖面号	孔号	取样深度/m	土粒组成/%						土的名称	水文地质分区
			20~5 mm	5~2 mm	2~0.5 mm	0.5~0.25 mm	0.25~0.075 mm	<0.075 mm		
2—2'	JC_1	24.30~24.40	6.8	18.9	32.9	16	6.9	18.5	砾砂	松散岩类孔隙水富水性中等亚区(I_1)
	$GC_1(JC_2)$	7.0~7.2			66.6	20.5	1.8	11.1	粗砂	
1—1'	$GC_1(JC_2)$	19.8~20.0	8.9	18.2	52.8	8.3	1.7	10.1	砾砂	
	JC_3	16.0~16.2		10	48	16	8.1	17.9	粗砂	
	$GC_3(JC_{13})$	7.6~7.8	6.3	61.2	22.6	3.9	1.2	4.8	圆砾	
8—8'	$GC_3(JC_{13})$	9.3~9.5	10.7	35.3	25.8	6.1	3.9	18.2	砾砂	
	JC14	5.1~5.3	1.1	27.3	46.7	9.9	3.5	11.5	砾砂	
4—4'	JC9	5.5~5.7		4.6	31.2	19.2	12.1	32.9	中砂	松散岩类孔隙水富水性贫乏亚区(I_2)
6—6'	KC9	10.1~10.3		10.6	37.3	18.5	5.4	28.2	中砂	
	JC10	12.4~12.5		1.3	22.4	28.2	20.6	27.5	中砂	
9—9'	KC15	10.0~10.2			2.5	15.2	37.7	44.6	粉砂	
	KC17	6.7~6.8	7.8	29.3	18.7	8.6	5.9	29.7	粗砂	
10—10'	JC18	6.3~6.4		6.3	11.5	18.2	14.8	49.2	粉砂	
	JC20	7.2~7.4	7.8	28.8	30.1	11.9	5.8	15.6	砾砂	
	$GC_4(JC_{21})$	11.0~11.2	33.1	38	6.4	3.4	2.8	16.3	圆砾	
11—11'	$GC_4(JC_{21})$	14.3~14.5	3.4	8.4	31.1	17.4	7.3	33.4	中砂	
	JC22	7.0~7.2	9.9	24.2	26.2	15.8	4.9	19.1	砾砂	
	JC22	11.0~11.2	13.7	35.1	28	9.6	3.6	10	砾砂	
14—14'	KC23	6.1~6.3		40.6	45.3	9.2	1.9	30	砾砂	
16—16'	$GC_5(JC_{28})$	13.8~14.0	37.2	46.2	13.2	2.1	0.1	1.2	圆砾	
27—27'	JC45	4.0~4.2			3.5	26.2	28.8	41.5	粉砂	
	JC45	11.0~11.2				9.6	40.6	49.8	粉砂	

西乡河一带富水性中等区，主要分布于西乡河中、下游两岸较开阔的平原区。地形较平缓，含水层主要由砾砂、圆砾组成。含水层中黏粒含量少（见表3-6），厚度较大，为 5.20~9.60m，多为微承压水，部分地段为潜水。地下水总体流向与河流方向相近。地下水主要接受大气降水及邻区孔隙水、基岩裂隙水的侧向补给。含水层埋深较浅，地下水主要排泄为蒸发及补给邻区排入海中。地下水因海水沿河上溯影响，其前部及沿河下游段地下水咸化程度较高，水质类型为 $Cl^- \cdot SO_4^{2-}$-$Na^+ \cdot Ca^{2+}$ 型水，后部则为 $HCO_3^- \cdot Cl^-$-Ca^{2+} 型水。

大沙河下游及河口三角洲地段，曾于1985年作为供水水源地进行过勘察，孔隙水富水性为中等区。该地段地形较平缓，含水层主要以中细砂为主，含水层厚度一般 5~18m，水位埋深 0.5~1.50m，单井出水量变化较大，为 100~670m³/d，水化学类型以 $HCO_3^- \cdot Cl^-$-$Na^+ \cdot Ca^{2+}$ 型为主，矿化度上游 0.5~1.0g/L，下游较高达 13g/L。

（2）松散岩类孔隙水富水性贫乏亚区（I_2）

东部：主要分布于低山丘陵间开阔的沟谷平地中，如王母河、大梅沙河、新圩河、西涌等地，含水层岩性以粉细砂、中细砂为主，局部地段如新圩沟谷后部、王母河谷大部均分布有卵石层。含水层厚度变化较大为 1.10～17.80m，厚度大的地段多位于海岸带海积形成砂堤区，如西涌海岸一沙堤高程为 13.0m 左右，砂层厚为 17.10～17.80m，第四系含水层一般厚 3.00～5.60m。地下水多为微承压水及潜水。该区虽含水层厚度较大，但其中含黏粒较高（见表3-6），因此富水性一般贫乏，民井涌水量多为 5～10m³/d，单井（JC45 号）涌水量为 86.4m³/d，地下水水位埋深为 0.2-3.3m，个别孔（JC44 孔）雨季雨后地下水有溢出孔口现象，近海岸地带地下水受潮汐影响明显，如 JC32 孔一般潮位时地下水位变幅为 0.72m。地下水主要接受大气降水补给，其次为邻区基岩裂隙水的侧向补给，部分邻河地段可接受河水补给，地下水多沿沟谷底部向海岸径流，最终多排向海中，近海地段受潮汐影响有部分海水沿含水层渗入补给地下水，从而形成近海岸带咸水区。地下水化学类型近海岸带多为 $Cl^- \cdot SO_4^{2-} - Na^+ \cdot Mg^{2+}$ 型水，谷地中后部则多为 $HCO_3^- - Ca^{2+}$ 型。大鹏新圩一带见有小范围（KC46、KC47 号）地下古咸水区。

西部：由于分布范围较大，南北存在一定差异，北部以冲洪积海积平原为主，地形平坦，南部则以冲洪积平地为主，地形较平坦。含水层岩性北部以中砂为主，次为粗砂；南部以砾砂为主，局部见圆砾层。含水层厚度变化大为 0.6～12.90m，一般为 1.6～4.8m。地下水多为微承压水，局部为潜水，地下水水位埋深一般为 1.20～3.70m，近海地段及入海河流的近入海口段，地下水水位受潮汐作用影响明显。地下水富水性由于含水层厚度较小，含水层中含黏粒较高，富水性较差，民井涌水量一般为 5～10m³/d，单井涌水量为 20.40～27.86m³/d。地下水主要接受大气降水补给以及邻近基岩裂隙水的侧向补给，局部邻河地段可接受地表河水的少量补给，地下水径流缓慢，其地下水少量浅层水排泄方式为人工开采，多排向海中。近海岸带在潮汐作用下有部分海水通过含水层渗流补给地下水致使近海地段地下水咸化。地下水流向与地表河流近似，地下水化学类型，近海岸地段多为 $Cl^- \cdot SO_4^{2-} - Na^+ \cdot Mg^{2+}$ 型水，平原腹地则多为 $HCO_3^- - Ca^{2+}$ 及 $HCO_3^- - Ca^{2+} \cdot Na^+$ 型水。

（3）填海咸水亚区（I_3）

主要分布于西部海岸带的宝安国际机场、前海湾、后海湾、福田保税区及东部盐田—沙头角一带。总填海面积约为 51.14km²。

本区原为海域浅水范围，为工程建设需要进行人工填海造陆，填筑厚度一般为 5～10m，最厚达 20.30m。该区含水层多分布于原海底淤泥类土之下。其含水层岩性多为中砂及细砂，局部见圆砾，含水层内含较多黏粒，厚 0.8～4.0m，第四系下覆多为风化基岩。该区地下水多为咸水，无供水意义，暂未做富水性的划分。地下水的咸化程度，在垂直方向上有一定差异，即自上而下地下水咸度逐渐加重。地下水化学类型下部岩土层中地下水多为 $Cl^- \cdot SO_4^{2-} - Na^+ \cdot Mg^{2+}$ 型水，亦有

Cl^- · HCO_3^--Na^+ · Ca^{2+} 型水,上部填土层多为 Cl^- · SO_4^{2-}-Na^+ · Ca^{2+} 型水。

3.5.2 基岩裂隙水区(Ⅱ)

(1)块状岩裂隙水富水性贫乏亚区(Ⅱ$_1$)

主要分布于东部广大地区,西部主要分布于平原区中、后部丘陵区,部分海岸带如大小南山、大沙河、西乡河、深圳河中上游广大地区。

含水层岩性,主要为各时代($O_1\eta r$、$J_3^{1a}\eta r$、$J_3^{1b}\eta r$、$J_3^{1c}\eta r$、$K_1^{1b}\eta r$、$K_1^{1c}\eta r$)花岗岩及 $J_3 K_1 n$、$J_{2-3} r$ 凝灰岩、熔岩等。含水层厚度变化较大,一般裸露区 5~10m,隐伏区相对大些,个别地段(KC1、KC2、KC47 控制范围)厚达 40 余米。地下水主要赋存于基岩裂隙中;以潜水为主,部分地段为承压水,地下水水位埋深一般为 1.20~4.20m,含水层富水性贫乏。一般泉水流量为 0.1L/s,民井涌水量一般为 2~5m³/d,单井涌水量为 23.5m³/d;地下水化学类型,近海岸地段,由于受海水入侵影响多为 Cl^- · SO_4^{2-}-Na^+ · Mg^{2+} 型水,远离海岸带则多为 HCO_3^--Ca^{2+} 型水,亦有 HCO_3^--Na^+ · Ca^{2+} 型水及 HCO_3^- · Cl^--Ca^{2+} 型水。该区除大片基岩裸露外,尚有较多被厚度不等的第四系黏性土相对隔水层掩埋的基岩裂隙水区。

(2)层状岩裂隙水富水性贫乏亚区(Ⅱ$_2$)

$Z_1 d$ 各种变质岩分布于西部广大地区,$T_3 x$ 仅分布于西部西北的松岗一带,D_{3X}、D_{2-3L}、$C_1 c$ 主要分布于东部大鹏半岛及东北部的坝岗及葵涌一带。

含水层岩性主要包括:$Z_1 d$ 变质岩中的混合岩、片麻岩等,D_{3X}、D_{2-3L} 的砂岩、砾岩,$C_1 c$ 砂页岩、$T_3 x$ 的长石石英砂岩、泥质粉砂岩;含水层厚度一般为 11.0~18.10m,地下水主要赋存于基岩中各种裂隙中。裸露基岩区以潜水为主,掩埋基岩区多为承压水,地下水水位埋深一般为 1.20~3.70m,近海岸地段地下水水位受潮汐作用较明显,地下水富水性主要受基岩裂隙性质及发育程度等控制。民井涌水量一般为 1~3m³/d。地下水化学类型近海地段多为 Cl^- · SO_4^{2-}-Na^+ · Mg^{2+} 型水,远离海岸带则多为 HCO_3^--Ca^{2+} 或 HCO_3^- · SO_4^{2-}-Ca^{2+} 型水。

3.5.3 隐伏碳酸盐岩溶洞裂隙水区(Ⅲ)

主要分布于东部葵涌洼地中。

本区多为隐伏岩溶区,含水层岩性为 C_{1S} 灰岩及大理岩,总厚度>300m,基岩埋深 8.0~21.9m。灰岩及大理岩溶蚀发育,其形态以溶洞及溶蚀裂隙为主,据相关资料统计其溶洞率可达 15.9%,水位埋深 4.0~8.00m;多为承压水,地下水富水性极不均一,为丰富—贫乏不等,泉水流量为 5L/s,单井涌水量为 86.4~1000m³/d,地下水化学类型为 HCO_3^--Ca^{2+} 型水。

碳酸盐岩上覆盖层岩性,不同地段差异较大,一般河流两岸具典型河流阶地二元结构,即上部为黏性土,下部则为砂、砾砂及卵石,厚 1.90~3.50m,距河流较远地段,覆盖层则以黏性土为主,局部可见碎石土及砾质黏土。

第4章

海水入侵地质灾害特征

4.1 海水入侵地质灾害的发生与发展

4.1.1 地下水位同位素特征

4.1.1.1 概述

在深圳沿海岸带浅层地下水、水库水、海水、雨水等共采集同位素样品100组，其中选出71组（东部22组，西部49组，基岩裂隙水24组，第四系孔隙水45组，填海孔样2组），对水样做水化学指标包括 Na^+、K^+、Ca^{2+}、Mg^{2+}、Cl^-、SO_4^{2-}、HCO_3^-、Br^- 及水样稳定同位素δD和$δ^{18}O$测试（由中国地质环境监测院完成）。

这71件样品按 Cl^- 浓度分成以下三组。

① $Cl^- \leqslant 100mg/L$ 样品共45件。样品号：JC35（398）、JC36（399）、JC30（393）、JC7（371）、JC38（401）、JC39（402）、JC26（389）、JC11（374）、JC15（378）、JC34（397）、JC20（383）、JC31（394）、BA5（332）、BA68（338）、BA64（337）、BA76（341）、BA80（342）、BA96（345）、BA86（343）、LG41（404）、LG2（359）、LG11（361）、LG10（360）、JC17（380）、JC1（366）、BA128（346）、JC21（384）、LG26（364）、BA104（347）、JC24（387）、JC29（392）、JC16（379）、JC9（372）、JC27（390）、JC19（382）、JC42（405）、JC44（407）、JC25（388）、JC22（385）、JC4（369）、JC43（406）、JC45（408）、JC14（377）、BA70（339）、JC46（409）。

② $100mg/L < Cl^- \leqslant 1000mg/L$ 样品共14件。样品号：BA4（331）、LG17（363）、BA95（344）、BA74（340）、BA2（330）、BA6（333）、BA7（334）、LG12（362）、BA62（336）、JC12（375）、BA60（335）、JC18（381）、JC13（376）、LG32（365）。

③ $Cl^- > 1000mg/L$ 样品共12件。样品号：JC33（396）、JC32（395）、JC28（391）、JC48（411）、JC47（410）、JC37（400）、JC23（386）、JC6（370）、JC10（373）、JC40（403）、JC2（367）、JC3（368）。

注：JC为监测孔样；BA及LG为水井样点号；括弧内为试验号即各分析图内使用号。

4.1.1.2　Cl⁻≤100mg/L 样品组分析

（1）主要离子比值分析

利用水样的分析数据，绘制 Na^+、K^+、Ca^{2+}、Mg^{2+}、HCO_3^-、SO_4^{2-} 六种离子与 Cl^- 的比值和 Cl^- 的关系图（图 4-1）。

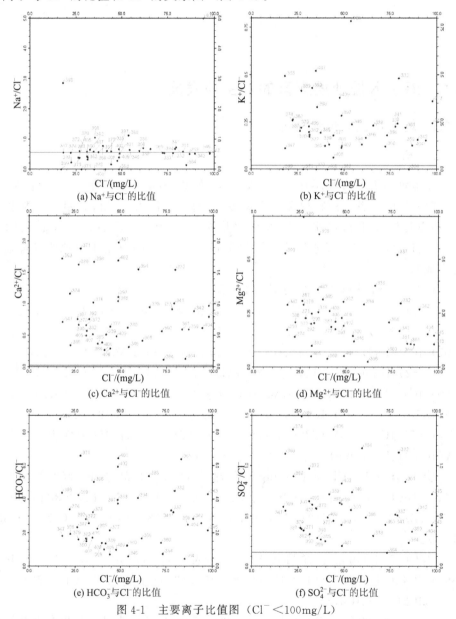

图 4-1　主要离子比值图（Cl^-＜100mg/L）

根据以上分析图可以看出：

① Na^+/Cl^- 分布在海水稀释线附近，其余 5 种离子比值分布是分散的，并且大多数点分布在海水稀释线的上方，说明主要离子比值都大于海水稀释线。

② $HCO_3^-/Cl^- - Cl^-$ 关系，说明水体入渗通过土壤带时溶入 CO_2 形成碳酸，$K^+/Cl^- - Cl^-$、$Ca^{2+}/Cl^- - Cl^-$、$Mg^{2+}/Cl^- - Cl^-$、$Na^{2+}/Cl^- - Cl^-$ 的分布说明通过 H^+ 消耗，Na^+、K^+、Ca^{2+}、Mg^{2+} 的含量可以得到增大。以上关系组合明显地表现出花岗岩地区土壤层风化矿物的溶解[1,5]，$SO_4^{2-}/Cl^- - Cl^-$ 分布说明入渗水体带入大气污染的酸雨成分。

③ 随同 Cl^- 含量增大，Na^{2+}/Cl^- 相对保持常量，Ca^{2+}/Cl^-、K/Cl^-、Mg^{2+}/Cl^-、HCO_3^-/Cl^-、SO_4^{2-}/Cl^- 存在趋小的趋向。Cl^- 含量增长和 Na^{2+}/Cl^- 保持常量，说明入渗水体除了风化矿物的溶解以外，还存在可溶盐分的溶解，随着盐分溶解量增大，相比之下风化矿物溶解量就趋小。

综合以上分析，$Cl^- \leqslant 100mg/L$ 样品，入渗水体都经由地面和土壤带溶解了地面可溶盐，并在土壤带溶解风化矿物。

（2）稳定同位素分析

$Cl^- \leqslant 100mg/L$ 样品的稳定同位素 δD 和 $\delta^{18}O$ 的分布见图 4-2。除了样点 369 号以外，其余均分布在一个范围内，相当于 $\delta^{18}O \leqslant -5.0‰$，几乎都分布在大气水线（$\delta D = 8\delta^{18}O + 10$）的上方。

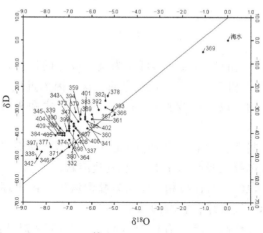

图 4-2　δD-$\delta^{18}O$ 关系（$Cl^- < 100mg/L$）

上述主要离子比值分析已断定该组样品经由地面和土壤带入渗，该分布范围可以视为深圳沿海带降水稳定同位素值的分布区。

同位素值的分布范围说明：

① 取样井（浅井）内水体尚未充分混合，仍带有同位素的季节性变化；

② 降水补给，主要水量来自海面蒸发，但也包含陆地蒸发的水汽（来自水库、湖塘的蒸发）。

关于 369 号样点分布，远离降水分布范围并在大气水线的下方，系为经受强烈蒸发的水体，像水库或湖塘一类水体入渗地下。

综合上述分析，Cl⁻≤100mg/L 样品组除了 369 号样品为蒸发水源外，其余均为当地的大气降水。

（3）Br/Cl 分析

全部 71 件样品的 Br-Cl 关系见图 4-3。图上画有四条对比线，它们的 Br/Cl 分别为 1×10^{-3}，3.47×10^{-3}，5×10^{-3} 和 1×10^{-2}，其中 3.47×10^{-3} 为理论上的海水稀释线。

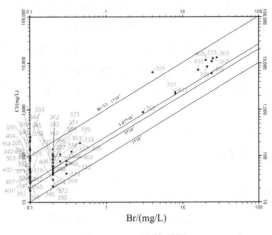

图 4-3　Br-Cl 关系图

海面蒸发水汽形成的降水成分都可视为海水成分的稀释，通常测到的降水大部分处于 3.47×10^{-3} 和 5×10^{-3} 对比线之间，这是因为近代工业污染，海面上富集含有机质的脂类物，以及燃煤产生的 Br。所以上述两种环境影响会使 Br/Cl 增大。

同时也存在一些环境影响会使 Br/Cl 趋小，包括：地面路盐和农业化肥溶解加入；地面植被有选择地吸收 Br；地面蒸发盐溶解。

低于 Br/Cl 1×10^{-3} 对比线相当于蒸发盐源溶解。由于环境影响多种因素同时存在，所以 Br/Cl 代表综合影响的结果。

Cl⁻≤100mg/L 样品，除了有四个点高于 5×10^{-3} 对比线外，大部分样点都处在小于 5×10^{-3} 对比线。这和主要离子比值分析的结果相符，地面存在蒸发盐分溶解。

（4）小结

综合以上样品分析，除 369 号样点为地面水经受强烈蒸发后入渗以外，其余均为大气降水入渗。样品中盐分主要来源于：大气降水输入；地面蒸发盐分溶解；土壤带风化矿物溶解。由于地处海岸带大量水滴可由波浪撞击海岸产生，水滴和蒸发盐微粒由风搬运并沉积到陆地，来自海洋盐分的沉积量随着离海岸线的下风向距离增大而急剧减小，这在沿海地区是一种普遍现象。

4.1.1.3　100mg/L< Cl⁻ ≤1000mg/L 样品组分析

（1）主要离子比值分析

这组样品除了 365 号（Cl⁻ ＝885.89mg/L）以外，其余 Cl⁻ 浓度均小于 300mg/L。主要离子比值分析见图 4-4。

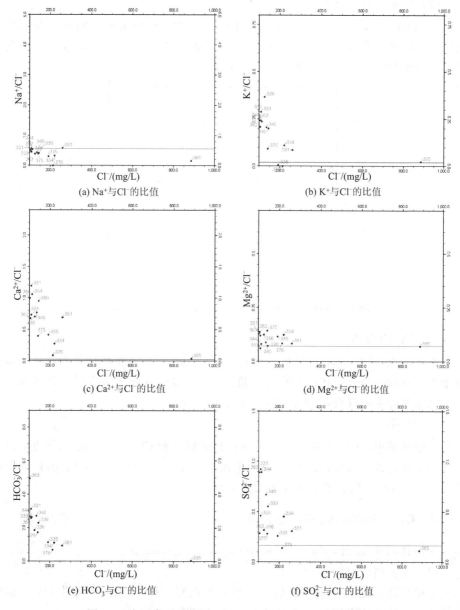

(a) Na⁺与Cl⁻的比值　　(b) K⁺与Cl⁻的比值

(c) Ca²⁺与Cl⁻的比值　　(d) Mg²⁺与Cl⁻的比值

(e) HCO₃⁻与Cl⁻的比值　　(f) SO₄²⁻与Cl⁻的比值

图 4-4　主要离子比值图 （100mg/L＜Cl⁻ ＜1000mg/L）

先分析本组样品 Cl^- 含量处在 $100\sim300mg/L$ 的样点。基本情况和 $Cl^-\leqslant$ $100mg/L$ 样点情况分析一样。随 Cl^- 含量从 $15mg/L$ 向 $300mg/L$ 增大时（图 4-4），K^+/Cl^-、Ca^{2+}/Cl、Mg^{2+}/Cl、HCO_3^-/Cl^-、SO_4^{2-}/Cl^- 都明显趋小，反映出化学成分中源自风化矿物溶解量的比重趋小，蒸发盐的溶解量在增大。余下 365 号样点，基本上位于海水稀释线附近。

（2）稳定同位素分析

在 δD-$\delta^{18}O$ 关系图（图 4-5）上，Cl^- 含量 $100\sim300mg/L$ 的样点全部位于当地大气降水分布区，和 $Cl^-\leqslant100mg/L$ 样点组重合。仅有 365 号样点处在当地大气降水和海水点的连线上，代表二者水体的混合。

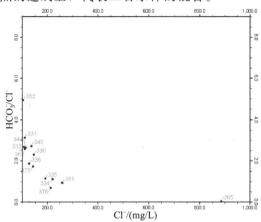

图 4-5 δD-$\delta^{18}O$ 关系图（$100mg/L<Cl^-<1000mg/L$）

（3）Br/Cl 分析

根据样点在图 4-3 上的分布，和 $Cl^-\leqslant100mg/L$ 样点组相比蒸发盐溶解量明显增大，这和主要离子比值分析是一致的。365 号样点处在海水稀释线附近，代表了淡水和海水的混合，和稳定同位素分析一致。

（4）小结

本组样品中，Cl^- 含量 $100\sim300mg/L$ 的样点和 $Cl^-\leqslant100mg/L$ 样点的结论一样。也就是说，4.1.1.2（4）的结论在本区也适用于 $Cl^-\leqslant300mg/L$ 的全部样点。365 号样点代表了淡水和海水的混合。

4.1.1.4 $Cl^->1000mg/L$ 样品组分析

该组样品共 12 件，Cl^- 含量从 $1000\sim13328.84mg/L$。

（1）主要离子比值分析

这组样品的化学成分组成基本上都分布在海水稀释线附近（图 4-6），说明它们的化学成分的组成比例非常接近海水的比例。

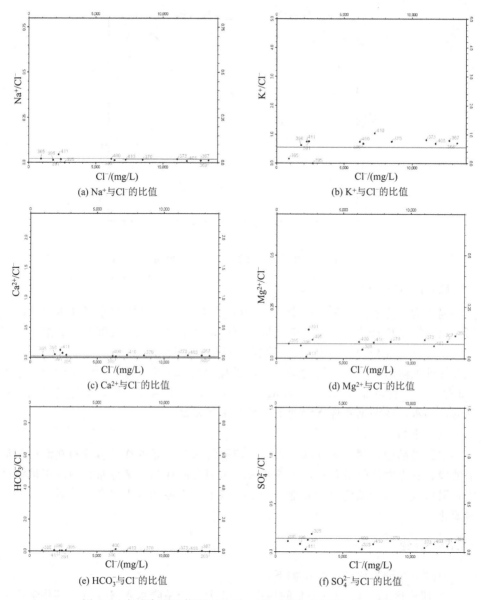

图 4-6　主要离子比值图（1000mg/L＜Cl⁻＜13328.84mg/L）

（2）稳定同位素分析

在 δD-$\delta^{18}O$ 关系图（图 4-7）上，样品的水源可以划分为三类：

① 5 件样品（391、395、396、400、411）和当地大气降水稳定同位素分布区重合，属大气降水入渗；

② 6 件样品（367、368、370、373、386、410）位于大气降水和海水连线上，属于淡水和海水的混合；

③ 1 件样品（403）样点处在蒸发线上。

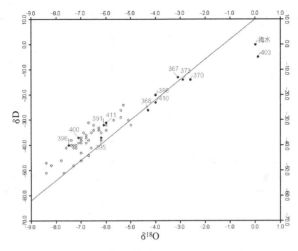

图 4-7　$\delta D\text{-}\delta^{18}O$ 关系（$Cl^{-}>1000mg/L$）

（3）Br/Cl 分析

属于大气降水入渗的样品中 391、400、411（395、396 号水样缺少 Br^{-} 的数据）位于海水稀释线上，说明潮汐带部位的海水蒸发盐被大气降水充分溶解。属于淡水和海水混合的样品中，386 号样点明显有食盐溶解，其余 5 个样点是淡水曾选择性地溶解蒸发盐（因为降水和盐类接触时间有限，易溶盐先溶解）。余下 403 号样，一种可能和 $Cl^{-}\leqslant100mg/L$ 样品组的 369 号样一样，水是经过强烈蒸发的，如水库或湖塘水体入渗地下溶解海水蒸发盐。

（4）小结

本组样品中，属于大气降水入渗、溶解海水蒸发盐的样品多分布在海岸带局部地段、紧靠潮汐带部位；属于淡水和海水混合的样品，多分布在西海岸填海区或者河口区。由于填海改为陆地，降水（淡水）入渗和海水混合，以后会不断趋向淡化。

4.1.1.5　结论

通过上述分析研究，结论如下：

① 研究区 $Cl^{-}\leqslant300mg/L$ 的样点共 58 个，全系降水入渗补给，其化学成分组成比例和海水明显不同。

② 研究区 $Cl^{-}>800mg/L$ 的样点共 13 个，其化学成分组成比例和海水近似，这里统称为咸水。其中在潮汐带，大气降水入渗溶解海水蒸发盐的样品有 5 个，属于淡水和原位海水混合的样品有 7 个，有一个样品（403）情况不好确定。

③ 研究区已有稳定同位素的所有样品分析说明，深圳市目前地下咸水多属原地下咸水，局部地段存在海水入侵的情况，也即发现有海水侵入淡水地下水层的情况。JC33、JC47、JC48 位于填海区；JC10 位于高位海水养殖区；JC2、JC3 推测为工业区于 20 世纪 90 年代遭到强力开采，海水入侵所致；JC23 因海水沿

大沙河倒灌，海水入侵河流两岸含水层所致；JC40 位于葵涌河下游近入海口段的海水潮间带内，为海水入侵所致。

④ 由于本次研究样品未测试 NO_3^-，所以有关地面污染情况未考虑在内。

4.1.2　海水入侵地质灾害的发生

海水入侵地质灾害的形成必须具备两个条件：一是水动力条件（咸淡水之间存在一定水头差）；二是水文地质条件［即近海海域与海岸带陆域具有同一含水层（体）］。这两个条件必须同时具备，才会发生海水入侵。这些自然条件为海咸水的入侵提供了必要的通道和途径，控制着海水入侵的方向和程度。若人为或自然改变地下水动力条件也可加剧海水入侵发生。

具体到深圳市的环境地质条件，深圳多数海岸带如砂砾海岸带、基岩海岸带、三角洲及河口海岸带、较大入海河流中下游的两岸，均具备海水入侵的两个必备条件。一是水动力条件，海水位在潮汐影响下虽具周期性变化，但在高潮时，海水位（影响海域地段含水层水位）一般可高出沿岸地下水淡水（原始）水位 1.5～2.4m。部分人为因素致使地下淡水水位不同程度下降。这就使海岸地带海与陆的地下水水动力条件被改变，形成海域地下咸水水位高于陆域地下淡水水位，即形成一定的水头差，地下水为寻求新的水动力平衡，海域咸水则沿含水层向陆域淡水区移动，形成海水入侵。二是水文地质条件，上述砂砾海岸带如小梅沙、金沙湾、西涌等还有东部较长的基岩海岸带地表浅部裂隙发育，这些发育的裂隙形成地下水的通道和赋存场所；另外部分较大入海河流入海口堆积有较厚的砂层，形成淤泥质海岸，据勘察资料揭露，其下不深处有砂砾层或基岩强风化带。这些松散第四系和裂隙发育基岩都为海水入侵提供了较好的通道和途径（见图4-8）。因此深圳市海岸带发生海水入侵地质灾害是环境地质条件及水动力条件的必然结果。

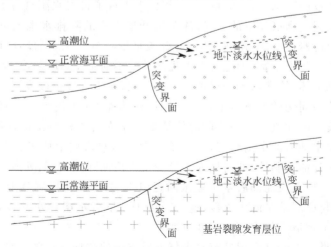

图 4-8　砂砾海岸与基岩海岸海水入侵示意图

4.1.3　海水入侵地质灾害的发展阶段划分及特征

　　人类各种经济活动,如大量开采地下水,河流上游兴修水利工程(水库)等,这些工程活动虽然给人类带来一定的利益,但这些活动都改变了地下水的天然动力条件,破坏了地下水天然平衡状态,使原本就有的海水入侵地质灾害进一步加剧。自然界也不是一成不变的,如遇干旱年份甚至连续数年干旱,大气降水的减少,将影响地表水体水位下降,影响大气降水对地下水的入渗补给量,造成地下水水位下降,也可能使海水入侵地质灾害加剧和范围扩大。

　　海水入侵地质灾害的发展,可以从海水入侵两个必备条件(水文地质条件和水动力条件)的变化来进行评述。其中,水文地质条件是环境地质条件是地下客观存在的一个特殊地质体,它的变化一般是缓慢的,甚至短时期内可认为它是不会变化的;水动力条件可人为或受自然某些因素而改变,是海水入侵地质灾害发生的一个重要条件。

　　深圳市是一座新兴的城市,改革开放前即20世纪80年代前,以传统耕作方式为主,对地下水资源的依赖不大,主要是为生活用水开凿了一些浅的水井,取水层位主要为第四系孔隙水或浅层基岩裂隙水。由于本地大气降水丰沛,这部分生活用水水井的开采量尚在自然的平衡状态下,即处于地下水自然补给、排泄的平衡状态,难以引起海水入侵地质灾害的发展。这一阶段的特征是仅处于因自然因素的变化如风暴潮、久旱造成地下水位、河水位下降而使部分地段发生海水入侵地质灾害,但遇丰水年地下水位与地表河水位提高这些变化对海水入侵也可产生局部的改变。

　　随着改革开放的不断深入,建设规模不断扩大,建设速度不断提高,仅靠自然提供的资源(主要为水资源)已难以满足建设的需要,自来水的供应一时尚未完善,也难以满足建设的需求。在20世纪80年代末出现了自找水源自备水源的开采地下水活动。大规模高层建筑的兴建,深基坑开挖工程的降排水也大量出现。在一些入海河流上游修建水库,使河流中、下游淡水量减少。深圳的环境地质条件,其地下水资源本身就不丰富,加之人类工程活动的不断加剧,使得原来处于平衡状态的地下水遭到破坏,给海水入侵提供了一定空间,海水入侵得以发展。由于人们当时还未认识这一问题的严重后果,这一时期(20世纪80年代至90年代末)造成海水入侵地质灾害的加剧。这一阶段的特征是由于人类工程经济活动的强度增大,破坏了地下水水动力的平衡状态,出现了较大的海水入侵地质灾害。其灾害程度受人类经济工程活动制约,即何处人类经济工程活动强度大,何处海水入侵范围就大,灾害也大。如宝安北部后亭工业区附近(JC2、JC3号孔控制范围)经同位素鉴定,地下水咸化原因就是海水入侵,这一带由于地下含水层导水性较好,抽水强度可能较强,地下水遭入侵灾害的程度也严重。

　　进入21世纪人们已意识到海水入侵地质灾害的严峻性。随经济建设的发展,自来水供水能力不断地提高,送水范围不断扩大,政府管理职能不断完善,自备井、私采地下水的现象明显减弱。在近 10 年的自然状态恢复下,地下淡水得以缓慢补充恢复,形成新的不平衡,即地下淡水水位逐渐抬高,咸水逐渐被淡化,海水入侵地质灾害范围趋向收缩。这阶段表现的特征是地下淡水资源经数年的自然恢复,大气降水缓慢入渗补给地下水,地下水水位逐渐抬升恢复,入侵咸水逐渐被淡化,这一过程是地下水水化学特征逐渐向好的方向缓慢转化的过程。

从上述情况,可以把深圳的海水入侵发展划分为三个阶段:

① 初期阶段。海水入侵尚处在原始的自然状态,这阶段人类经济工程活动强度低尚达不到破坏地下水水动力的平衡,地下淡水与咸水处于自然平衡状态。这阶段主要为 20 世纪 80 年代末以前。

② 中期阶段。80 年代至 90 年代末人类经济工程活动逐渐加剧,大规模工程建设、大量深基坑降排水施工、河流上游兴修水库拦截地表水、工业开采地下水资源等造成海水入侵地质灾害迅速发展。

③ 后期阶段。20 世纪 90 年代末至今,由于深基坑工程采用了新的防水措施,排水量减少,工业开采地下水淡水资源得到控制,海水入侵地质灾害的程度有所减弱。

4.1.4　海水入侵地质灾害平面分布特征

深圳市不存在大范围海水入侵地质灾害,但局部存在地下咸水。地下咸水形成受多种因素影响,如地质环境、人类经济工程活动等,使得地下咸水在平面上的分布有一定规律。受海(咸)水影响,地表河水及地下水中对海水入侵敏感的指标主要有 Cl^-、SO_4^{2-}、Br^- 等,经大量资料统计分析,各指标之间都具有正相关关系,多采用 Cl^- 的浓度来表示各类水的咸淡程度及受海水入侵程度的强弱关系。

(1)地质环境

地质环境制约地下水的水化学特征的形成与演化。沿海岸带分布有海相地层(淤泥、淤泥质黏土、粉细砂、中砂等),这些海相地层分布在 JC1、JC2、JC3、KC1、KC2、JC6、KC7、JC10、KC14 等孔控制范围,这些地段部分地层沉积环境为海水,造成沉积土层中含有一定数量的盐,致使土中易溶盐 Cl^- 较高,或者某些地段在沉积前长期处于海水浸泡中,致使海底岩土层中盐的含量也较高。如 JC12 孔土中易溶盐 Cl^- 最高近 6000mg/L,该孔后部 JC13 孔(距该孔约 1.3km,距现代海岸约 3.70km)土层中易溶盐 Cl^- 浓度最大为 800mg/L。

由于沉积层多沿海岸分布,地下咸水与海相沉积分布范围基本相似,沿海岸带呈条带状分布,如西部北自茅洲河一带沿海岸带向南直至西乡河,于大小南山北尖灭。该条带状地域呈北宽南窄分布,某些局部地段如东部大鹏新圩一带,疑视为一古海湾,古咸水在后期无良好水动力条件对地下咸水进行淡化(洗咸),因此局部地段仍保留有地下咸水,受古地理环境制约,在部分地段形成不规则片状古咸水。

(2)地下水水动力条件差异

地质环境类同、沉积层结构及空间分布也相似,由于地下水水动力条件各异,使地下咸水平面分布存在较大差异。如大梅沙谷地与小梅沙谷地,同是开阔山间谷地,同是砂砾海岸带,大梅沙近海前缘人工筑坝,地表拦截大量淡水,使地下水有较充足的地表淡水补给,加之含水层底板明显由谷地后部向前部倾斜,地下水流向明显[由谷地后部流向前部(海岸)]。地下淡水水位高于海水水位即形成地下淡水补给海水的地下水动力条件,导致海水入侵较难形成较大范围。小梅沙由于沙滩后部为海洋世界,养殖用过的海水集于院内形成一水塘,使海咸水人为进入谷地中后部污染地下水,海水入侵范围较大梅沙大得多,在距海岸约 400m 的 KC36 孔第四系孔隙水中 Cl⁻ 浓度为 488.71mg/L,推测小梅沙谷地遭受海水入侵范围宽约0.5~0.6km,大梅沙仅有 0.1km 左右。

(3)沿入海河流呈上窄下宽带状分布

深圳市有大小河流数十条,其中较大的也有十余条,由于受深圳市地形地貌特点的制约,这些河流多发源于深圳市内陆低山丘陵区,河流短小,上游河床坡降大,中、下游(尤其较大河流)多位于地势低洼、地形平坦平原区,河道坡降多小于 1‰,河水流速缓慢,受海水潮汐顶托现象明显,如茅洲河、深圳河河水位受潮汐影响达10~15km。这些河入海段无拦截海水的构筑物,涨潮时,海水直接进入河道且上溯一定距离,向陆域延伸的距离受河流中、下游河道坡降,以及入海口处是否有拦截海水构筑物(闸或坝)制约。如深圳河海咸水因河水导致地下水咸化的距离约5km。西乡河近入海口建有拦海水水闸,虽然海咸水沿河道也可上溯一定距离(约2.40km),但地下水中 Cl⁻ 浓度较低,如 JC12、JC13 两孔中地下水中 Cl⁻ 浓度分别为 141.23mg/L、112.98mg/L。从平面上看,地下咸水沿河多呈上窄下宽的带状分布,如大沙河等,其分布宽度与河流两岸阶地发育程度,地下含水层透水性大小及地下水水动力条件有关。

(4)填海工程

填海区也是本区地下咸水分布的重要区段。从咸水成因上填海区封存咸水不属海水入侵范畴,但其咸水对工程的危害类同海水入侵,故而将填海封存咸水也列入本次海水入侵地质调查研究工作中。

深圳市为建设需要自建市初至今填海工程一直在进行中,主要分布在西部宝安国际机场、前海湾、后海湾、福田保税区,还有部分交通道路如滨海大道、西部通道等。填海工程形状多依工程需要而定,但一般前缘较规则。

4.1.5 海水入侵地质灾害垂直分布特征

海水入侵在垂直方向上的分布也具有一定特征。

4.1.5.1 双层结构含水层地下水咸化程度特征

(1)上部孔隙水中 Cl⁻ 浓度大于下部基岩裂隙水中 Cl⁻ 浓度

一般近海岸地段海咸水沿河或沿海岸带较强透水层如砂、砾层等很容易进入含水层，在垂直方向上反映的特点是强透水层中地下水中 Cl⁻ 浓度高，其下伏基岩风化裂隙含水层透水性相对较差，因此地下水中 Cl⁻ 浓度低。如 KC9 孔上部第四系孔隙水含水层为中砂；地下水中 Cl⁻ 浓度为 4192.84mg/L，下伏混合岩风化裂隙水中 Cl⁻ 浓度为 3005.43mg/L。再如 KC43 孔，上部第四系含水层为透水性较强的卵石，地下水 Cl⁻ 浓度为 13320.69mg/L。下伏风化花岗岩裂隙水中 Cl⁻ 浓度为 9990.51mg/L。

（2）上部第四系孔隙水中 Cl⁻ 浓度低，下部基岩裂隙水中 Cl⁻ 浓度高

该现象与上述情况相反，即上部第四系孔隙水中 Cl⁻ 浓度低于下部基岩裂隙水中 Cl⁻ 浓度。因为该地段曾为海域，长期遭海水浸泡使得下部基岩裂隙含水层中饱含海咸水。但由于上伏第四系孔隙水透水性能好，地下水交替能力强（即长期接受大气降水补给淡化了原咸水的浓度，下伏基岩由于地下水交替能力差，接受大气降水补给较困难，本身透水性差，地下咸水淡化程度较弱。因而形成这种上淡下咸的情况。如 KC50 孔上部第四系含水层为透水性较好的砾砂层，其地下水中 Cl⁻ 浓度为 2692.25mg/L，下部风化混合岩裂隙水中 Cl⁻ 浓度为 6452.83mg/L；又如 KC36 孔第四系中砂层孔隙水中 Cl⁻ 浓度为 488.71mg/L，下部花岗岩裂隙水中 Cl⁻ 浓度为 2344.09mg/L。

4.1.5.2 填海区地下水中 Cl⁻ 浓度垂直变化特征

为查明填海区地下水水化学的垂直分布规律，在后海填海区，施工 3 个孔对填海区不同层位（不同深度）分层分孔进行监测。

JC47 孔监测填海土层以下原海底岩土层地下水水位变化及地下水水化学特征；JC48 孔监测填海土层底部地下水水位变化及地下水水化学特征；JC49 孔监测填海土层上部（浅部）地下水水位变化及地下水水化学特征。初步监测结果：原海底岩土层中地下水中 Cl⁻ 浓度最高为 7220.74mg/L；填海土层底部地下水中 Cl⁻ 浓度为 2206.33mg/L；填土层上部、地下水中 Cl⁻ 浓度为 313.95mg/L。

分析其原因，浅部易接受大气降水补给，地下水中 Cl⁻ 浓度低，填土底部受填海时海咸水影响，又有浅部淡水的补给，地下水虽为咸水，水中 Cl⁻ 浓度不高；原海底岩土层中地下水接受上部淡水较困难，与上部淡水混合，水中的 Cl⁻ 浓度高，但较附近海水中的 Cl⁻ 浓度（13709.93mg/L）还是低的。

4.2 海水入侵（咸淡水）物探显示

4.2.1 物探方法的选择

根据调查区现场实际情况，物探勘察外业工作采用高密度电法、联合剖面法和视电阻率测井法联合进行分析。

4.2.2　工作方法

4.2.2.1　联合剖面法

（1）原理和方法

联合剖面法是以地下岩土体电阻率差异为基础，人工建立地下稳定直流或脉动电场，按图 4-9 所示装置形式沿测线逐点观测，研究某一深度范围内岩土体沿水平方向的空间电阻率变化，以查明矿产资源和研究有关地质问题的一种直流勘探方法。

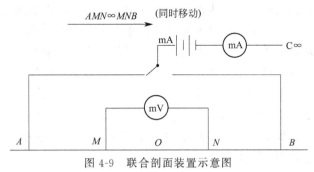

图 4-9　联合剖面装置示意图

（2）应用条件

勘察对象与周围地质体之间存在较明显的电阻率差异；勘察对象的异常能从干扰背景中分辨出来。

（3）仪器设备

采用中装集团重庆地质仪器厂生产的 DZD-6A 直流电法仪，其主要性能如下：电压测量范围±6V；电压测量精度±1%；电流测量范围 0～5A；电流测量精度±1%；输入阻抗≥50MΩ；50Hz 工频压制≥80dB。

4.2.2.2　高密度电法

（1）原理和方法

高密度电法是日本地质计测株式会社提出并发展起来的一种新型的电阻率方法，由于高密度电法可以实现电阻率的快速采集和现场数据的实时处理，从而改变了电法的传统工作模式。它集电剖面和电测深于一体，采用高密度布点，进行二维地电断面测量，提供的数据量大、信息多，并且观测精度较高、速度快，是寻找构造破碎带及划分电性差异较大介质界面最直观而有效的物探方法之一。

（2）应用条件

被探测目的层和目的体相对于埋深和装置长度具有一定规模并近水平延伸，被探测目的层与相邻地层之间或目的体与周围介质之间有电性差异，电性界面与地质界面相关；地形起伏不大，接地良好；被探测目的层或目的体上方没有极高电阻屏蔽层；各地层或地质体电性稳定，异常范围和幅值等特征可以被测量和追踪；测区内没有较强的工业游散电流、大地电流或电磁干扰。

（3）仪器设备

高密度电法勘察采用中装集团重庆地质仪器厂生产的 DUK-2 高密度电法测量系统，其主要性能如下：电压测量范围 $\pm6V$；电压测量精度 $\pm1\%$；电流测量范围 $0\sim5A$；电流测量精度 $\pm1\%$；输入阻抗 $\geqslant50M\Omega$；50Hz 工频压制 $\geqslant80dB$。

4.2.2.3 视电阻率测井

（1）原理和方法

普通视电阻率测井通过供电电极向岩土体中供给直流电流，供电电流在岩土体中产生的电场随着介质电阻率的不同而不同，测量介质中电场的分布就能了解介质的电阻率，并根据其测量结果绘制视电阻率测井曲线，通过对视电阻率曲线进行对比分析，以解决相应的地质问题（见图 4-10）。

（2）应用条件

① 测井调查对象与周围地质体之间存在较明显的电阻率差异；

② 钻孔中必须有井液，且井液位置必须超过要调查研究的对象。

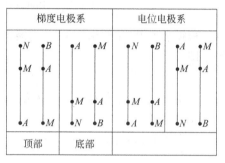

图 4-10　电测井各种类型的电极系

4.2.3　海水入侵数学模型的模拟及电性特征分析

4.2.3.1　海水入侵数学模型的模拟

最早提出滨海地区咸淡水界面理论的是荷兰人 Badon Ghyben 和德国人 Herzberg，他们分别于 1889 年和 1901 年独立地提出了著名的计算咸淡水交界面的 Ghyben-Herzberg（吉本-赫兹伯格）公式。至今，海水入侵研究已有百年历史。这一个世纪中，海水入侵模型研究经历了从理论假设到合理概化，从理论模型、室内试验模型到数值模型这一漫长的阶段。其中，Custodio 的《Groundwater Problems in Coastal Areas》一书系统全面地阐述了海水入侵问题，为海水入侵研究的开展和普及奠定了基础。通常，海水入侵模型研究可分为突变界面模型 [图 4-11（a）]、过渡带模型两类 [图 4-11（b）]。

滨海地区地下淡水与海水同在一个水循环系统中，两者之间存在着密切的水力联系。由于普通淡水密度为 $1g/cm^3$，普通海水密度为 $1.025g/cm^3$，所以海水必然形成楔形体伏在淡水体下面。如果暂不考虑海水的回流和淡水入海渗流，并且把过渡带看作简单的界面，那么海水与淡水的水静力学模型如图 4-11（a）所

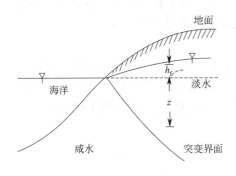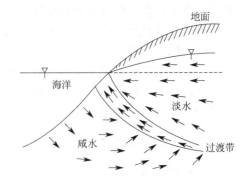

(a) 水力平衡条件下海水与淡水的不相混溶界　　(b) 滨海含水层中淡水和海水的流动过程及混合带

图 4-11　Ghyben-Herzberg 咸淡水界面模型

示。根据静水压力平衡原理，咸淡水界面上任一点处淡水压强与咸水压强相等，即

$$(z+h_f)\rho_f = z\rho_s \tag{4-1}$$

式中，h_f 为潜水水位；z 为淡水区海平面以下淡水水深；ρ_f 为淡水密度；ρ_s 为海水密度。

将淡水和海水的密度代入式（4-1）求得：

$$z = 40h_f \tag{4-2}$$

由式（4-2）可以看出，淡水在海平面以上的水深决定着淡水在海平面以下的水深，如果 h_f 减小，z 也相应减小，则咸淡水界面向内陆移动，直至形成新的平衡。由式（4-2）进一步看出，在超量开采条件下，h_f 大幅度减小，z 随之成倍减小，h_f 每减少 1m，z 就要减少 40m，结果是海水楔形体增宽增厚，上覆淡水层变薄，抽水井中就可能抽出咸水，这就是海水入侵。

事实上，海水和淡水都不是静止的水体，海水楔形体在浅部会有回流入海，同时淡水还有渗流入海。回流入海的海水与渗流入海的淡水因扩散和弥散而局部混合，形成咸淡水过渡带，所以客观上不存在海水与淡水之间的突变界面。随着海潮涨落和地下水位的变动，过渡带还在不断发生变化。

4.2.3.2　海水入侵电性特征分析

（1）海水入侵区氯离子含量与地下水的电性特征

为了研究地层电阻率与地层含盐量的关系，1989 年中国科学院地理研究所在山东省莱州市朱旺村建立了海侵监测剖面，该剖面是为了研究海水入侵专设的固定剖面，在垂直海岸 2000 多米的范围内打了 7 组观测井，每组分三个不同深度定期取样化验水质。1989 年 4 月 15 日和 1990 年 4 月 16 日在两次取样化验水质的同时，对相应深度地层的电阻率值进行了测定，并绘制了电阻率与氯离子含量相关曲线（图 4-12）。

从曲线看出，电阻率与氯离子含量存在着负相关关系，氯离子含量越高，电阻率越小。经对曲线进行详细分析，氯离子含量对电阻率的影响可分三段：在氯离子含量小于 250mg/L，电阻率随氯离子含量的增加而减小的速度特别快；在氯离子含量 250～5000mg/L 时，电阻率随氯离子含量增加而减小的速度变缓；在氯离子大于 5000mg/L 时，电阻率随氯离子增加而减小的速度非常缓慢。这说明氯离子的含量对电阻率的影响也是有一定的范围的，超出这个范围就不明显了。

（2）海水入侵区矿化度与地下水的电性特征

地下水电阻率与地下水矿化度的函数关系为：

$$\lg\rho_{水} = a + b\lg C \tag{4-3}$$

式中，ρ 为地下水的电阻率；C 为矿化度；b 为与矿化度有关的系数；a 为与温度有关的系数。

为了更明确地说明地下水矿化度与电阻率的关系，给出苏联某地区松散类地下水矿化度与电阻率的关系曲线（见图 4-13），作为参考。

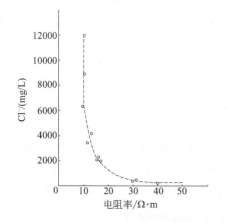
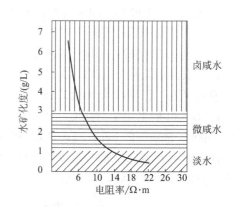

图 4-12　电阻率与氯离子含量相关曲线　　图 4-13　电阻率与地下水矿化度的关系曲线

由图 4-13 可以看出，地下水矿化度与电阻率二者之间的关系具有以下特征：一是咸水区，电阻率值较低，曲线呈直线形态，表明矿化度对地层电阻率的影响作用弱，同时也表明咸水区电阻率值主要受矿化度的影响，且电阻率变化范围小；二是淡水区，电阻率值较高，曲线亦呈直线形态，电阻率变化范围迅速增大，表明矿化度对地层电阻率的影响作用增强。同时也表明淡水区的电阻率主要受岩性控制；三是微咸水区，表明微咸水区电阻率受岩性和矿化度的双重影响，该区间也是确定淡咸水分界线的关键区段。综上，总体特征为随着矿化度的减小，矿化度对地层电阻率的影响越来越大。同时，曲线也显示咸、淡水区电阻率的较大差别，这也是划分孔隙类地下水淡咸水的重要理论依据，其对实际应用具有较强的指导意义。此外，不同的地区，电阻率值的大小受岩性成分、孔隙度大小的影响，电阻率背景值不同，粗颗粒岩性其电阻率背景值较高，这就造成不同地区判别矿化度的电阻率值标准不同。但二者之间的关系形态不变，仅是整条曲线左右移动。

（3）海水入侵区电性参数分析

① 第四系沉积层电阻率值。通过在不同的第四纪沉积层中海水入侵区与非入侵区、同一种地层中采用不同的装置形式测试，并与水文地质资料对比，获得本区地层的不同电性特征数值（表 4-1）。

表 4-1　第四系岩土层电性特征值一览表

岩层名称	非入侵区常见电阻率值/Ω·m	入侵区饱和咸水时电阻率值/Ω·m
砂质黏土、黏质砂土	30～50	
细砂	40～80	5～15
中、粗砂	80～150	＞5
砂砾石	100～300	2～5
干燥中、粗砂	400～1200	
基岩风化壳	＞150	2～5

从表 4-1 中可知，同类岩性在海水入侵区与非海水入侵区其电阻率存在着明显的差异，说明通过测量电阻率参数，划分海水入侵区界线是切实可行的。

② 电法监测指标与水化学指标的对应关系。在水文地质条件相同或类似地区，电法监测指标均与 Cl^- 浓度具有良好的对应关系，这也使得电法监测海水入侵成为可能。但不同水文地质条件，其对应值也不尽相同。如美国的 Slinas 谷地，8Ω·m 的电阻率对应 Cl^- 浓度 500mg/L，广饶县则是 21Ω·m 电阻率对应 Cl^- 浓度 500mg/L（表 4-2），这是因为前者地层以砂土为主，含水层颗粒粗，导电性强，后者地层以黏土为主，含水层导电性弱。因此，在进行物探作业前必须进行方法有效性试验，以确定工作区域内电法参数与水化学指标的对应关系。

表 4-2　电法监测指标与 Cl^- 浓度对应关系

电法种类	电阻率/Ω·m	Cl^- 浓度/(mg/L)	研究地点	作者
垂向电阻率法	21	500	莱州市朱旺村	李福林
激发极化法	22	1000	Moncofar Area in Spain	J. L. Seara A. Granda
瞬变电磁法	8	500	Slinas Valley in California of USA	P. Hoekstra M. W. Blohm
	21		广饶县颜徐村	李福林
电磁剖面法	20	300	Belle Meade Area in Florida of USA	M. T. Stewart

4.2.4　深圳地区物探判定海水入侵的标准的确定

4.2.4.1　深圳地区海水入侵区域物探电性特征值统计

对深圳地区海水入侵区进行了高密度电法和联合剖面法测试，成果见表 4-3。

表 4-3　深圳市海水入侵灾害调查电性特征值一览表

测线编号	方法	入侵区域电阻率范围/Ω·m	平均值	入侵区域电阻率范围/Ω·m	平均值
WT1	高密度电法	0.87～35.67	15.96	—	—
WT2	高密度电法	0.15～54.63	11.72	48.77～544.18	298.51
WT3	联合剖面法	1.70～47.86	15.10	19.96～122.45	87.02
WT4	联合剖面法	2.97～45.77	13.60	24.55～124.69	85.71
WT5	联合剖面法	1.60～64.9	16.06	27.69～154.87	107.14
WT6	高密度电法	0.88～43.72	9.46	23.87～314.75	188.95
WT7	高密度电法	0.17～58.36	11.57	26.93～544.62	195.67
WT8	联合剖面法	1.89～61.72	18.90	32.00～157.16	110.74
WT9	联合剖面法	0.35～62.81	11.67	33.80～172.93	108.78
WT10	联合剖面法	0.28～63.32	16.41	34.32～146.99	94.61
WT11	高密度电法	0.29～50.00	18.19	42.59～633.17	259.48
WT12	高密度电法	5.18～50.00	28.32	50.00～967.24	582.46
WT13	高密度电法	3.45～50.00	22.74	50.00～676.91	266.34
WT14	高密度电法	1.67～50.00	21.38	11.42～387.92	97.86
WT15	高密度电法	8.44～50.00	29.27	50.00～2153.47	691.28
WT16	高密度电法	0.11～50.00	14.27	18.76～596.28	284.37
WT17	高密度电法	0.06～50.00	8.24	50.00～2547.63	405.69
WT18	高密度电法	0.27～50.00	16.38	50.00～3721.99	295.14
WT19	高密度电法	0.85～50.00	12.75	50.00～844.37	266.93

同时对钻孔水样送实验室化验前进行了水样电阻率测定，并根据地下水氯离子含量与电阻率的对应关系拟合成图，绘制出深圳地区地下水电阻率-氯离子含量相关曲线图（图 4-14）。

4.2.4.2　物探判定海水入侵的标准的确定

（1）高密度电法判定海水入侵标准的确定

根据前期现场试验数据及野外电法测量数据进行的统计结果（表 4-3）、图 4-14 中曲线拐点位置，可以将视电阻率值＜30Ω·m 的范围定性为海水严重入侵区域，将 30～50Ω·m 之间的范围定性为海水轻度入侵区域，将电阻率值＞50Ω·m 的范围定性为无入侵区域。高密度电法勘探成果就按该标准对海水入侵进行判定。

图 4-15 是 WT7 物探测线高密度电法视电阻率等值线图，图 4-16 是 WT16 物探测线高密度电法视电阻率等值线图，从图中可以清楚地判定海水严重入侵范围的界线（图中深色粗线标示）及海水轻度入侵范围的界线（图中浅色粗线标示）。

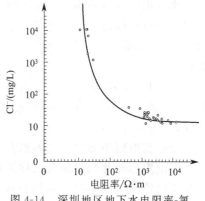

图 4-14　深圳地区地下水电阻率-氯离子含量相关曲线图

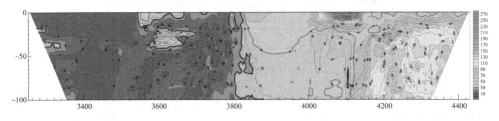

图 4-15　WT7 高密度电法视电阻率等值线图

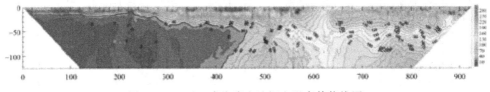

图 4-16　WT16 高密度电法视电阻率等值线图

（2）联合剖面法判定海水入侵标准的确定

对联合剖面勘探成果进行解释时，滨海地区地下淡水与海水同在一个水循环系统中，它们之间存在着密切的水力联系。如果暂不考虑海水的回流和淡水入海渗流，并且把过渡带看作简单的界面，那么海水与淡水的水静力学模型可以简化成陡倾接触面，根据联合剖面法视电阻率曲线的剖面特征，可以得到联合剖面法确定海水入侵界面的视电阻率理论曲线，如图4-17所示。根据其视电阻率曲线可以基本确定单一测线上海水入侵界线的实际位置，并根据一系列相关测线来确定某一地区海水入侵的整体范围。为便于解释海水入侵界面进行简化，仅划分"海水入侵区域"及"海水未入侵区域"进行处理解释。

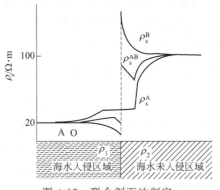

图 4-17　联合剖面法判定
海水入侵界面理论曲线

图 4-18 是 WT9 物探测线电阻率曲线图，根据理论曲线，从图中可以明显地找出 ρ_s^A 最小值与 ρ_s^B 最大值对应位置，并解释为海水入侵区与非入侵区的接触界线。

（3）视电阻率测井判定海水入侵标准的确定

视电阻率测井判定海水入侵标准主要参考深圳地区地下水电阻率-氯离子含量相关曲线图（图4-19）并结合水样化验结果进行综合判定。图4-19是 JC23 孔视电阻率测井综合解释成果图，从图中的视电阻率曲线中可以看出，该孔 4～20m 深度范围内电阻率值小于 $30\Omega \cdot m$，平均值为 $15.21\Omega \cdot m$，解释为海水严

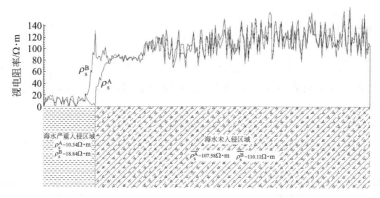

图 4-18　WT9 物探联合剖面成果曲线及解释断面图

重入侵区域；20m 以下深度范围的电阻率值大于 150Ω·m，平均值为 200.55 Ω·m，解释为海水未入侵区域。

视电阻率测井综合成果图表

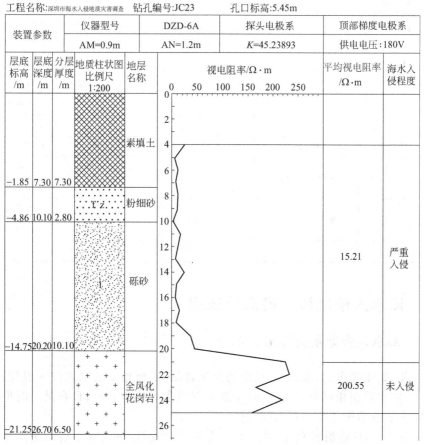

工程名称:深圳市海水入侵地质灾害调查				钻孔编号:JC23			孔口标高:5.45m	
装置参数	仪器型号		DZD-6A		探头电极系		顶部梯度电极系	
	AM=0.9m		AN=1.2m		K=45.23893		供电电压:180V	
层底标高/m	层底深度/m	分层厚度/m	地质柱状图比例尺 1:200	地层名称	视电阻率/Ω·m		平均视电阻率/Ω·m	海水入侵程度
−1.85	7.30	7.30		素填土				
−4.86	10.10	2.80		粉细砂				
−14.75	20.20	10.10		砾砂			15.21	严重入侵
−21.25	26.70	6.50		全风化花岗岩			200.55	未入侵

图 4-19　JC23 孔视电阻率测井综合解释成果图

4.2.5　物探成果

① 物探测线布置、海水入侵范围、海水入侵程度等成果图参见文献[30]；
② 物探各测线剖面成果见各测线物探综合解释断面图及高密度电法视电阻率等值线图；
③ 视电阻率测井成果见综合解释成果图。
④ 各区海水入侵面积见表4-4。

表 4-4　物探划分海水入侵面积统计表

海水入侵区域编号		物探控制测线编号	地理位置	入侵面积/km²	入侵程度
Ⅰ		WT1～WT5	宝安西海岸及南山西海岸	109.053	严重入侵
Ⅱ		WT6～WT7	南山东海岸	69.255	严重入侵
Ⅲ		WT8～WT10	福田罗湖深圳河沿岸	11.421	严重入侵
Ⅳ	Ⅳ₁	WT11	盐田盐田河	2.660	严重入侵
	Ⅳ₃			0.278	轻度入侵
Ⅴ		WT12	盐田小梅沙	0.601	严重入侵
Ⅵ	Ⅵ₁	WT13	盐田大梅沙	0.415	严重入侵
	Ⅵ₃			0.0228	轻度入侵
Ⅶ	Ⅶ₁	WT14	龙岗葵涌河	0.193	严重入侵
	Ⅶ₃			0.0243	轻度入侵
Ⅷ		WT15	龙岗大鹏下迭福	0.487	严重入侵
Ⅸ	Ⅸ₁	WT16～WT17	龙岗王母河	4.531	严重入侵
	Ⅸ₃			0.123	轻度入侵
Ⅹ	Ⅹ₁	WT18～WT19	龙岗西涌河	2.021	严重入侵
	Ⅹ₃			0.0849	轻度入侵
合计		—	—	201.169	—

4.3　海水入侵地质灾害形成原因

4.3.1　海水入侵地质灾害形成机理

多年来，受降水、河流、地下径流的充足补给，沿海地下淡水水位一般较高，地下淡水、咸水界面相对稳定。近30年来不仅发生海咸水入侵，且在某一时期速度较快地向着有着密切水力联系区域扩展。

根据吉本-赫兹伯格原理，以海平面为界，海平面以下淡水厚度应是海平面以上淡水厚度的40倍（见图4-20），即 $z=40h_f$，因此当 h_f 减少一个单位（即地下水位下降一个单位)则 z 减少 40 个高度单位(即咸淡水界面上升),地下水水位一个较小下降,就会引起咸水体向着淡水体一个较大推进。

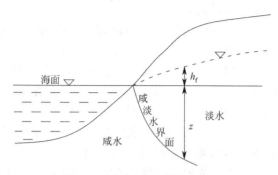

图 4-20 吉本-赫兹伯格原理图

海水入侵陆域地下淡水含水层,其基本条件是有与海咸水存在着水力联系的侵入通道。已有资料显示,深圳市沿海地区第四系冲洪积海积平原,绝大部分具有海水入侵的水文地质条件,海水入侵通道畅通速度则取决于岩土层的孔(裂)隙的大小等因素。地下咸水与地下淡水在海水入侵前始终保持着动态平衡状态,一旦人为或自然原因致这一平衡状态破坏,地下咸水、淡水会产生新的动态平衡,导致海水入侵的发生。

4.3.2 特殊地质环境及相关自然因素造成海水入侵

(1)海咸水沿海岸带第四系松散孔隙含水层入侵

深圳市海岸带长约 257.3km,其中砂砾海岸带长约 25.6km。主要分布在东部如大小梅沙、西涌、南澳,西部则主要分布于几条较大河流,如茅洲河、大沙河等河流入海口地段,该地段部分表层有厚度不大的淤泥质土。海岸地形地貌上多属冲洪积和海积平原,地势低平,地面高程一般为 1.0~3.0m,浅层及地表主要为第四系松散砂、砾石层,透水性较强,地下淡水与海水属同一含水层,相互之间有良好的水力联系,在这一区域内地下水相对于海水水位没有明显的优势。在自然状态下含水层中的咸、淡水是维持在一个相对稳定的动态平衡状态,但是这种平衡往往由于人为或自然的原因而被破坏。人为因素如过量开采地下淡水资源,使陆域范围地下淡水水位下降,当低于海平面则平衡状态被打破,咸、淡水相互作用的过渡带将向陆域方向推移,以建立新的咸、淡水之间的平衡,含水层中淡水的部分储存空间被海水取代或与原淡水进行混合咸化,这就造成了海水入侵。自然因素可以是陆域范围地表水(大气降水)补给不足(旱季或干旱年),致使陆域范围地下淡水水位下降,相对变化较小的海水水位,呈现强势,也可造成海水的入侵范围加大。对于入海河流,气候干旱河水流量减小河水位下降,加大海水沿河倒灌,也就加大了海水通过河流两岸松散含水层的入侵。即使海岸带分布的一些淤泥质土,其下部也多有冲洪积或海积松散砂层,是海域和陆域地下水的通道,为海水入侵提供了良好的水文地质条件,这种海水入侵形式是深圳市海水入侵的主要类型,也是分布最广的一种海水入侵形式。

(2)海咸水沿海岸带基岩裂隙入侵

基岩海岸带总长约81.9km,约占整个海岸线35%,主要分布于东部大鹏湾、大亚湾西侧的大鹏半岛沿岸,西部主要见于妈湾一带,这部分岸线曲折、湾岬相间,岸带较狭窄。据勘察资料显示,工作区处于亚热带气候区,地表及一定深度风化作用较强,加之区内构造十分发育,致使基岩裂隙发育,且发育深度大,如花岗岩风化深度最大达40余米,如KC1、KC2及KC47号孔,一般风化带西部为11.00~25.10m,东部为4.80~17.90m,这些裂隙为地下水的储存与运移提供了良好的空间和通道,造成海域咸水与陆域淡水互相贯通。在自然和人为因素影响下也可形成海水的入侵,由于受地形岩性及裂隙带发育程度制约,海水入侵宽度一般不大,东部基岩海岸区多为100~200m不等。

(3)海水于涨潮时沿入海河流河道上溯

深圳市入海河流受地理位置、地形及构造控制多较短小,部分河流经人工改造,其水文地质条件也发生较大变化。深圳市较大入海河流共有10条,分别注入珠江口、深圳湾、大鹏湾及大亚湾。

这些河流均直接与不同海区相接,因此这些河流中、下游的河水位,受其海水潮汐的影响较显著,海水可直接沿入海河流河道上溯伸入陆域内,使河流两岸及河床直接与咸水接触,这就使海水入侵的岸线长度增加,海水入侵的范围增大,增大的程度与潮位的高低,河道内淡水量大小,河道两岸地层的透水性以及河道建设等情况有关。

潮汐作用虽呈周期性变化,但其强度不均匀,一般高潮位为1.50~1.80m,最大可达2.83m(2017年8月23日),海水每天在河道内上溯的距离不等。

该类海水入侵从平面上看具有近海口处宽,远离入海口处逐渐变窄;深入陆域范围一般与河流的水文特点及水文地质条件关系密切。

(4)风暴潮加剧海水入侵

风暴潮是海岸带一种自然灾害现象,是由于热带气旋中心气压较低及其强风的共同影响,导致海平面上升的现象。我国沿海为风暴潮易发区,沿海海口发生风暴潮的频繁程度可能居世界之首。有资料显示我国自20世纪50年代以来沿海台风风暴潮的频率,总体上是在增加,尤其特大风暴潮呈明显上升趋势。有学者推测全球变暖,将增加产生台风的机会,深圳海岸带特殊的大陆架,沿岸河口与港湾、复杂的地形等,对风暴潮的发生十分有利。

台风风暴潮多发生于夏秋季,其特点是来势猛、速度快、强度大。平均风暴潮潮位为2.5~3.5m,平均增水1.0~2.0m,最大达2.78m(1933年)。

风暴潮虽时间短,但潮位高,甚者海水可直接淹没海岸带部分低洼地带,海水入侵形势自然也是空前的,风暴潮虽然是短暂的,但大量海水淹没陆地,不仅造成其他经济损失严重,海水入侵还带来地质灾害。由于海水位的大幅度抬高,无论是何种海岸带都将加剧海水入侵地质灾害的程度。

（5）海平面上升

据 IPCC（国际气候变迁）的研究报告，在过去 100 年内全球年平均气温升高了约 $0.6℃$，使得全球海平面平均上升了 $10\sim20cm$。气候变暖可从两个方面影响海平面的上升：一是极地冰盖和高山冰川融化，使海洋里的绝对水量增加；二是温度上升导致海水热膨胀。

全球气候变暖，主要源于 CO_2 等气体排放量增加产生的"温室效应"。一个多世纪以来，大气中 CO_2 含量迅速增长，有专家估计，按照目前石化燃料燃烧的增加速率，大气中 CO_2 将在 50 年内加倍，这将使中纬度地区地面温度升高 $1.5\sim3.0℃$，极地升高 $6\sim8℃$，这样的温度可能导致海平面上升 $20\sim140cm$。IPCC 2001 年的报告认为，全球海平面在 21 世纪末将上升 $10\sim89cm$。

据中华人民共和国自然资源部公布的《2020 年中国海平面公报》显示，海平面监测和分析结果表明，中国沿海海平面变化总体呈波动上升趋势。1980—2020年，中国沿海海平面上升速率为 $3.4mm/a$，高于同时段全球平均水平。过去 10 年中国沿海平均海平面持续处于近 40 年来高位。2020 年，中国沿海海平面较常年高 73mm，为 1980 年以来第三高。2020 年，中国沿海海平面变化区域特征明显。与常年相比，渤海、黄海、东海和南海沿海海平面分别高 86mm、60mm、79mm 和68mm。受海平面上升和人类活动等多种因素共同影响，2020 年，风暴潮和滨海城市洪涝主要集中发生在 8 月，其中浙江和广东沿海受影响最大。预计未来 30 年，中国沿海海平面将上升 $55\sim170mm$。

2020 年，广东沿海海平面较常年高 71mm，各月海平面变化波动较大，其中珠江口沿海各月海平面均高于常年同期。广东东部沿海 10 月和 12 月海平面较常年同期分别高 213mm 和 156mm，均为 1980 年以来同期最高。珠江口沿海 10 月、11月和 12 月海平面较常年同期分别高 291mm、169mm 和 185mm，其中 10 月和 12月海平面均为 1980 年以来同期最高。预计未来 30 年，广东沿海海平面将上升 $60\sim170mm$。

基于以上资料分析，深圳市缓慢上升的海平面虽难以为人们所察觉，但作为一个城市，尤其是一个还处于发展阶段的海滨城市，海平面的上升将是近海海岸带引起海水入侵不可忽视的因素。海平面不断上升即海水位不断提高，地下咸、淡水之间的水动力平衡不断被破坏，加剧了地下咸水进一步入侵地下淡水区；同时也加剧了入海河流海水沿河道上溯的距离，从而扩大海水入侵范围，破坏了入海河流河口沉积规律。海水入侵随海平面上升在海岸地带不断扩大，逐渐达到显著的海水入侵灾害，应在一些易引发海水入侵地段采取有效应对措施，应对海水入侵地质灾害的进一步扩大。

（6）岩土层中易溶盐 Cl^- 分布特征

为进一步了解地下水水化学特征，尤其某些地下咸水形成的原因，从几种不同类型钻孔的岩土芯中加密（基本控制每米 1 个样）采集易溶盐 Cl^- 的岩土试样进行检测。经检测发现岩土层中Cl⁻浓度与沉积岩相及所处古地理环境有着较密切的关系。

① 海相沉积土层中Cl⁻分布特征。如JC2、JC3两孔上部有较厚海相沉积淤泥质黏土层，其中Cl⁻含量JC2孔为1500～3000mg/L，JC3孔为3000～6000mg/L(见图4-21)，下部粉质黏土及风化混合岩中Cl⁻仍较高，较上部为低。JC2孔为1500～2500mg/L，JC3孔为2500～3200mg/L，下部岩土虽不属海相沉积，因处于海咸水浸泡与渗透作用下，海咸水中的Cl⁻随入渗海咸水进入地下一定深度。

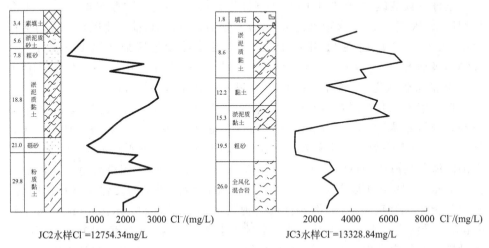

图 4-21　JC2、JC3孔中易溶盐Cl⁻浓度垂直变化曲线图

② 古地理环境致使土层中Cl⁻分布特征。不同的地理环境致使土层中Cl⁻分布也有一定的差异。如JC12、JC13孔下部同为砾质黏土，土中Cl⁻浓度相差较大(见图4-22)。JC12孔下部土层中Cl⁻浓度为1000～6000mg/L，JC13孔中下部土层中Cl⁻浓度为250～800mg/L，相差4～7倍之大，分析其原因是：JC12孔由于地理位置原因，受海水浸泡时间要多于JC13孔，上部海水向海底土层中渗透的时间JC12孔要大于JC13孔，形成两孔土层岩性基本一致，但Cl⁻含量相差较大。

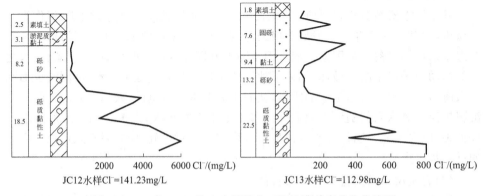

图 4-22　JC12、JC13孔土中易溶盐Cl⁻浓度垂直变化曲线图

从 JC14、JC20、JC21 孔三孔土层中 Cl⁻ 浓度曲线(图 4-23)可看出,该三孔长期处于陆域范围,土层中 Cl⁻ 浓度略有波动,但基本沿 100mg/L 的轴线在波动,波动范围不大。

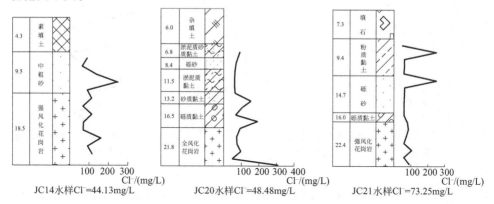

图 4-23　JC14、JC20、JC21 孔土中易溶盐 Cl⁻ 浓度垂直变化曲线图

从上述几个情况可反映出不同的古地理环境,岩土层中的 Cl⁻ 浓度是有差异的。

③ 近代海区岩土层中 Cl⁻ 分布特征。KC18 孔为近代填海区孔,上部有厚达 7.40m 海相沉积淤泥,由曲线(图 4-24)可看出,海相淤泥层中 Cl⁻ 浓度为 2000～3400mg/L。下部陆相沉积层中 Cl⁻ 浓度低于上部淤泥层为 1200～1800mg/L,向下至风化基岩则 Cl⁻ 浓度由上至下由 1200mg/L 逐渐降低至 600～800mg/L。分析其下部岩土层中 Cl⁻ 浓度由上至下逐渐降低的原因,是由于该段岩土层中 Cl⁻ 来源于上部海水及海相地层中,沿土层向下渗透,透水性的逐渐减弱呈现出岩土层中 Cl⁻ 浓度逐渐降低的趋势。

④ 海水入侵形成土层中 Cl⁻ 浓度的变化特征。JC23 孔位于大沙河畔,全孔基本属含水层,据同位素鉴定,地下水咸化为海水入侵所形成。由于大沙河河水受潮汐影响海水沿河上溯致使该段河水咸化(据采样分析该段河水中 Cl⁻ 浓度为 5806.71mg/L),在河水咸化的影响下,使两岸附近岩土层中 Cl⁻ 浓度变高,据测试粉细砂、砾砂及全风化花岗岩中 Cl⁻ 浓度为 2000～3500mg/L(图 4-25),地下水中 Cl⁻ 浓度为 6383.55mg/L。

4.3.3　人类工程经济活动

4.3.3.1　大量抽取地下淡水

深圳市建市近 40 年各类工程建设一直处于高速发展态势。初期阶段由于自来水供应尚不完善,许多地段在无自来水供应情况下,为加速建设,部分单位和部门采取了就近取水就地采水的措施,形成大量无序开采地下水资源,使本就不丰富的地下水资源遭到滥采滥开的破坏,如 JC2、JC3 孔控制范围,这些地段地

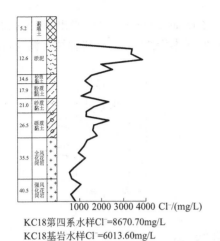
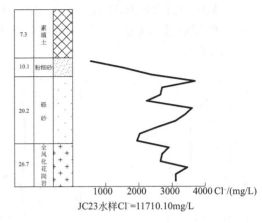

KC18第四系水样Cl⁻=8670.70mg/L
KC18基岩水样Cl⁻=6013.60mg/L

JC23水样Cl⁻=11710.10mg/L

图 4-24　KC18 易溶盐 Cl⁻ 浓度垂直变化曲线图　图 4-25　JC23 易溶盐 Cl⁻ 浓度垂直变化曲线图

下淡水水位急剧下降。尤其在邻近咸淡水分界面附近大量开采淡水，如 JC2 孔距咸化的茅洲河仅 20 余米，淡水水位急剧下降，为海咸水入侵让出了空间，造成海水入侵（见图 4-26）。这也是目前各地引发海水入侵的重要原因之一。

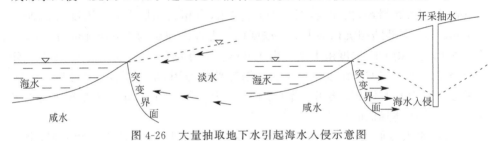

图 4-26　大量抽取地下水引起海水入侵示意图

　　深圳市经历过一段（20 世纪 80 年代末至 90 年代）部分地域盲目开采地下水，造成地下水的局部恶化的时期。21 世纪初，政府在发现该问题的严重性后，曾下文要求封闭已有机井、水井，禁止开采地下水，封闭回填了不少机井及民井，地下水得以逐渐恢复。海咸水入侵因此也得到有效的控制，部分地段地下淡水得到一定程度的恢复。

4.3.3.2　河流各类工程活动

（1）河流上游修建水库蓄水

　　深圳市虽地处亚热带季风气候区，降雨量丰沛，但在时空上分布不均匀，加之境内无大江、大河、大湖、大库的存在，是一座人均水资源短缺严重的城市。为缓解这种矛盾，全面实施了水资源外引、内蓄工程，利用山地地形修建了大大小小数百个水库蓄水工程。其中工作区内河流上游修建有近百座水库工程。如茅洲河上游修建有罗田水库及石岩水库，均为中型水库，还有大大小小 60 余座塘库；西乡河上游修建有铁岗水库（中型）；大沙河上游建有西丽水库（中型）和长岭陂水库；深圳河支流沙湾河上游建有深圳水库，盐田河上游建有三座小型水库；葵涌河上游建有罗屋田水库；坝岗上游建有坝岗水库等。这些水库虽一定程度上解决了深圳市水资源不足的问题，但对环境却产生了较大的负面影响。由于上游拦蓄，导致下游河道淡水量减少甚至无水，尽管深圳地区降雨丰沛，但旱季时间较长（每年10月至次年3月），干旱加上上游水库大部分时间处于蓄水不放水的状况，多数河流下游近乎干枯，如大沙河干旱季节下游几乎无水，河床裸露。西乡河上游的铁岗水库基本不放水，下游河道长期处于无水状态，造成沿河地带地下水水位降低。但海水水位仍呈周期性涨落，涨潮时海咸水位周期性抬高，远高出河流两岸地下淡水水位，在这种水动力条件下海水极易入侵河流两岸地下淡水区，一方面造成咸水沿河道两岸直接入渗含水层，扩大海水入侵范围；另一方面，河道内无足够的淡水淡化进入河道的海咸水，造成进入含水层咸水咸度增加，加重海水入侵灾情。如大沙河枯水季节对河水进行分段加密取样，由于河水中淡水量很少，海咸水上溯距离达 3.2km，茅洲河、深圳河海咸水上溯距离达 10km 甚至更远的距离。

（2）河道中、下游整治工程

深圳市许多河道都进行了不同的人工整治工程，有截弯取直、建闸筑坝、人工护坡、护堤等，这些工程的建设不同程度减弱了海水入侵的程度。如盐田河对入海口段几公里河道两岸修筑有混凝土挡墙，河床铺有混凝土，使进入河道的海水难以通过河岸及河床下的含水（透水）层进入地下水中造成海水的入侵。大沙河近入海口段两岸修筑有混凝土护坡，河床铺有浆砌石，但在河流中游河床见有浆砌块石，河底留有一定数量未铺浆砌石之砂床，即河水可通过砂床渗入地下，形成地表河水与地下水的通道。其他如新洲河、福田河、布吉河、西乡河等两岸均有浆砌石挡墙或混凝土护坡，这些工程对海水入侵起到一定的防御作用。许多河流在河流近入海口处建有水闸，如大沙河在入海口建设大沙河河口水闸，西乡河、新洲河、盐田河、大梅沙河等均在下游建拦截海水水闸，可减少涨潮时海水的倒灌程度。

4.3.3.3 高位海水养殖

高位海水养殖，即通过人工渠道直接将海水引入陆域，提到陆域平坦低地（一般高程为 1.5~3.0m）进行分池养殖。这是一种人为引起的海水入侵，是海水入侵的一种特殊形式。

深圳市海岸带部分地段利用有利的地形（低平）开展海水养殖。如东部新圩及王母河、东涌、西涌、坝光近海岸地段均有高位海水养殖，其面积共约 3.70km²，西部的沙井、福永、新田、松根等地面积较大约 27.55km²。

高位海水养殖使用的是海水，海水进入陆域，使养殖地段长期处于海水的浸泡之中，海水在这些地段不断入渗地下，形成地下咸水带。如 JC6、JC10 孔经同位素检测均属于这种类型海水入侵，其地下水中 Cl⁻ 浓度分别为 8485.92mg/

L、11033.81mg/L。再如王母河口高位养殖区的 KC44 孔及邻近的 KC45 孔地下水中 Cl⁻ 浓度分别为 13320.69mg/L 及 10725.75mg/L。

4.3.3.4 填海工程

填海目的是向浅海要土地，变海域为陆域，是人为将陆域范围扩大至海域范围的现象。世界范围有许多沿海国家和地区填海造地，用以缓解土地紧张的问题。深圳乃沿海城市，各项建设飞速发展，对土地的需求量非常大；为充分利用靠海的优势，大力发展海运事业，港口建设势必要向海中发展。深圳是一个低山丘陵为主的海岸城市，要发展成为国际大城市，空港发展也是必然的，空港建设所要求的大量平坦场地，也只有向浅海区进行扩展，因此深圳沿海某些地段如宝安国际机场、后海湾、前海湾、福田保税区、盐田港均是填海造地建设的工程。

海水或咸水赋存于各类土层中，在填海过程中未做处理保存于原海底岩土层或填土层中的咸水称为封存咸水。封存咸水对工程的危害类同于海水入侵的咸水，本书将这类灾害纳入海水入侵地质灾害中的一种特殊类型加以评述。

填海工程采用的填筑方式主要有挤淤法、换填法和堆载预压法。挤淤法由于填土多呈松散状，其成分多为碎块石，细颗粒成分一般不多，淤泥中赋存的咸水容易进入填土层下部大孔隙中保存下来。若填土区暴露时间长，接受大量大气降水的入渗补给，其咸水上部可形成一定厚度的较淡水。较淡水的厚度，取决于填土材料的透水性，如上覆有混凝土等，则上部较淡水层厚度较薄；若上覆为良好透水材料，经过一定时间其下部咸水层厚度会逐渐减小。换填法使咸水基本留于砂层孔隙中，若上部覆盖混凝土，不加任何处理，这部分咸水将会长时间滞留于砂层中。堆载预压法经处理后的土层中仍残留有部分咸水。无论哪种方法填海，地下均存在一部分或大部分封存咸水。

填海工程所用填筑材料，因工程需要及材料来源不同，也各有不同。一是采用填石如 JC33、JC47 孔等，即深圳地区经常采用开山炸石作为填海的填筑材料，主要由含少量粉质黏土的花岗岩大块石组成；二是采用素填土如机场二跑道主跑区全部采用细砂，经过振冲碾压而成，其他如 KC6、KC18 孔采用含少量碎石的粉质黏土为填筑材料；三是采用杂填土如 KC22、KC24 以建筑垃圾及碎块石为主，混有少量黏性土。

填筑厚度因填海位置及工程需要各不相同，一般厚度为 5.0～7.0m，最大填筑厚度达 20.30m。研究区内最大厚度为 13.50m（JC33 孔）。填筑层下多为浅海海底沉积的淤泥及淤泥质土，淤泥类土厚度一般为 3.0～5.0m，最厚达 11.20m（KC24 孔），淤泥类土下部部分为砂质粉土（KC18 孔）、中砂（KC6、KC24 孔）等，部分为黏性土及基岩。填海区由于各种工程处理及所处地质环境差异，其地下水中 Cl⁻ 浓度差异较大（表 4-5）。

表 4-5　各填海区填筑情况及地下水中 Cl⁻ 浓度表

孔号	填海区位置	填筑材料	填筑厚度/m	含水层岩性	地下水中 Cl⁻ 浓度/(mg/L)
JC33	盐田港	填石	13.50	细砂	1787.44
KC6	宝安国际机场	素填土	3.70	中砂	7778.26
KC6	宝安国际机场	素填土	3.70	强风化混合岩	3535.86
KC18	大沙河入海口	素填土	5.20	砂质粉土	8670.60
KC18	大沙河入海口	素填土	5.20	风化花岗岩	6013.60
KC22	西部华侨城南	杂填土	6.60	风化花岗岩	1219.41
KC24	福田保税区	杂填土	4.90	强风化花岗岩	1161.30
JC47	后海湾	填石	9.10	淤泥质砂质黏土、砾质黏土	4440.01

填海区地下水中 Cl⁻ 浓度差异大的原因，经分析有以下几方面：

一是填筑工艺不同，部分工程填筑前，先将填筑区围起，将填筑区内海水抽干，再进行填筑，这样地下水中无更多的海咸水继续进入含水层，地下水中 Cl⁻ 浓度就不会很高。但大多是直接填筑，有部分海咸水滞留于含水层之上，造成含水层中地下水有较充足的咸水补给，地下水中 Cl⁻ 浓度偏高。

二是填筑层的透水性差异。填筑时间长短，影响地下水中 Cl⁻ 的浓度。如填筑层透水性好，填筑时间久，由于长期接受大气降水的入渗补给，地下咸水逐渐淡化，如 JC33 孔由于填筑材料为透水性较好的填石，地下水中 Cl⁻ 浓度较低。如用透水性差的素填土填筑，地下水中 Cl⁻ 浓度就高（如 KC6、KC18 孔）。

三是地下水动力条件不同也可造成地下水中 Cl⁻ 浓度的差异。如填筑层与原地下含水层相通，地下水位高于海水位，封存于地下的咸水由于上部淡水长期入渗补给封存古咸水中，可淡化填筑区地下咸水浓度。

为查明填海区地下水水化学特征在垂直方向上的变化特征，在后海湾填海区施工建立了三个监测不同深度、不同层位地下水水位及水化学特征的监测孔，其初步监测结果见表 4-6。

由监测成果可看出，填海区（填筑材料为填石）地下水中 Cl⁻ 浓度由浅至深逐渐变高，说明大气降水的入渗补给由上至下逐渐减弱，即浅部接受大气降水的入渗补给大于深部，符合基本的规律。

表 4-6　填海区监测孔监测成果表

监测孔号	孔深/m	监测层位	地下水中 Cl⁻ 浓度/(mg/L)	备注
JC47	19.6	填筑层以下原海底层位	7220.74	第一次监测成果
JC48	7.0	填筑层底部	2206.33	第一次监测成果
JC49	4.0	填筑层上部	313.95	第一次监测成果

4.4　海水入侵地质灾害类型

海岸带诸多自然条件具备海水入侵的条件，在自然的因素下，会发生海水入侵地质灾害。本书把海水入侵的引发因素划分为"自然的"与"人为的"两类，把由自然因素引发的海水入侵地质灾害称为"原生型"，把人为因素引发的海水入侵地质灾害称作"次生型"。

4.4.1 原生型海水入侵地质灾害

在海岸带近海地段采取较多地下咸水样品，样品经同位素测试的结果显示，多数不属海水入侵形成（即近 60 年形成），地下海咸水在各自然因素作用下早已形成，非新近海水入侵所致。如 JC32、JC37、JC40 孔等，这部分主要由自然因素引发的海水入侵称为原生型海水入侵地质灾害。

工作区东部的部分砂砾海岸带和基岩海岸带如西涌、小梅沙等地原始的环境地质条件和水动力条件都具备发生海水入侵的客观条件。这些平原地段地下淡水水位，本身与海水面就相差不大，地下水（淡水）并没有很大的优势，当海水位周期变化至高潮时，海水位高于地下淡水水位较大，地下水为寻求新的水动力平衡，势必造成海咸水补充（入侵）地下淡水区。若在偶然性的风暴潮侵袭下，海水入侵的范围可暂时性扩大，其扩大范围主要视风暴潮强度而定，如记录最大风暴潮潮位时，海水淹没范围达数十平方公里。

不少入海河流，海水涨潮时，由于海口处无拦截海水构筑物，海水可沿河道上溯一定的距离，若河道两岸浅部发育有透水的砂砾、卵石层时，如东部小梅沙、西涌及西部大沙河、西乡河，海水涨潮时由于海水位高于河流两岸地下水水位，造成沿入海河流中、下游（低平段）两岸含水层遭海咸水入侵。尤其干旱年，河道水量减小，河水位下降，相对海水的潮汐作用则加强，使海水入侵强度增强，入侵范围扩大。

这些自然状态下形成的原生型海水入侵地质灾害一般范围不大，距现代海岸或河岸带一般仅数百米。由于基岩裂隙水与第四系孔隙水本身透水性存在一定差异，分布宽度各不相同。

经勘察发现，在近海的陆域范围，一些地段地下浅层分布一定厚度的近代海相沉积层，在这些地段地下分布有咸水。虽然这部分咸水不属于海水入侵形成的范畴，但对工程的危害是类同的，因此将这类咸水也放在海水入侵里来进行评述。

这一区域有较多共同之点：沉积以海相淤泥及淤泥质黏性土为主，含少量粉细砂等，该海相沉积层底板分布高程多为 $-3.17\sim5.39\mathrm{m}$；地下水中 Cl^- 浓度较大，一般为 $3005.43\sim5966.66\mathrm{mg/L}$，最大达 $13266.10\mathrm{mg/L}$（KC11 孔），经对部分孔土层易溶盐测试，其中 Cl^- 浓度也很高，如 JC2、JC3 孔。

4.4.2 次生型海水入侵地质灾害

相对原生型海水入侵，次生型海水入侵主要由人类工程经济活动引发。这种类型的海水入侵由于人类工程经济活动类型较多，引发海水入侵的原因也比较多。

① 人类大量抽取地下水（淡水）。生活和工业采水及深基坑降排水，都是人工开采地下水。地下水的大量开采，破坏了原来地下水水动力平衡，地下水为达新的平衡，海水进入地下淡水区，形成海水入侵，如 JC2、JC3 孔控制范围，其形成的入侵范围取决于抽水强度和抽水位置。抽水强度大，距咸淡水界面较近时，形成的入侵范围大；反之，则小。

② 由于入海河流上游修建水库拦蓄地表水，致使下游河水位下降，甚至下游河床干枯，如大沙河中下游干旱季节，河床几乎无水。深圳市大多数河流由于上游修建水库，多是供水水库，人为控制河水下放流量，干旱季节一般是不放水，这就改变了河流下游地下水的补排关系，造成地下淡水水位下降，海咸水则更易沿河道上溯，达到新的更远的距离，也更多沿河道两岸含水层向河流两岸入侵，造成更大范围的海水入侵。

③ 高位海水养殖是人为把海水引上陆域，扩大了海水入侵范围，造成了海水入侵地质灾害。

④ 填海工程是人为将海水（残留）封存于填海区地下，若填海材料透水性差不利于地下水交替作用发生，残留咸水可较长时间封存于地下，这部分咸水在深圳填海区范围较大，因此将该类地下咸水（不属海水入侵，为便于评价海咸水的危害）也纳入海水入侵进行评述。

这些因素造成的海水入侵范围受人类工程经济活动强度控制，如抽取地下淡水强度越大，入侵的范围也越大；河流上游水库拦蓄地表水越多，下流河水位越低，海水入侵范围越大；高位海水养殖及填海工程主要视其本身工程范围大小而定。

4.5 海水入侵地质灾害分区图

4.5.1 地下水背景值的确定

真实、科学地圈定海水入侵范围，是本书工作的重要内容之一。海水入侵的重要载体是地下水，海水入侵标准的确定需要确定本地区地下水的背景值，即地下水在原始天然状态下化学组分。地下水的化学成分又受地质环境、地下水交替速度、人类工程经济活动等因素影响，不同地区有不同的背景值。本次海水入侵调查范围较大（不含深汕合作区），海岸线长 257.3km，且东西部地质环境、人类经济工程活动强度等都存在一定差异。这一值不仅东、西部有别，在一个区域内也不是一特定值，而是一区间值。

深圳市由于对地下水资源的依赖性不大，海水入侵形势不甚严重，海水入侵地质灾害工作开展较晚，可借鉴的东西比较多。综合比较后，把地下水可利用程度作为划分入侵级别的标准是较合适的。依据已有研究及本地区地下水背景值（对照值）的统计计算，使用"对照值"这一概念，即相对污染较轻的一个地下水化学组分值，确定了本次工作海水入侵的等级划分。

海水入侵或因古地理环境变化会造成地下淡水中的成分发生变化，其特征主要反映在地下水化学成分有规律的变化上，尤其一些海水入侵的敏感离子的变化，如 Cl^-、SO_4^{2-}、Br^-、矿化度等，当海（咸）水中的这些敏感离子成分进入地下淡水中后，原地下淡水相应的化学或离子成分也会产生有规律的变化。海水入侵的地下水背景值（或对照值）可以理解为海水入侵前（或未遭海水入侵）的地下水各化学组分的值，这一值有别于专门研究地下水污染的背景值（或对照值）。

本次海水入侵调查研究的地下水背景值（或对照值），是对全区已取得的地下水水质分析成果及以往各类勘察工作取得的地下水水质分析成果（共 1056 组），先在分布位置上进行筛选，把分布于海岸地段含水层底板低于海平面的样本进行剔除，将剩余部分按东部、西部地区及地下水类型（第四系孔隙水与基岩裂隙水）分开进行综合分析统计计算，计算后对个别极值再进行剔除。根据工作区的实际情况，共选用了 14 个指标（Ca^{2+}、Mg^{2+}、Na^+、K^+、Cl^-、SO_4^{2-}、HCO_3^-、Br^-、侵蚀性 CO_2、游离 CO_2、矿化度、pH、总硬度、总碱度），用于确定海水入侵（或海咸水）调查与研究地下水的背景值（或对照值），见表 4-7。由表可看出：各区诸指标值虽存在一定差异，但差异不大。综合分析判断，采用的深圳市海水入侵（或海咸水）地质灾害分区的背景值（对照值）是比较合理的。

表 4-7　深圳市海岸带海水入侵（海咸水）地下水背景值表

区域及类别　　指标及值		东　部		西　部	
		基岩裂隙水	第四系孔隙水	基岩裂隙水	第四系孔隙水
阳离子	Ca^{2+}	4.01~59.18	5.01~51.70	1.00~96.13	4.21~105.70
	Mg^{2+}	1.22~17.37	1.59~12.44	0.61~26.43	1.22~47.53
	Na^+	11.00~39.10	4.60~46.00	9.0~55.20	7.30~29.00
	K^+	1.40~18.33	1.17~18.00	2.20~43.68	4.29~13.10
阳离子	Cl^-	13.12~54.23	9.93~61.47	8.51~89.68	8.51~87.56
	SO_4^{2-}	6.00~160.00	4.00~60.00	1.0~200.00	4.00~200.00
	HCO_3^-	12.00~172.60	18.52~316.32	1.2~307.01	5.49~327.07
	Br^-	0.10~0.20	0.10~0.20	0.10~0.35	0.10~0.30
矿化度		17.60~139.73	37.14~268.56	19.99~265.4	8.05~255.20

注：1. 所用水质分析资料，本次钻探 124 组，水井采样 216 组，搜集 1992—2006 年水质分析 716 组；

2. 搜集资料中 K^+、Na^+ 多未分开做或未做，矿化度多未提供；

3. Br^- 只本次工作有分析资料；

4. 基岩裂隙水，因层状岩裂隙水样本太少，不易进行统计计算，与块状岩裂隙水合在一起进行统计计算。

4.5.2　深圳市海水入侵地质灾害分区图编图原则

海水入侵在海岸地带是一种自然客观存在的地质现象，海水入侵与海水入侵地质灾害是一个问题的两个方面。海水入侵是海水在自然或人为因素影响下，沿地下水某些通道或途径进入陆域范围地下水淡水区使淡水区地下水化学成分发生变化（即增加了海水的成分），某些指标超出了本区地下水背景值（对照值）。如果当海水中的某些化学成分如 Cl^-、SO_4^{2-} 等进入陆域淡水区且达到一定程度时，影响人类健康或对某些建设工程等产生危害，这就形成海水入侵地质灾害，其影响范围和程度因各地环境地质条件和人类工程经济活动的程度的不同存在一定差异。

深圳市海水入侵虽范围不大，但因古地理环境形成的海咸水在某些地段较为严重。这些海咸水的危害与海水入侵形成的咸水是相同的，在海水入侵地质灾害分区时，将这部分海咸水按同一标准进行分区。

海水入侵（或海咸水）地质灾害分区，首先应把海水入侵区（或海咸水区）与非入侵区（非海咸水区）进分划分，即超过本区地下水背景值（对照值）的地区划为入侵区（或海咸水区），余者则划为非入侵区（非海咸水区）。进一步在入侵的（或海咸水）区域内进行分区，分区的原则是：按一定的程度进一步划分成不同分区，使分区具有一定的科学性、真实性、适用性和可对比性。深圳市海水入侵地质灾害分区图底图采用同比例尺水文地质图（不上色）。

4.5.3　海水入侵地质灾害分区

海水入侵或海咸水地质灾害对深圳这座城市不仅破坏了不多的地下水资源，还对各类建筑材料（混凝土及金属材料）等产生了一定的腐蚀性（主要是大量的地下部分）。因深圳农业在整个深圳经济中占比不大，由海水入侵或自然存在的海咸水造成土地盐渍化对农业的危害不大。深圳市对地下水资源依赖性也不大，不会因各类工程的高速发展导致地下水资源过量开采，使地下水资源恶化。

目前我国对海水入侵程度分级尚无统一标准，海水入侵（或海咸水）地质灾害的分区，具有一定的地区性。本书工作目的之一是查清深圳市海岸带海水入侵现状并科学、真实地进行灾害分区。依据本书工作所取得的大量资料，经过统计计算、综合分析得到了深圳市海岸地带地下水的背景值（对照值）。根据该值结合深圳市的实际情况并参照其他地区对海水入侵区进行分区的标准，确定海水入侵（或海咸水）分区划分标准，见表4-8。

表4-8　海水入侵程度等级分区指标划分表　　　　　　单位：mg/L

分区 指标	无入侵区 （D） 等级范围值	轻度入侵区 （C） 等级范围值	中等入侵区 （B） 等级范围值	严重入侵区 （A） 等级范围值
Cl^-	<100	100～250	250～1000	>1000
SO_4^{2-}	<250	250～500	500～1500	>1500
Br^-	<0.5	0.5～1.00	1.00～4.00	>4.00
矿化度	<1000	1000～2000	2000～5000	>5000

图面分区则以等级指标中任意一种离子达到某一等级值进行分区划分，即诸指标中有一指标达到某一级时，即使另几个指标尚未达到这一级，图面则按达到的该级来进行分区的划分，入海河流区段分区还参考了河水采样成果。

图面上四级八区采用普色区分各区，辅以线条进行特殊地段表示。基岩裂隙水严重入侵区（A）采用橙色；中等入侵区（B）采用棕色；轻度入侵区（C）采用黄色；无入侵区（D）采用绿色。第四系孔隙水严重入侵区（A）采用浅橙色；中等入侵区（B）采用浅棕色；轻度入侵区（C）采用浅黄色；无入侵区（D）采用浅绿色。

基岩裂隙水入侵区若为第四系孔隙水各区覆盖，采用横线条加以表示。

图面各区分区界线：基岩裂隙水采用1mm粗黑实线，第四系孔隙水采用1mm粗黑索线。

4.5.4　各入侵区分布现状

海水入侵程度分区是将勘察及搜集资料，按前述标准将深圳市海岸带的基岩裂隙水与第四系孔隙水各级入侵程度进行分区。两类地下水六个入侵区的范围即深圳海岸带海水入侵（或海咸水）的分布范围。由于东西部自然地质环境、古地理环境及人类经济工程活动强度不一致，导致各地段地下水的水化学特征不一致，不同地段海水入侵程度的分布也各具特点。西部资料多，可分级划分；东部资料少，海岸带又长，给分区划分带来一定困难，只能就已有资料进行部分入侵程度的分区，分区图参见文献［31］。

4.5.4.1　东部

（1）严重入侵区（A）

① 基岩裂隙水严重入侵区（A）。东部基岩海岸带长，受地形影响，严重入侵区分布范围较狭窄。据勘察资料（JC37及JC36孔），严重入侵区的宽度约为百米，东部基岩海岸带严重入侵区的宽度多参照该值进行分区。葵涌河入海口地段因海水倒灌上溯，使该地段严重入侵区深入陆域范围，如JC40孔位于距海岸600m河边，其基岩裂隙水中 Cl^- 浓度达 11739.98mg/L。另于坝光东部、新圩沟谷中部、王母河入海口段均有小片隐伏基岩裂隙水严重入侵区。

② 第四系孔隙水严重入侵区（A）。东部基岩山区分布有较多不大的垂直海岸的开阔沟谷，沟谷海岸多为砂砾海岸，岸边砂砾层多具较强透水性。若沟谷口低平则易造成海水的入侵，形成一些严重入侵地段，如盐田河口、小梅沙、下沙等地，其分布宽度受含水层导水性及地形影响，大多严重入侵区宽度不足1.0km，部分小沟谷严重入侵区宽仅百余米，且各地段不尽相同。如大梅沙特有的地质条件及人类工程限制，致使严重入侵区仅限于较窄海岸沙滩（不足百米）。

另有部分沟谷口地段地形低平，分布有高位海水养殖咸水池，如东涌、西涌、坝光、溪涌等地，形成一些小片严重入侵区。

（2）中等入侵区（B）

① 基岩裂隙水中等入侵区（B）。仅于盐田至沙头角间即盐田港务局北，可圈出窄条带状基岩裂隙水中等入侵区；其他基岩海岸带虽有严重入侵区（A），但由于目前尚无资料，划分为中等入侵区（B）。

② 第四系孔隙水中等入侵区（B）。盐田河谷口严重入侵区后方区域有轻度入侵级资料，因此在轻度入侵区与严重入侵区之间划分出一狭窄地段为中等入侵区（B）。另于咸头村、官湖角、小梅沙，据零星资料圈出一狭窄条带状（宽约百米）中等入侵区。

（3）轻度入侵区（C）

基岩裂隙水目前尚无轻度入侵级资料，故未进行圈定。

据部分资料，于盐田河谷口划出一狭窄条带状（宽约百米）第四系孔隙水轻度入侵区（C）。其他沟谷由于目前尚无资料，未予划分第四系孔隙水轻度入侵区（C）。

4.5.4.2　西部

（1）严重入侵区（A）

① 基岩裂隙水严重入侵区（A）。该地段基岩裂隙水上部多有厚度不等第四系黏性土覆盖，部分地段上部为第四系孔隙水，主要分布于东宝河南约 1.5～2.5km，沿海岸由北部的宽约 3.5km 向南变窄为约 2.0km，至 5 号剖面向南渐变窄，至宝安国际机场南缩窄至约 1.0km，向南至创业路变为仅有 0.4～0.5km，向南至西乡镇人民医院又渐变宽约 1.5km，过西乡河即尖灭。

② 第四系孔隙水严重入侵区（A）。该区主要分布于海岸带，自北向南呈单独四块分布，另在南山沿海边及红树林沿海岸地带有零星分布。为清楚起见，将图上四块区域分别以 A_1、A_2、A_3、A_4 表示，其中最北部第一块（A_1 区）位于茅洲河与东宝河一带，宽约 1.5km、长约 7.0km，呈北东南西向展布，面积为 9.41km^2；第二块（A_2 区）为海上田园风光南至宝安国际机场（福永）止于创业路，宽约 1.5～2.0km、长约 11.0km，呈北北西、南南东向展布，面积为 20.26km^2；第三块（A_3 区）北起西乡河入海口北西乡镇人民医院向南至新圳河沿河向上游延伸约 1.0km，转回后继续向南至前海湾海上高尔夫球场止，宽约 1.0～1.5km、长约 8.0km，面积为 12.41km^2；第四块（A_4 区）分布于大沙河入海口段，呈上窄下宽（约 1.0km），沿大沙河上溯约 2.5km，面积为 1.34km^2。

（2）中等入侵区（B）

① 基岩裂隙水中等入侵区（B）。限于资料仅于北部可圈出小范围中等入侵区。一是松岗河南有一宽约 300m、长约 1.0km 中等入侵区。另有一条带状中等入侵区位于严重入侵区后部，由于严重入侵区后部有部分轻度入侵级水点，因此

在严重入侵区与轻度入侵区之间圈出一呈向东开口之弧形，宽约 100～300m，长约 8.0km。其他地段则因资料所限目前只能顺势延至严重入侵区最前端。

② 第四系孔隙水中等入侵区（B）。该区主要分布于严重入侵区后部，多呈狭窄条带状，北部第一块严重入侵区 A_1 区，东西两侧由于出现有轻度入侵级水点，据此在严重入侵与轻度入侵之间圈出宽约 100～500m、东西长分别为 1.5km 与 10km 的中等入侵区。

向南于第二块严重入侵区 A_2 区后（多位于宝安国际机场东）有宽窄不等（200～500m）、断续分布、总长约 5.0km 的中等入侵区。

第三块严重入侵区 A_3 区北部也有宽窄不等（约 100～1200m）连续蜿蜒、总体呈弧形的中等入侵区，分布于西乡河、新圳河、前海湾直至小南山北西部物流园货场止。

第四块大沙河严重入侵区 A_4 区外围有狭窄条带状呈"人"字形分布的区域为中等入侵区。

另外，深圳河自河口至布吉河入深圳河口沿河有宽不足百米条带状分布的中等入侵区。

(3) 轻度入侵区（C）

① 基岩裂隙水轻度入侵区（C）。据已有资料，仅于北部基岩裂隙水区分布有两小块区域：一是松岗镇西有局部分布；二是呈向东开口弧形中等入侵区外围有一呈狭窄条带状的分布。

其他地区因资料不足尚未圈定其分布范围。

② 第四系孔隙水轻度入侵区（C）。北部第一块入侵区 A_1 区外围，主要分布于东宝河局部河段呈狭窄条带状，另在中等入侵区外围即东侧呈狭窄条带状分布于中等入侵区外围，其北端沿松岗河两侧有东西向狭窄分布。

第二块 A_2 区外围呈狭窄带状，零星分布于中等入侵区后部。

第三块 A_3 区北西乡河西有宽 1.5km、长 2.5km 小块分布，其余地段为沿中等入侵区外围呈狭窄条带状分布。

第四块 A_4 区大沙河亦是围绕中等入侵区呈狭窄条带状分布，仅西侧向南延伸较多，直至后海湾沿岸地带。

另外，深圳河沿岸中等入侵区外围也有较狭窄条带状轻度入侵区的分布。各区面积及统计成果见表 4-9。

总之，深圳市海水入侵范围不大，三级入侵区以严重入侵区（A）分布面积最大、最广，其中东部基岩海岸区呈狭条带状分布，仅于开阔沟谷前缘有小块分布。西部沿海岸带呈片状分布，北起茅洲河南至南山北，大沙河及红树林有狭窄条带状分布。中等入侵区（B）、轻度入侵区（C）多位于严重入侵区后缘，呈狭窄条带状分布，仅西部西乡河一带有小范围分布。东部中等入侵区（B）仅个别地段如盐田、小梅沙、官湖角、咸头村等地，根据零星资料可划分出狭窄中等入侵区（B）。由此可看出，严重入侵区至无入侵区之间过渡带多比较狭窄。

表 4-9　深圳市海水入侵统计

各类区域	面积/km²	占调查区比例/%	占全市面积比例/%
严重入侵区(A)	97.18	17	4.81
中等入侵区(B)	20.45	4	1.05
轻度入侵区(C)	26.22	5	1.21
总入侵区	144.85	26	7.17
填海区咸水	51.14		2.53
海咸水总计	195.99		9.7

注：调查区陆域面积 559.86km²；深圳全市陆域面积 2465.8 km²。

4.5.5　重要地段情况说明

(1) 关于按年代对海水入侵程度进行划分问题

① 深圳市海水入侵地质灾害分区图（参见文献［31］图件）入侵程度分级分区划分的资料，以本次勘查资料为主，对因本次资料尚不能满足要求的地段，则参照历史各类工程勘察资料中的水质分析成果，资料时间为 1984～2006 年，因此海水入侵地质灾害分区图的分区部分地段也是历史资料的反映。

② 关于按年代对海水入侵程度的划分，因 20 世纪 80 年代深圳市建设刚起步，资料甚少且资料多集中分布在部分工程和局部地段：一是宝安国际机场候机楼 1989 年 9 份水质分析资料；二是人民桥勘察工程 1985 年共 4 份水质分析资料；三是机场与机场办公楼跨渠工程 1989 年共 3 份水质分析资料；四是联宜会工业村 1988 年 1 份水质分析资料。

宝安国际机场候机楼与机场办公楼跨渠工程位于同一地段，该地段地下水在 20 世纪 80 年代已经咸化，地下水中 Cl^- 浓度为 8835.88～12852.42mg/L，跨渠工程三孔地下水中 Cl^- 浓度为 202.05～10445.52mg/L。在该地段北部本次勘查施工的 9 号剖面 KC7 孔中，第四系孔隙水中 Cl^- 浓度为 4554.75mg/L，基岩裂隙水中 Cl^- 浓度为 3221.87mg/L，可以看出现代地下水比 20 世纪 80 年代末地下水中的 Cl^- 浓度还低。分析其原因：本地段 20 世纪 80 年代以前为未开发的高位海水养殖区，特殊的环境致使地下水咸化，80 年代末刚开发时，此地下水仍保留原始地下水咸化的状态，Cl^- 浓度较高；经 20 年的变迁，本地开发后，无地表咸水补给，而是多年接受大气降水的入渗补给，使原本咸化的地下水逐渐淡化。

另一地段位于新圳河中游，即人民桥工程，1985 年水质分析资料显示 Cl^- 浓度为 663.60～2386.70mg/L，说明该地段 1985 年地下水已经咸化。分析其形成原因，可能是由于新圳河水受海水潮汐影响河水咸化，导致河流两岸地下水咸化。

由上述资料可见，20 世纪 80 年代的咸水区与现在的咸水区基本吻合，即这些地段的地下水原本就是咸水。根据已掌握资料，目前尚未发现不同年代海水入侵（咸水）分布范围有较大变化的情况。

另外，搜集到的已有资料也表明，20 世纪 90 年代及以前海水中的 Cl^- 浓度较现在同地点的海水中 Cl^- 浓度要高一些的现象（局部特殊地段因地下水动力条件好转，致使地下咸水淡化）。

（2）关于海水入侵是否已过深南大道

根据本次勘查资料、已收集掌握的其他资料，编制了深圳市海水入侵地质灾害分布图（具体图件参见文献［31］），现根据该图并结合深南大道沿途的勘查资料做一说明：

深南大道位于深圳市西部海岸带，距海岸带约 0.8～3.0km，最近处为红树林西端，深南大道东部（深南中路以东）基本与深圳河平行（不临海）。深南大道西起南头检查站，东止于沿河南路，全长约 23km。自南头检查站向东约 1.5km，深南大道位于无入侵区与轻度入侵区（地下水中 Cl^- 浓度为 100～250mg/L）的界线上；再向东约 1.5km 至 10 号剖面，该剖面北侧距深南大道 0.5km 的 JC16 孔地下水中 Cl^- 浓度为 26.81mg/L，深南大道南侧 1.5km 的 JC17 孔地下水中 Cl^- 浓度为 53.6mg/L，即此地段无海水入侵；再向东行约 3.km 为大沙河，其中 2.8km 处为 11 剖面，深南大道北侧 0.5km 处的 JC21 孔地下水为淡水（地下水中 Cl^- 浓度为 73.25mg/L），深南大道南侧约 1.5km 处的 JC23 孔为咸水（地下水中 Cl^- 浓度为 11710.10mg/L）；大沙河两侧有海水入侵区，其严重入侵区（地下水中 Cl^- 浓度＞1000mg/L）宽约 250m（分布河两岸）；中等入侵区（地下水中 Cl^- 浓度为 250～1000mg/L）分布于严重入侵区外侧各 50m 及 150m，再向两侧各分布有宽约 150m 的轻度入侵区，也即整个入侵区在深南大道跨越大沙河两岸总长约 750m；由 11 号剖面沿深南大道向东至深南东路终点沿河路还有 12～17 号剖面；红树林至香密湖剖面（即 14 号剖面），由三个监测孔组成，JC25 孔距深南大道南侧约 200m，地下水中 Cl^- 浓度为 22.33mg/L，JC26 孔位于深南大道南侧约 1200m，地下水中 Cl^- 浓度为 26.8mg/L。各点的地下水分析资料见表 4-10，可以看出，从大沙河向东沿深南大道均为淡水区。

表 4-10　深南大道沿线各剖面地下水 Cl^- 浓度统计表

剖面号		12		13	14		15	16	17
孔　号		JC22	KC19	KC21	JC24	JC25	KC26	JC29	KC28
位于深南大道相对位置（距离）/m		北侧 600	北侧 750	北侧 20	北侧 600	南侧 20	南侧 20	北侧 200	北侧 20
地下水中 Cl^- 浓度/（mg/L）	孔隙水	37.29							75.93
	裂隙水		22.30	53.60	26.11	22.30	31.27	32.63	

总之，海水入侵越过深南大道段仅为大沙河两岸约 750m，其主要原因系海水沿大沙河河道上溯，其中严重入侵区向深南大道北侧伸入约 300m，中等入侵区向北伸入约 800m，其余诸地段根据本次勘查目前尚未发现有海水入侵现象。但由于勘查精度与工作目的所限，深南大道其他地段因构造或人类工程活动形成局部小范围海水入侵的可能性不能排除。

第5章
海水入侵地质灾害危险性分区与危害性初步评价

5.1 海水入侵地质灾害的危害

5.1.1 对地下水资源的破坏

海水入侵首先是海咸水通过海岸带含水（透水）层直接进入陆域范围地下水淡水区，海咸水入侵淡水区造成咸淡水混合甚至咸水取代地下淡水，并造成地下水中某些化学成分超过某些工业和生活饮用水标准，使本来可利用的水资源无法使用，直接影响某些工业、企业的兴建与发展，或影响某些产品的质量，使深圳本来就不丰富的地下淡水资源遭到破坏。

5.1.2 对农业的危害

由于海水入侵造成地下淡水咸化，这部分咸水中的主要化学成分（盐分）在地下水（本地区含水层埋深普遍较浅）的蒸发作用下被带到地表及浅层聚集，造成土壤的盐渍化。若大量使用咸水灌溉，会造成土地板结、植物枯萎，逐年减产甚至绝收。土壤生态系统失衡，耕地资源退化，对以农业为主的地区，是严重的自然灾害。深圳市农业耕作较少，对农业的危害不明显。

5.1.3 对工业的危害

海水入侵造成地下水咸化，同时使浅层土层咸化，即土壤中的 Cl^- 等大量增加，如 JC23 孔地下水、土中 Cl^- 浓度均较高，其中地下水中 Cl^- 浓度为 6383.55mg/L，土中 Cl^- 浓度为 1517.18～3734.60mg/L，加剧了地下水土对金属和混凝土等建筑材料的腐蚀。填海工程形成的咸水，同海水入侵形成的咸水其化学成分近似，填海区古咸水的 Cl^- 浓度可达到 1161.3～8670.60mg/L，对建筑材料均可达到中等至强的腐蚀性等级。根据《岩土工程勘察规范》（GB 50021）有关规定，将这些海咸水（按其主要化学成分）的危害划分为三级（见表5-1），海水入侵在各级分区均为具有腐蚀性（强—弱）的区域，具强腐蚀性地区多仅限于海岸地带及填海区大部。

表 5-1　水和土对混凝土结构及钢筋混凝土结构中钢筋的腐蚀性等级划分表

单位：mg/L

项　目	弱腐蚀性	中等腐蚀性	强腐蚀性
Cl^-	100～500	500～5000	＞5000
SO_4^{2-}	500～1500	1500～3000	＞3000
M	20000～50000	50000～60000	＞60000

注：1. 深圳市环境类型多按类考虑各指标值大小进行分类；

2. 深圳市地下咸水中 Cl^- 较高，相对 SO_4^{2-} 含量不高，所以折算后数值不大，暂不考虑 SO_4^{2-} 折算 25% 的值；

3. 该表主要考虑的指标为 Cl^-。

深圳市作为一个现代化大都市，其地下管网密布，建（构）筑物基础埋深大，分布广，这些具各级腐蚀性的水、土增加了设备器材及各种建筑材料的防腐费用或降低了这些材料的使用寿命，加速某些设施的老化。总之这些具腐蚀性水、土的存在，增加了建设成本，也加快了资源消耗。

5.2　海水入侵灾害危险性分区目的、原则和评价方法

5.2.1　危险性分区目的和原则

海水入侵灾害的危险性，即海水入侵灾害的敏感性（或易发性）。目前国内外对于海水入侵灾害的研究大多为现状评价，对于危险性研究较少。

深圳市西海岸带已发生海水入侵灾害，还有一些地区虽然目前尚未出现海水入侵活动，但由于存在发生海水入侵活动的基础条件，在人类经济活动等因素影响下，这些地区有发生海水入侵灾害的可能。研究海水入侵灾害，不仅要考虑已发生海水入侵地区，还要兼顾潜在发生海水入侵地区，即海水入侵灾害危险性分区研究。

（1）海水入侵灾害危险性分区的目的

客观、全面地认识工作区不同地域可能发生海水入侵灾害的危险性，为制订城市减灾规划、部署防灾工程以及进行城市国土整治与资源开发等提供科学依据。

（2）海水入侵灾害危险性分区原则

采用深圳市海岸带地质环境条件和海水入侵灾害发育现状进行划分。地质环境条件包括地形地貌、地层岩性及其组合特征、地质构造、水文地质条件及人类经济活动强度等；海水入侵灾害发育现状包括入侵程度、形式、机理等，用历史地质灾害表示。海水入侵地质灾害危险性分区是在综合分析和度量工作区海水入侵灾害发育现状、水文地质条件和人类经济活动等因素的基础上进行划分。

5.2.2　危险性分区评价方法

关于地质灾害危险性分区评价方法有很多种类，如信息量模型、专家打分模

型等。本书研究借鉴崩塌、滑坡、泥石流等比较成熟的地质灾害危险性（或易发生性）评价理论，采用专家打分模型，即采用定性与定量相结合的方法进行地质灾害危险性评价。

定性评价是根据海水入侵地质灾害地质环境特征，结合海水入侵地质灾害发育现状等进行地质灾害危险性评价。定量评价是确定评价模型、剖分评价单元，确定各致灾因子权重和强度指数，计算出各评价单元地质灾害危险性指数，根据危险性指数值进行地质灾害危险性评价。本书研究在定性与定量相结合基础上划分海水入侵地质灾害高危险区（A）、中危险区（B）、低危险区（C）和安全区（D）。具体如下：

5.2.2.1 评价因子的选择

海水入侵灾害危险性分区，因子的选取是否合理直接关系到分区结果的正确性。合理的因子选取表现在：因子是全面的，因子与灾害之间的关联性好，因子之间相互独立，且在工作区有不同层次等级。根据以上原则和工作区具体情况，选取现状海水入侵程度、地理位置、地形地貌、含水层延伸情况及地下水与海水的水力联系、地下水水位、地下水开采强度、土地利用类型为海水入侵灾害危险性分区评价因子。

现状海水入侵程度（严重入侵、中等入侵、轻度入侵、无入侵）是判别海水入侵灾害危险性的直观证据。地下水水化学特征的变化是判别海水入侵程度的直接指标，选用什么样的水化学指标或特征值评判海水入侵及其入侵程度十分重要。根据海水入侵后地下水可能发生的水文地球化学指标值的变化，最常用的指标是 Cl^-。Cl^- 是海水中最主要的稳定常量元素，反映海水入侵程度最为敏感，但传统采用单一指标（Cl^- 浓度分级）对海水入侵程度进行评价具有一定的局限性。第二种指标为矿化度（M）。基于海水和淡水中矿化度的显著差异性，矿化度反映水中总盐量水平。淡水中的 Cl^-、M 的水平除受海水入侵影响外，还受生活污水、工业废水、矿区排水等一些非海水因素的影响，故仅选取 Cl^-、M 指标衡量海水入侵程度往往产生偏差，有必要采取多种指标进行综合评判。第三种指标为 SO_4^{2-}。SO_4^{2-} 是海水中较稳定的常量成分，深圳湾海水中含量一般为 $800\sim2500mg/L$，地下淡水含量一般在 $20\sim100mg/L$ 之间。第四种指标为 Br^-。Br^- 在海水中较稳定，深圳湾海水中含量为 $50\sim100mg/L$，地下淡水中 Br^- 含量属微量（在 $0.1\sim0.2mg/L$ 之间），海水入侵后，Br^- 的含量变化较为敏感。本书对以上 4 种水化学指标进行模糊数学综合评判，得出工作区各水样点地域海水入侵程度等级，并以此作为现状海水入侵程度分区评价依据。模糊数学综合评判具体方法步骤详见 5.2.2.6。

地理位置与海水入侵灾害危险性密切相关。海水入侵区前缘或滨海岸、入海河流口地带易发生海水入侵灾害，远离海水入侵区前缘或滨海岸，一般不易发生海水入侵灾害。

地形地貌与海水入侵灾害危险性关系密切。不同地貌单元，其地表形态、地面高程、物质来源及组成、水文地质条件等各不相同。工作区地貌类型主要有：侵蚀构造丘陵、剥蚀侵蚀台地、海成堆积海滩、沙堤、潟湖平原、海积阶地；海河成堆积冲积～海积平原、三角洲平原；河成堆积冲积平原、洪积平原、河成阶地；生物成堆积红树林滩地等。

含水层延伸情况及地下水与海水的水力联系是影响海水入侵灾害危险性的重要因素。地下水类型不同，海水入侵机制各异。地下水的补、迳、排条件控制着海水入侵灾害的危险性。含水层延伸到海底或与已发生海水入侵的含水层为同一含水系统地域，地下水与海水或已出现海水入侵的地下咸水有直接水力联系的地域，易发生海水入侵灾害；反之，地下水与海水（或地下咸水）无水力联系或存在相对隔水层的地域，不易发生海水入侵灾害。

地下水水位的高低，是控制海水入侵灾害危险性的因素之一。地下水位低于高潮位水位的地域，易发生海水入侵灾害；反之，地下水位高于高潮位水位的地域，则不易发生海水入侵。

地下水开采强度是海水入侵灾害的诱发因素之一。超过或接近允许地下水开采强度，已形成低于海平面降落漏斗的地域，多发生海水入侵灾害；反之，开采强度低或未开采地域，地下水水位高于海平面，不易发生海水入侵。

土地利用类型的不同，一定程度上反映了人类经济活动的强烈程度。滨海地区海水养殖，把大量海水引上陆域，造成这些地段海水向地下淡水的下渗补给。城镇重要工业区、飞机场、港口等地面被水泥覆盖，造成大气降水补给量减少，有利于海水入侵的发生。

5.2.2.2 模拟模型

（1）层次模型

海水入侵灾害危险性分区评价层次模型如图 5-1。

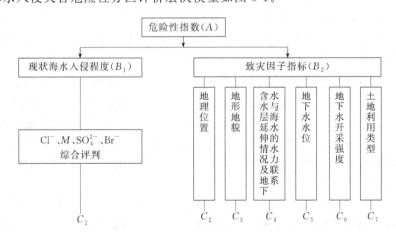

图 5-1 海水入侵灾害危险性分区评价层次模型图

（2）数学模型

$$A = \sum_{i=1}^{n} a_i b_i \tag{5-1}$$

式中，A 为评价单元海水入侵灾害危险性指数；a_i 为 i 类致灾因子的权重值，用专家打分法确定；b_i 为 i 类致灾因子标志强度分值。

5.2.2.3 评价单元及单元网格划分

采用 1：250000 海水入侵地质灾害分布图进行单元网格划分，网格面积 $1km^2$（4cm×4cm 正方网格），工作区按坐标共划分 728 个方格网。

5.2.2.4 致灾因子权重及标志判别强度分值的确定

致灾因子权重是各致灾因子在决定海水入侵灾害危险性划分上所起作用的度量。因子权重大，说明是重要因子，对海水入侵灾害影响大。权重的确定采用专家打分法确定，通过计算机反演，将评价结果与标准网格剖分单元进行比较，并与各专家打分结果进行比较分析后综合取值。各判别因子权重值、标志判别强度分值见表 5-2。

表 5-2 海水入侵灾害危险性等级、标志判别强度分值及权重值划分表

等级 / 评判因子	高危险区（A）	中等危险区（B）	低危险区（C）	安全区（D）	权重
现状海水入侵程度	严重入侵（Ⅳ）	中等入侵（Ⅲ）	轻度入侵（Ⅱ）	无入侵（Ⅰ）	0.55
地理位置	距海岸线<2km	距海岸线 2～5km	距海岸线 5～10km	距海岸线>10km	0.05
地形地貌	海成堆积海滩潟湖平原、沙堤、河海成堆积平原	海积阶地、河成堆积冲积平原	河成堆积阶地、洪积平原	台地、丘陵	0.05
含水层延伸情况及地下水与海水的水力联系	含水层延伸到海底或与已发生海水入侵的含水层为同一含水层，地下水与海水或已出现入侵的地下咸水有直接水力联系	地下水与海水（或地下咸水）有间接水力联系	地下水与海水（或地下咸水）有微弱水力联系	地下水与海水（或地下咸水）无水力联系，与海水之间有稳定的隔水层	0.10
地下水水位/m	−0.30～2.0	2～5	5～10	>10	0.10
地下水开采强度	超过允许开采强度，已形成低于平均海平面降落漏斗，继续超采	低于允许开采强度，但逐年在加强开采	低于允许开采强度，今后可能加强开采	未开采	0.05
土地利用类型	咸水养殖区	城市、港口、旅游及工业区、机场	一般居民区	远离城镇的未开垦区、荒地、水库	0.05
标志判别强度分值（b）	4	3	2	1	

5.2.2.5 海水入侵灾害危险性指数界限值的确定

对工作区海水入侵灾害危险性指数按剖分网格单元进行计算。根据海水入侵灾害危险性指数计算结果，取标志判别强度指数高危险区 4 和中等危险区 3 的中间值 3.5 为高、中危险区的界限值，即 $A \geq 3.5$ 为高危险区；同理，取 2.5 为中、低危险区的界限值，即 $3.5 > A \geq 2.5$ 为中等危险区；取 1.5 为低危险区、安全区的界限值，即 $1.5 < A < 2.5$ 为低危险区，$A \leq 1.5$ 为安全区。运用数值化结果在计算机上自动生成等值线，根据评价单元实际情况对等值线进行必要的修正，使评价结果更符合工作区实际情况。

5.2.2.6 海水入侵模糊数学综合评判方法步骤

（1）给出评判指标、评判等级及标准

评判指标即所选 4 项水化学指标，评判等级即入侵程度的 4 个等级，评判标准是各指标、各等级的代表值。

$\upsilon = \{Cl^-, M, SO_4^{2-}, Br^-\}$ 为水质各组分含量的集合；

$\upsilon = \{I, II, III, IV\}$ 为海水入侵程度分级的集合。

根据深圳市实际情况，参照国内外有关水质标准，借鉴已有的等级划分先例，海水入侵程度水化学指标及各指标等级划分见表 5-3。

表 5-3　海水入侵程度指标的等级划分表

等级 指标/(mg/L)	无入侵（I）		轻度入侵（II）		中等入侵（III）		严重入侵（IV）	
	等级范围	代表值	等级范围	代表值	等级范围	代表值	等级范围	代表值
Cl^-	<100	50	100~250	200	250~1000	600	>1000	1500
M	<1000	500	1000~2000	1500	2000~5000	3500	>5000	5500
SO_4^{2-}	<200	75	200~450	350	450~1200	700	>1200	1800
Br^-	<0.75	0.25	0.75~1.85	1.25	1.85~5.75	2.50	>5.75	9.00

（2）单项指标模糊评价

① 选择合理的隶属度函数 $u(x)$，一般利用"降半梯形分布图"确定隶属度函数，即

$$u_{1i} = \begin{cases} 1 & x \leq a_1 \\ \dfrac{a_2 - x}{a_2 - a_1} & a_1 < x < a_2 \\ 0 & x \geq a_2 \end{cases} \qquad u_{2i} = \begin{cases} 0 & x \leq a_1, x \geq a_3 \\ \dfrac{x - a_1}{a_2 - a_1} & a_1 < x < a_2 \\ \dfrac{a_3 - x}{a_3 - a_2} & a_2 < x < a_3 \end{cases}$$

$$u_{3i} = \begin{cases} 0 & x \leq a_2, x \geq a_4 \\ \dfrac{x - a_2}{a_3 - a_2} & a_2 < x \leq a_3 \\ \dfrac{a_4 - x}{a_4 - a_3} & a_3 < x < a_4 \end{cases} \qquad u_{4i} = \begin{cases} 0 & x \leq a_3 \\ \dfrac{x - a_3}{a_4 - a_3} & a_3 < x < a_4 \\ 1 & x \geq a_4 \end{cases} \qquad (5\text{-}2)$$

式中，x 为被评组分实测浓度；$a_i (i=1,2,3,4)$ 分别为 Ⅰ，Ⅱ，Ⅲ，Ⅳ 级水质标准浓度代表值。

② 求各单项指标相对于海水入侵程度的隶属度 μ。

③ 求各单项指标模糊评判矩阵 R。

（3）确定指标权重模糊矩阵 A

指标权重表示各个指标在决定海水入侵程度等级中所占比重，计算公式如下：

$$W_i = \frac{x_i}{S_i}, \quad S_i = \frac{1}{n}\sum_{j=1}^{n} a_{ij} \tag{5-3}$$

式中，x_i 为各指标实测值；S_i 为各指标各等级代表值（a_i）的算术平均值；n 为分级数。

对所求得各单项指标权重进行归一化处理，即

$$\bar{w}_i = \frac{w_i}{\sum\limits_{i=1}^{n} w} \tag{5-4}$$

则

$$A = (\bar{w}_1, \bar{w}_2, \bar{w}_3, \bar{w}_4) \tag{5-5}$$

（4）进行模糊综合评判

选取加权平均型模型运算，即权重矩阵 A 中元素 a_{ij} 与评判矩阵 R_{ik} 两者之间依次取乘积值，a_{ij} 与 $a_{ij} \cdot R_{ik}$ 之间依次取和值，评判公式为

$$B = AR \tag{5-6}$$

（5）确定海水入侵程度等级

运用上述方法、步骤，对深圳市海水入侵地质灾害调查勘查钻孔水样进行模糊数学运算，其评判结果见表 5-4。

表 5-4　深圳市海水入侵地质灾害调查勘查钻孔水样模糊数学综合评判结果一览表

剖面号	钻孔编号及类型	Cl^- /(mg/L)	SO_4^{2-} /(mg/L)	Br^- /(mg/L)	矿化度 （M）	评判结果	入侵 等级
1	JC02 第四系水	12754.34	800.00	25.00	25191.88	0,0,0.025,0.975	严重
1	JC03 第四系水	13328.84	1400.00	28.00	26198.74	0,0,0.016,0.984	严重
2	JC01 第四系水	61.78	30.00	0.20	121.09	0.967,0.033,0,0	无
2	JC04 基岩裂隙水	39.72	10.00	0.20	74.59	1,0,0,0	无
3	KC01 基岩裂隙水	5717.37	30.00	16.00	8634.71	0.002,0,0,0.998	严重
3	KC02 基岩裂隙水	8944.74	600.00	14.00	16352.91	0,0.009,0.022,0.969	严重
3	KC03 基岩裂隙水	57.37	40.00	0.20	134.52	0.982,0.018,0,0	无
3	KC04-1 第四系水	44.13	20.00	0.20	77.82	1,0,0,0	无
3	KC04-2 基岩裂隙水	35.30	20.00	0.20	69.31	1,0,0,0	无
3	KC05-1 第四系水	26.48	10.00	0.20	49.85	1,0,0,0	无
3	KC05-2 基岩裂隙水	48.54	30.00	0.20	101.78	1,0,0,0	无

剖面号	钻孔编号及类型	Cl⁻ /(mg/L)	SO₄²⁻ /(mg/L)	Br⁻ /(mg/L)	矿化度 (M)	评判结果	入侵等级
4	JC06 基岩裂隙水	8485.92	1000.00	21.00	17003.03	0,0,0.035,0.965	严重
4	JC07 基岩裂隙水	31.77	10.00	0.10	44.93	1,0,0,0	无
4	JC09 第四系水	30.89	30.00	0.20	68.45	1,0,0,0	无
4	KC50-1 第四系水	2692.25	200.00	7.00	5595.54	0.016,0.014, 0.073,0.896	严重
4	KC50-2 基岩裂隙水	6452.83	300.00	15.00	11947.85	0.004,0.016,0,0.980	严重
5	KC06-1 第四系水	7778.76	1000.00	24.00	16205.54	0,0,0.036,0.964	严重
5	KC06-2 基岩裂隙水	3535.80	200.00	14.00	6529.16	0.011,0.010,0,0.979	严重
5	KC07-1 第四系水	4554.75	200.00	10.00	8249.68	0.011,0.009,0,0.981	严重
5	KC07-2 基岩裂隙水	3221.87	150.00	10.00	5470.63	0.014,0.005, 0.003,0.978	严重
5	KC08 基岩裂隙水	48.54	20.00	0.20	36.78	1,0,0,0	无
6	JC10 第四系水	11033.81	500.00	24.00	21908.65	0,0.011,0.008,0.980	严重
6	JC11 基岩裂隙水	22.06	30.00	0.20	61.16	1,0,0,0	无
6	KC09-1 第四系水	4192.84	500.00	10.00	8481.87	0,0.028,0.021,0.951	严重
6	KC09-2 基岩裂隙水	3005.43	400.00	10.00	6149.85	0,0.043,0.007,0.950	严重
7	KC10 基岩裂隙水	10416.34	500.00		17865.61		
7	KC11 基岩裂隙水	13266.10	1000.00		22584.99		
7	KC12 基岩裂隙水	87.80	100.00		262.71		
7	KC13 基岩裂隙水	2795.04	140.00		2968.86		
8	JC12 第四系水	141.23	40.00	0.20	203.53	0.660,0.340,0,0	无
8	JC13 第四系水	112.98	20.00	0.10	175.27	0.743,0.257,0,0	无
8	JC14 第四系水	44.13	20.00	0.20	86.77	1,0,0,0	无
8	KC14 基岩裂隙水	1652.67	500.00	2.00	3710.12	0,0.117,0.342,0.541	严重
9	KC15 第四系水	5966.66	300.00	14.00	14429.57	0.004,0.017,0,0.980	严重
9	KC16-2 基岩裂隙水	30.89	40.00	0.20	92.14	1,0,0,0	轻度
9	KC16-1 第四系水	44.13	20.00	0.20	73.42	1,0,0,0	无
9	KC17-1 第四系水	75.03	40.00	0.20	265.48	0.937,0.063,0,0	轻度
9	KC17-2 基岩裂隙水	64.73	30.00	0.20	181.83	0.961,0.039,0,0	轻度
10	JC15 基岩裂隙水	34.88	20.00	0.10	107.21	1,0,0,0	无
10	JC16 基岩裂隙水	26.81	10.00	0.10	56.95	1,0,0,0	无
10	JC17 基岩裂隙水	53.60	30.00	0.10	193.46	0.991,0.009,0,0	无
10	JC18 基岩裂隙水	259.07	80.00	0.10	590.78	0.419,0.499,0.082,0	轻度
10	JC19 基岩裂隙水	31.26	20.00	0.10	54.58	1,0,0,0	无
11	JC20 第四系水	48.48	20.00	0.10	71.01	1,0,0,0	无
11	JC21 第四系水	73.25	10.00	0.20	132.08	0.922,0.078,0,0	无
11	JC23 第四系水	11710.10	400.00	25.00	21659.48	0,0.013,0.002,0.985	严重
11	KC18-1 第四系水	8670.70	1000.00	18.00	15633.45	0,0,0.036,0.964	严重
11	KC18-2 基岩裂隙水	6013.60	600.00	20.00	11212.32	0,0.011,0.028,0.961	严重
12	JC22 第四系水	37.29	10.00	0.10	59.08	1,0,0,0	无

剖面号	钻孔编号及类型	Cl⁻ /(mg/L)	SO₄²⁻ /(mg/L)	Br⁻ /(mg/L)	矿化度 (M)	评判结果	入侵等级
12	KC19 基岩裂隙水	22.38	10.00	0.10	46.34	1,0,0,0	无
13	KC20-1 第四系水	53.60	20.00	0.10	102.47	0.988,0.012,0,0	无
13	KC20-2 基岩裂隙水	40.20	10.00	0.10	67.53	1,0,0,0	无
13	KC21 基岩裂隙水	53.60	20.00	0.20	126.27	0.990,0.010,0,0	无
13	KC22 基岩裂隙水	1219.41	300.00	4.00	2540.72	0.016,0.168, 0.447,0.369	中等
14	JC24 第四系水	26.11	10.00	0.10	48.97	1,0,0,0	无
14	JC25 基岩裂隙水	22.33	20.00	0.20	44.21	1,0,0,0	无
14	JC26 基岩裂隙水	26.80	40.00	0.10	99.48	1,0,0,0	无
14	KC23-1 第四系水	26.80	20.00	0.10	52.04	1,0,0,0	无
14	KC23-2 基岩裂隙水	31.26	10.00	0.10	62.23	1,0,0,0	无
15	JC27 第四系水	31.27	10.00	0.20	59.51	1,0,0,0	无
15	JC28 第四系水	2372.03	300.00	8.00	4995.16	0.009,0.038, 0.096,0.857	严重
15	KC25-1 第四系水	33.56	30.00	0.20	89.40	1,0,0,0	无
15	KC25-2 基岩裂隙水	55.94	20.00	0.10	109.15	0.980,0.020,0,0	无
15	KC26 基岩裂隙水	31.27	10.00	0.20	48.89	1,0,0,0	无
16	JC29 基岩裂隙水	32.63	20.00	0.10	77.22	1,0,0,0	无
16	JC30 基岩裂隙水	17.87	20.00	0.10	137.44	1,0,0,0	轻度
16	KC24-1 第四系水	6298.04	60.00	16.00	10091.19	0.004,0,0,0.996	严重
16	KC24-2 基岩裂隙水	1161.30	40.00	4.00	2068.99	0.014,0.134, 0.474,0.378	中等
17	KC27-1 第四系水	26.80	20.00	0.10	55.44	1,0,0,0	无
17	KC27-2 基岩裂隙水	35.73	50.00	0.10	90.57	1,0,0,0	无
17	KC28-1 第四系水	75.93	20.00	0.20	132.77	0.916,0.084,0,0	无
17	KC28-2 基岩裂隙水	527.07	80.00	0.90	1085.28	0.219,0.344,0.437,0	中等
17	KC29-1 第四系水	26.80	30.00	0.20	63.81	1,0,0,0	无
17	KC29-2 基岩裂隙水	62.53	10.00	0.20	89.18	0.958,0.042,0,0	无
18	KC30 基岩裂隙水	30.27	10.00	0.10	42.62	1,0,0,0	无
18	KC31 基岩裂隙水	25.94	10.00	0.10	45.12	1,0,0,0	无
18	KC32 基岩裂隙水	21.62	10.00	0.10	54.19	1,0,0,0	无
19	JC31 第四系水	59.67	70.00	0.20	162.01	0.979,0.021,0,0	无
19	JC32 第四系水	2666.12	500.00	8.00	5202.97	0,0.041,0.099,0.860	严重
19	JC33 第四系水	1787.47	150.00	3.00	3239.70	0.028,0.039, 0.351,0.582	无
19	KC33 基岩裂隙水	34.60	20.00	0.20	63.70	1,0,0,0	无
19	KC34 基岩裂隙水	64.87	30.00	0.40	116.71	0.907,0.093,0,0	无
20	JC34 第四系水	48.54	30.00	0.20	96.81	1,0,0,0	无
20	JC35 第四系水	35.31	10.00	0.10	85.82	1,0,0,0	无
20	KC35-1 第四系水	51.89	20.00	0.10	55.69	0.993,0.007,0,0	无

剖面号	钻孔编号及类型	Cl⁻/(mg/L)	SO₄²⁻/(mg/L)	Br⁻/(mg/L)	矿化度(M)	评判结果	入侵等级
20	KC35-2 基岩裂隙水	21.62	10.00	0.10	41.26	1,0,0,0	无
21	KC36-1 第四系水	488.71	30.00	0.50	1051.54	0.233,0.341,0.426,0	中等
21	KC36-2 基岩裂隙水	2344.09	500.00	5.00	4445.66	0,0.050,0.267,0.683	严重
21	KC37-1 第四系水	47.24	10.00	0.20	68.34	1,0,0,0	无
21	KC37-2 基岩裂隙水	50.62	10.00	0.20	66.20	1,0,0,0	无
22	JC36 基岩裂隙水	16.87	10.00	0.20	17.60	1,0,0,0	无
22	JC37 基岩裂隙水	6134.80	700.00	24.00	12248.40	0,0,0.041,0.959	严重
23	JC38 基岩裂隙水	48.54	20.00	0.20	45.61	1,0,0,0	无
23	JC39 基岩裂隙水	48.54	40.00	0.10	60.26	1,0,0,0	无
23	JC40 基岩裂隙水	11739.98	1000.00	20.00	22148.62	0,0,0.028,0.972	严重
23	KC39 第四系水	30.89	10.00	0.20	5.26	1,0,0,0	无
24	KC40-1 第四系水	21.62	20.00	0.20	36.19	1,0,0,0	无
24	KC40-2 基岩裂隙水	21.62	20.00	0.10	36.86	1,0,0,0	无
24	KC41 基岩裂隙水	38.92	30.00	0.10	88.37	1,0,0,0	无
24	KC42-1 第四系水	16019.00	2000.00	48.00	30889.13	0,0,0,1	严重
24	KC42-2 基岩裂隙水	8952.54	500.00	24.00	16990.86	0,0.013,0.010,0.977	严重
25	JC41 第四系水	94.15	30.00	0.10	560.08	0.864,0.136,0,0	无
25	JC42 第四系水	30.89	20.00	0.20	62.33	1,0,0,0	无
25	JC43 第四系水	44.13	60.00	0.10	120.37	1,0,0,0	无
25	KC43-1 第四系水	13320.69	1800.00	32.00	26437.31	0,0,0,1	严重
25	KC43-2 基岩裂隙水	9990.51	1250.00	24.00	20546.90	0,0,0.025,0.975	严重
25	KC44-1 第四系水	51.90	10.00	0.10	188.60	0.994,0.006,0,0	无
25	KC44-2 基岩裂隙水	10725.75	1000.00	32.00	21584.97	0,0,0.027,0.973	严重
26	KC45 基岩裂隙水	7222.58	500.00	16.00	14288.02	0,0.017,0.013,0.970	严重
26	KC46 基岩裂隙水	10077.02	900.00	28.00	18707.47	0,0,0.030,0.970	严重
26	KC47-1 第四系水	17.29	20.00	0.20	40.64	1,0,0,0	无
26	KC47-2 基岩裂隙水	15699.39	2000.00	32.00	30661.03	0,0,0,1	严重
26	KC48 基岩裂隙水	34.59	20.00	0.10	69.98	1,0,0,0	无
27	JC44 第四系水	34.60	20.00	0.10	93.45	1,0,0,0	无
27	JC45 第四系水	47.57	40.00	0.10	121.50	1,0,0,0	无
27	JC46 第四系水	47.57	30.00	0.10	118.91	1,0,0,0	无
27	KC49 第四系水	12325.97	1600.00	36.00	24405.91	0,0,0.009,0.991	严重
28	KC51 基岩裂隙水	22.38	20.00	0.20	78.58	1,0,0,0	无
28	KC52 基岩裂隙水	33.56	40.00	0.10	123.46	1,0,0,0	无
28	KC53 基岩裂隙水	35.68	40.00	0.10	163.99	1,0,0,0	无
29	JC47 第四系水	4440.01	350.00	4.00	9422.14	0,0.038,0.075,0.888	严重
29	JC48 第四系水	530.21	40.00	2.00	1010.87	0.121,0.305,0.574,0	中等
29	JC49 第四系水	313.95	40.00	0.20	861.06	0.328,0.514,0.158,0	轻度

5.3　海水入侵灾害危险性分区

根据以上原则、标准、方法，工作区海水入侵灾害危险性分区结果如表 5-5。

表 5-5　深圳市海岸带海水入侵地质灾害危险性分区表

危险性分区	特征位置		面积/km²	危险性指数分区界限值	主要地质环境特征	灾害发育特征
高危险区（A）	A₁	深圳市西海岸沿海一带	108.83	A≥3.5	地貌类型主要为堆积平原，成因为冲积、海积和洪积等，地势平坦，出露地层岩性为第四系全新统桂洲组（Qg）砾质黏性土、淤泥质黏土，下覆基岩主要为不同时期入侵的各类花岗岩	现状海水入侵程度多为严重入侵和中等入侵，诱发海水入侵灾害的人类经济活动主要为地下水开采、河流上游修筑水库和兴建城市的地面覆盖
	A₂	深圳市东海岸沿海一带	47.79			
中等危险区（B）	B₁	松岗沙溪～福永镇政府—南山后海花园一带	50.60	2.5≤A＜3.5	地貌类型主要为堆积平原和阶地，成因为冲积、海积等，出露地层为 Qg，岩性为砾质黏性土、淤泥质黏土，下覆基岩主要为不同时期入侵的各类花岗岩	现状海水入侵程度多为轻度入侵，诱发海水入侵灾害的人类经济活动主要为河流上游修建水库和兴建城市的地面覆盖
	B₂	南山月亮湾一带	1.07			
	B₃	南山蛇口一带	1.99			
低危险区（C）	C₁	松岗镇政府～福永立新水库一带	19.39	1.5≤A＜2.5	地貌类型主要为台地和堆积平原，成因为洪积等，出露地层为 Qg，岩性为砾质黏性土、淤泥质黏土，基岩主要为不同时期入侵的各类花岗岩	现状海水入侵程度多为无入侵，诱发海水入侵灾害的人类经济活动不强烈
	C₂	西乡镇政府一带	3.31			
	C₃	南山大冲—福田沙尾村一带	12.38			
安全区（D）	D₁	宝安松岗镇政府～罗湖深圳水库一带	150.51	A≤1.5	地貌类型主要为丘陵、台地、阶地等；成因为冲积、洪积等；出露地层岩性主要为 Qg，岩性为砾质黏土、淤泥质黏土；基岩主要为不同时期入侵的各类花岗岩	现状海水入侵程度为无入侵，诱发海水入侵灾害的人类经济活动微弱
	D₂	大南山一带	12.61			
	D₃	梧桐山—七娘山—排牙山沿海斜坡地带	151.38			

工作区陆域面积 611km²，其中填海区面积 51.14km²，占陆域面积的 8.3%。工作区共划分 2 个海水入侵灾害高危险区，总面积 156.62km²，占工作区总面积的 25.6%；3 个中等危险区，总面积 53.66km²，占工作区总面积 8.8%；3 个低危险区，总面积 35.08km²，占工作区总面积的 5.8%；3 个安全区，总面积 314.50km²，占工作区总面积的 51.5%。

不同时期、同一区域随着城市建设的发展，水文地质条件的变化，海水入侵灾害致灾因子有可能发生变化（如季节性大气降雨补给量的变化，地下水位升降等），海水入侵灾害的危险性（或易发性）将发生变化，因此，海水入侵灾害的危险性分区是动态变化的。

5.4　海水入侵地质灾害危险性分区评价

海水入侵地质灾害危险性分区评价是根据工作区海水入侵活动的形成条件、现状灾害发育程度和发展趋势，分析和度量海水入侵活动的危险性或易发性。危险性分区是评价海水入侵灾害灾情的基础，对各区的评价如下所述（地质灾害危险性分区图参见文献［31］）。

5.4.1　海水入侵地质灾害高危险区（A）

（1）深圳市西海岸沿海一带海水入侵地质灾害高危险区（A₁）

分布于深圳市西海岸东宝河—深圳河口一带，呈条带状沿海岸带向内陆分布，一般宽 1～2km，东宝河口一带宽 7.5km，面积 108.83km²。该区现状海水入侵程度多为严重入侵和中等入侵。地貌类型主要为：海滩、冲积—海积平原、洪积平原等，地面高程一般为 1.2～3.0m，地势平坦。出露地层岩性主要为第四系全新统桂洲组（Qg）砾质黏土、淤泥质黏土。第四系松散岩类孔隙水含水层岩性主要为冲洪积砾砂、砂、圆砾层，水量中等—贫乏。基岩裂隙水含水层岩性主要为不同时期入侵的各类花岗岩强—中风化带，水量贫乏。

该区地下水与海水之间水力联系密切。区内诱发海水入侵灾害的人类经济活动强烈，主要为地下水过量开采，形成低于海平面地下水位降落漏斗；河流上游修筑水库，造成河水位下降，减少区内河水对地下水补给量；兴建城市，城市覆盖造成区内大气降雨补给量的减少和高位海水养殖将海水引入内陆腹地，咸水下渗。

（2）深圳市东海岸沿海一带海水入侵地质灾害高危险区（A₂）

分布于深圳市东海岸盐田区政府—龙岗区坝光村一带，呈狭长条带状沿海岸线向内陆分布，一般宽 200～300m，面积 47.79km²。该区现状海水入侵程度多为严重入侵。区内地貌类型主要为低丘陵，河流入海地带多为海成的沙堤、潟湖平原、河成阶地等，基岩海岸地带出露地层岩性主要为不同时期入侵的各类花岗岩，基岩含水层为各类花岗岩强—中风化带，水量贫乏。河流入海地带地层岩性为第四系全新统桂洲组（Qg）砾质黏性土、淤泥质黏土，第四系含水岩性为冲洪积砾砂、卵石层，水量中等—贫乏。地下水与海水之间水力联系密切。该区诱发海水入侵灾害的人类经济活动相对较弱，海岸带咸、淡水基本上处于自然的相对平衡状态。

5.4.2 海水入侵地质灾害中等危险区（B）

（1）松岗沙溪—福永镇政府—南山后海花园一带海水入侵地质灾害中等危险区（B_1）

分布于松岗沙溪—福永镇政府—南山后海花园一带，呈条带状傍 A_1 区分布，面积 50.60km²，该区现状海水入侵程度多为轻度入侵。区内地貌类型主要为海河成冲积—海积平原、海成的沙堤、海积阶地等，地面高程一般 1.5～3.5m，地势平坦，出露地层岩性主要为第四系全新统桂洲组（Qg）砾质黏性土、淤泥质黏土。第四系松散岩类孔隙水含水层岩性主要为冲洪积砾砂、粗砂、细砂层，水量中等～贫乏。基岩裂隙水含水层岩性主要为不同时期入侵的各类花岗岩及混合岩强～中风化带，水量贫乏。地下水与海水之间水力联系较密切。区内诱发海水入侵灾害的人类经济活动较强烈，主要为河流上游修筑水库造成区内地下水补给量的减少和兴建城市，城市覆盖造成区内大气降雨补给量的减少。

（2）南山月亮湾一带海水入侵地质灾害中等危险区（B_2）

分布于南山区月亮湾一带，呈弯月形展布，面积 1.07km²，该区地貌类型为海成的沙堤、潟湖平原和河成的洪积平原，地面高程一般 2～8m，地势平坦。出露地层岩性主要为第四系全新统桂洲组（Qg）砾质黏性土、淤泥质黏土。第四系松散岩类孔隙水含水层岩性主要为冲洪积砾砂、粗砂层，水量贫乏。基岩裂隙水含水层为早奥陶世入侵的黑云母二长花岗岩强—中风化带，水量贫乏。地下水与海水之间水力联系较密切。区内诱发海水入侵灾害的人类经济活动较强烈，主要为城市覆盖造成区内大气降雨补给量的减少。

（3）南山蛇口一带海水入侵地质灾害中等危险区（B_3）

分布于南山区蛇口一带，呈弯月形展布，面积 1.99km²。该区地貌类型为海成的沙堤、潟湖平原，地面高程一般 2～8m，地势平坦。出露地层岩性主要为第四系全新统桂洲组（Qg）砾质黏性土、淤泥质黏土。第四系松散岩类孔隙水含水层岩性主要为冲洪积砾砂、粗砂层，水量贫乏。基岩裂隙水含水层为早白垩世入侵的黑云母二长花岗岩强—中风化带，水量贫乏。地下水与海水之间水力联系较密切。区内诱发海水入侵灾害的人类经济活动较强烈，主要是城市覆盖造成区内大气降雨补给量的减少。

5.4.3　海水入侵地质灾害低危险区（C）

（1）松岗镇政府—福永立新水库一带海水入侵地质灾害低危险区（C_1）

分布于宝安区松岗镇政府—福永镇立新水库一带，呈条带状分布，面积 19.39km²。该区现状海水入侵程度为无入侵。区内地貌类型主要为河成的冲洪积平原和剥蚀侵蚀低台地等，地面高程一般 5～12m，地势较平坦。出露地层岩性主要为第四系全新统桂洲组（Qg）砾质黏土、淤泥质黏土。第四系松散岩类孔隙水含水层岩性主要为冲洪积砾砂、粗砂层，水量贫乏。地下水与海水之间水力联系弱。区内诱发海水入侵的人类经济活动不强烈。该区为海水入侵灾害低危险区。

（2）西乡镇政府一带海水入侵地质灾害低危险区（C_2）

分布于宝安区西乡镇政府所在地一带，呈条带状分布，面积 3.31km²。该区现状海水入侵程度为无入侵。区内地貌类型主要为海河成的冲积—海积平原，地面高程一般 3～8m，地势平坦。出露地层岩性为第四系全新统桂洲组（Qg）砾质黏土、淤泥质黏土。第四系松散岩类孔隙水含水层岩性为冲洪积砾砂、粗砂、圆砾层，水量贫乏。基岩裂隙水含水层为不同时期入侵的各类花岗岩强—中风化带，水量贫乏。地下水与海水之间水力联系弱。区内诱发海水入侵的人类经济活动不强烈。

（3）南山大冲—福田沙尾村一带海水入侵地质灾害低危险区（C_3）

分布于南山区大冲—福田区沙尾村一带，呈条带状分布，面积 12.38km²。该区现状海水入侵程度为无入侵。区内地貌类型主要为河成阶地、剥蚀侵蚀低台地等，地面高程一般 3～12m，地势较平坦。出露地层岩性主要为第四系全新统桂洲组（Qg）砾质黏土、淤泥质黏土。第四系松散岩类孔隙水含水层岩性为冲洪积砾砂、粗砂、粉细砂层，水量贫乏。基岩裂隙水含水层主要为晚白垩世入侵的中细粒花岗岩强—中风化带，水量贫乏。地下水与海水之间水力联系弱。区内诱发海水入侵的人类经济活动不强烈。

5.4.4　海水入侵地质灾害安全区（D）

（1）宝安区松岗镇政府—罗湖区深圳水库一带海水入侵地质灾害安全区（D_1）

分布于宝安区松岗镇政府—西乡朱坳山—南山西丽—福田莲花山—罗湖区深圳水库一带，呈条带状傍 C_1～C_3 区展布，面积 150.51km²。工作区大致以地下分水岭为界。该区现状海水入侵程度为无入侵。区内地貌类型主要为低丘陵、台地、河成阶地等，地面高程一般 20～200m。出露地层岩性主要为第四系全新统桂洲组（Qg）砾质黏土、淤泥质黏土和不同时期入侵的各类花岗岩。第四系松散岩类孔隙水含水层岩性主要为冲洪积砾砂、粗砂、圆砾层，水量贫乏。基岩裂隙水含水层主要为不同时期入侵的各类花岗岩强—中风化带，水量贫乏。地下水与海水之间水力联系微弱或无水力联系。区内诱发海水入侵灾害的人类经济活动微弱。

（2）大南山一带海水入侵地质灾害安全区（D₂）

分布于南山区大南山、小南山、赤湾山一带，面积 12.61km²。该区现状海水入侵程度为无入侵。区内地貌类型为高丘陵、低丘陵、高台地、中台地，地面高程一般 50～300m，山顶浑圆、山坡平缓、沟谷发育。出露地层岩性为早奥陶世入侵的黑云母二长花岗岩和早白垩世入侵的黑云二长花岗岩。基岩含水层主要为花岗岩强—中风化带，水量贫乏。地下水与海水之间无水力联系。区内诱发海水入侵灾害的人类经济活动微弱。

（3）梧桐山—七娘山—排牙山沿海斜坡地带海水入侵地质灾害安全区（D₃）

分布于盐田梧桐山沿海斜坡—大梅沙—小梅沙—龙岗区葵涌镇政府—大鹏镇政府—大鹏丰岛沿海斜坡—大鹏坝光村一带，呈条带状绕海岸线展布，面积 151.38km²。该区现状海水入侵程度为无入侵，区内地貌类型主要为低丘陵和河谷地带的河成阶地、洪积平原等，地面高程一般 50～200m，丘顶浑圆、山坡平缓、沟谷发育。出露地层岩性主要为不同时期入侵的各类花岗岩，河谷地段为第四系全新统桂洲组（Qg）砾质黏土、淤泥质黏土。基岩裂隙水含水层主要为不同时期入侵的各类花岗岩强—中风化带，水量贫乏。第四系松散岩类孔隙水含水层岩性主要为冲洪积砾砂、砂、卵石层，水量贫乏。地下水与海水之间无水力联系。区内诱发海水入侵灾害的人类经济活动微弱。该区为海水入侵灾害安全区。

第2篇

深圳市海水入侵地质灾害趋势预测及防治对策

第6章
海水入侵地质灾害趋势预测

6.1 海水入侵的主要影响因素

深圳市海岸带长约 260.5km，根据野外调查和分析研究，影响海水入侵的主要因素有：海水于涨潮时沿入海河流河道上溯、海平面上升和风暴潮加剧海水入侵、大量抽取地下淡水易引起海水入侵、高位海水养殖、填海工程等（参阅第1章、第2章相关内容）。

由于存在上述影响海水入侵的因素，为了更好地了解海水入侵的动态变化和发展趋势，对入海河流水位变化、地下水开采和填海工程对海水入侵的发展趋势进行了预测研究，尤其是对地下水开采对海水入侵的影响进行了模拟研究。

6.2 入海河流海水入侵现状

6.2.1 概述

深圳市入海河流大大小小约几十条，较大河流有10余条，共对20余条大小河流进行了调查及采样试验工作，特别对大沙河河水进行了系统采样分析工作。西部注入珠江口的河流有茅洲河、西乡河等，虽从地理位置属珠江水系，但因海水顶托珠江口地段仍为咸水，经取样分析，Cl^- 含量达 6310.81～16580.39mg/L。由于受珠江水及各河流入海淡水影响，海水中 Cl^- 含量不高，平均为 12095.16mg/L。东部无大江大河注海，海水中 Cl^- 浓度相对较高，平均值为 17759.50mg/L，较西部海水中高 5664.34mg/L。

受地形地貌制约，区内河流多较短小，流域面积不大，多数入海河流下游入海口段地形较平缓，河床比降小，海水顶托与倒灌现象多发生在此段河道内，致使海咸水沿河道发生咸水上溯现象。每条河流由于河谷地貌、两岸地质结构、河道建设情况存在一定差异，海水入侵灾害发生的程度也有不同。总的情况是东部河流多属丘陵山区，山间多发育有宽缓且短浅沟谷，河流短小，下游平缓地段不大，流量变化大，人类工程经济活动程度不高，多保持一定的原始状态。西部河流中下游多为开阔平原区，河道比降小，流速缓慢，河道及两岸人为改造较大，海咸水上溯距离大（上溯情况图参见文献［31］），且古地理环境特殊，海水入侵地质灾害较东部范围相对要大。

6.2.2 主要入海河流海水入侵现状

6.2.2.1 茅洲河

（1）概况

茅洲河在本书中系指由东宝河、茅洲河、松岗河及新桥排洪河等构成的一个水系，河流发源于西部羊台山北麓，干流长 44.3km，在深圳市范围内流域面积 313.0km²。

东宝河自工作区外流入工作区北部边缘地带，为深圳市与东莞市界河。河流进入工作区呈东西向，长约 5.0km 河段称为洋涌河。洋涌河向西后折向南后又向西，总体方向为由北东流向南西，该河段称为东宝河。茅洲河有一较大支流——松岗河，另有一人工排洪河（新桥排洪河）为引，将茅洲河水注入东宝河。东宝河洋涌河段河道较宽，约百余米，流速缓慢，其余东宝河段河道宽约 60～80m，向下游逐渐变宽至入海口处约 200m。整个河段流速极缓（仅退潮时见有水流动），河流左岸（深圳市一侧）部分地段岸边有 10～20m 宽芦苇丛生，河水黑臭，河流于沙井民主村附近注入珠江口伶仃洋，属淤泥质海岸。

茅洲河为东宝河支流，河流总体方向为由东向西，工作区内沿途为工业区及居民区。主要接纳沿途各类污水，于犁头咀汇入东宝河，距入东宝河口约 3.2km 处有支流松岗河汇入。距入东宝河口约 6.0km 处有一人工排洪河（分流河）。茅洲河位于冲洪积海积平原区，地形平坦，河流曲折多弯，部分地段经人工改造较平直，上游河道多为宽阔沟谷型，下游河道宽约 30～50m。由于受地形影响河道比降小（多小于 0.5‰），河床淤积严重，退潮时河床内可见黑色淤泥及垃圾。

松岗河为工作区内茅洲河系最大支流，除入茅洲河口段约 1.0km 河段外，人工整治其余河段河道较平直，河流上游为北东向，进入松岗镇，后转向东西向至距入茅洲河口约 1.0km 处，折向南西入茅洲河。河流中下游河床宽约 20～30m，由松岗镇向上河道逐渐变窄，由 10～12m 逐渐变为 6～8m，河水污染严重。

新桥排洪河为一人工河，由茅洲河中下游引出的一条排洪河，河道宽一般为 50m，中游设有一闸，闸下游一段河道宽近百米，河道内水流仅于退潮时见有缓慢流动。河床淤积较重，均为淤泥，河水黑臭。河水下游排入东宝河。

（2）水文及潮汐

茅洲河等各河流水源补给属雨源型，其流量主要受大气降水影响，季节性流量变化大。干旱季节流量较小，主要为沿途注入的生活和工业污水，雨季或暴雨过后则流量猛增，泛滥成灾，低洼之处渍水严重，具典型山区河流特征，河水位暴涨暴落。

茅洲河及其他各河流由于沿途接纳大量生活及工业污水，河水污染严重，河水水质为劣Ⅴ级（2012年数据）。工作区各河段多属中、下游，河床比降小，河道淤积较严重。

由于河道比降小，加之入海（河）口处无闸坝拦截，海咸水沿河道上溯明显，因潮汐变化大，大潮时受潮汐顶托海咸水段河道多可达10km。受潮汐顶托作用，河水位受潮汐影响上涨距离，受各河流地形及河床比降影响各河流有不同距离。东宝河上溯越过茅洲河口至该河流中游洋涌河段5.0km处，潮汐影响距入海口约15.0km；茅洲河潮汐影响至谭头村附近，距入海口约13.0km；松岗河潮汐影响至松岗镇中部，距入海口约12.0km；新桥排洪河全河段位于潮汐影响范围内，但其上游受水闸控制。

该河系由于地形平缓，受潮汐影响河段较长，工作区内各河流大部河段均受不同程度影响。

（3）河区地质结构

茅洲河及东宝河下游是本次研究的重点地区之一。该地区位于两河流的下游，地貌上为一冲洪积海积平原，地势低洼平坦。在该地段布设4个勘察孔（二剖面），勘探资料显示，该地段地质结构较简单。近于垂直东宝河（平行于茅洲河），前部有两含水层，第二含水层顶板（-14.74～-16.74m）以上以海相沉积为主；第二含水层及以下粉质黏土以冲洪积为主，在其后部（JC4孔）则基底隆起，上部为厚10.90m风化残积砾质黏土，其下为强风化混合岩（Z₁d）；向前至JC2孔，浅部有3.40m素填土，其下为2.20m厚淤泥质砂及2.20m粗砂；砂层以下为厚达11.0m淤泥质黏土，以海积为主；下部则有厚2.20m砾砂，砾砂以下为未揭穿的粉质黏土；近东宝河（距离约220m）JC1孔，上部淤泥质砂相变为淤泥质黏土，第一含水层由粗砂渐变为粉细砂，其下淤泥质黏土变厚达13.10m，下部第二含水层也由砾砂变为细砂，厚度则由2.20m变为4.00m，底部仍为未揭穿的粉质黏土（图6-1）。

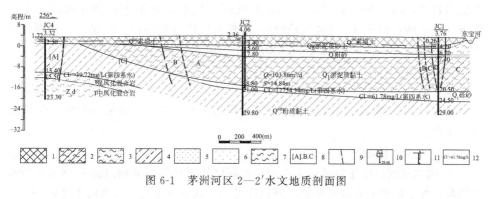

图6-1　茅洲河区2—2′水文地质剖面图

在近垂直茅洲河布设JC3孔与JC2成一剖面（图6-2）。由剖面可见，上部第一含水层至JC3孔前尖灭变为粉质黏土，上为厚6.80m淤泥质黏土，下为

3.10m 淤泥质黏土；第二含水层则由 JC2 孔的砾砂至 JC3 孔相变为粗砂；底部则为全风化混合岩（Z_1d）。初步认为第二含水层以上为海相沉积，中间夹有冲洪积夹层（黄色黏土层），第二含水层应为冲洪积相。

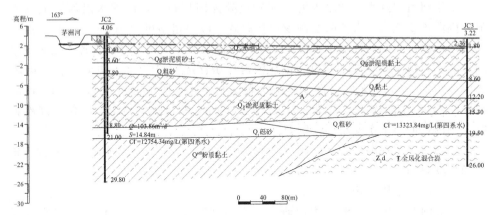

图 6-2　茅洲河区 1—1′水文地质剖面图

由此可见，在平行茅洲河方向上第一、第二含水层均于后部（JC4 孔）尖灭，向前延伸至东宝河。在垂直茅洲河方向上第一含水层向南（远离茅洲河方向）约 200～300m 尖灭；第二含水层向南则增厚（由 2.20m 增至 4.00m）。

初步认为两含水层既不是同一时代，亦非同一种成因类型（或部分不是同种成因类型）。

（4）河流建设

① 水库工程。在 20 世纪 50 年代茅洲河上游修建了罗田水库（中型）及石岩水库（中型），总库容 $8864 \times 10^4 \text{m}^3$，在以后的多年里又先后修筑了大大小小塘库 60 多宗。

② 闸坝工程。东宝河及茅洲河河道内无闸坝；新桥排洪河于河道中段距入东宝河口 2.0km（距入海口约 4.6km）处建一座控制排洪量的四孔水闸。于茅洲河低洼处两岸修建了一些排涝涵闸；于松岗镇内（松岗河）修建两座分别为四孔及三孔闸（距入海口分别为 11.0km 和 12.0km 处）。

③ 河道整治。

东宝河两岸大多无护坡工程，仅于深圳市一侧岸边有高约 1.0m 浆砌石堤。

茅洲河两岸部分地段有浆砌石护坡，岸边多有高约 1.0m 浆砌石堤，个别地段为土堤。

（5）海水入侵现状

① 河水现状。由于河流（东宝河）入海口处无任何拦截构筑物对海水进行有效拦截，加之河流下游地形平坦，河道比降小。在潮汐影响下，海咸水可长驱直入深入到距海较远的河道内，据对距入海口 1200m 河水（东宝河）取样分析，河水中 Cl^- 浓度为 8397.40mg/L；流入入海口海水中 Cl^- 浓度为 8707.09mg/L，由此可

以判断，距入海口 1.0～1.5km 范围河道内基本为海水。

另外于距入海口 8650m（东宝河）、8175m（茅洲河）分别取样分析，其河水中的 Cl^- 浓度分别为 315.54mg/L 和 320.11mg/L；距入海口约 11250m（茅洲河）取样分析，其河水中 Cl^- 浓度为 100.05mg/L；对茅洲河支流松岗河距入海口约 10825m 取样分析，其河水中 Cl^- 浓度为 160.80mg/L。由此可知，河水在距入海口 10km 范围内多受海水上溯的影响。另外，该河系各河水沿途接纳大量生活和工业污水，致使河水污染严重，也是各河水中 Cl^- 偏高的原因。

② 地下水现状。对该区四个勘探孔不同含水层地下水取样分析，其成果为：后部 JC4 孔因第四系无含水层，基岩裂隙水中 Cl^- 浓度为 39.72mg/L，属淡水；JC1 孔（距东宝河 220m）地下水中 Cl^- 浓度为 26.99mg/L，为淡水；距茅洲河 20m 的 JC2 孔，第四系孔隙水（第二含水层）中 Cl^- 浓度为 12754.34mg/L，为咸水；距茅洲河 400m 的 JC3 孔第四系孔隙水（第二含水层）中 Cl^- 浓度为 13328.84mg/L，为咸水。由此可见，JC2、JC3 孔范围地下第四系孔隙水均为咸水。另由 JC2、JC3 孔土层易溶盐检测成果，两孔上部淤泥质土中 Cl^- 含量均很高，其中 JC2 孔为 2000～3000mg/L，JC3 孔则为 3000～6000mg/L。

经同位素检测，该河区前部即 JC2、JC3 孔范围地下咸水属海水入侵形成。这一带地下水可能由于 20 世纪 90 年代初，人类进行较强的地下水开采，导致海水沿地下较强透水的含水层入侵地下淡水区，使地下淡水咸化。

6.2.2.2 西乡河

（1）概况

西乡河发源于西部羊台山，流域面积 74.9km²，干流长 16.6km，于西乡大王洲处注入珠江口前海湾，河口为淤泥质海岸。上游由多条呈树枝状河溪汇集于铁岗水库，水库下即为西乡河。铁岗水库控制西乡河流量，河流中、下游近些年来城镇建设迅速，河道同时也得到了较大的整治，整个河道较平直，河道两岸均有浆砌块石挡墙，部分地段为混凝土挡墙。河道中游宽约 10～15m，下游河道宽约 15～20m。河流中、下游主要处于冲洪积海积平原，地形平坦，河道平直，流速缓慢。主要支流咸水河，下游段与西乡河近于平行分布，河道亦同样经整治、平直，河道两岸均有浆砌块石挡墙，在距海岸约 700m 处汇入西乡河。

（2）水文及潮汐

西乡河发源于山区，河流水文特征具山区河流特征。上游所建铁岗水库的功能为供水水库，库水大部来源于东江及石岩水库。河流中、下游河道仅在暴雨前，为保水库安全进行适时空库泄洪，此时中下游河道内才有较大水流。干旱季节河道内主要为沿途两岸排泄污水，使中、下游河水自上而下污染逐渐加重，至下游近入海口段河水黑臭。

河流下游近入海段，地形平坦，河道坡降小，河水流速缓慢，受海水涨潮顶托河流水位沿河道上溯距离较大，最大可达 3.0～3.8km。但距入海口 1.1km 处有一水闸，可人为控制海水因涨潮倒灌发生海（咸）水顶托上溯的距离，部分闸门为开启状态，涨潮时海水可通过闸门长驱直入西乡河河道较远距离。

（3）河区地质结构

西乡河上游位于山区，中游地段主要为冲洪积平原，下游地段为海岸带，逐渐变为海积平原。在工作区由冲洪积平原逐渐转化为海积平原，该河区地质结构也具有一定特征。

中游后部以冲洪积为主，如 JC14 孔，浅部为 4.30m 厚素填土，中部有厚5.20m 中粗砂，底部为强风化花岗岩，沿河流向下游中粗砂逐渐相变为砾砂，至 JC13 孔则相变为厚 5.80m 圆砾（仍为冲洪积层）。圆砾上有厚 1.80m 素填土，下有厚 3.80m 海积砾砂，中间有厚 1.80m 黏土透镜体。砾砂下部为深厚的砾质黏土。再向前部则逐渐变为以海相为主的海积平原，如 JC12 孔，浅部为2.50m 素填土，下有 0.80m 海相淤泥质黏土，黏性土下伏为厚 5.10m 海相砾砂，底部为深厚的砾质黏土。海岸带近海地段均为海相地层，如 KC14 孔，浅部为厚 3.10m 杂填土，下为厚 7.70m 海积淤泥质黏土，淤泥质黏土以下为花岗岩（$O_1 \eta r$）（图 6-3）。

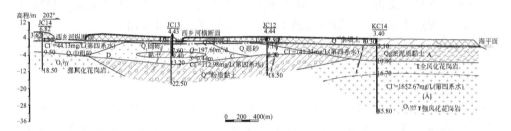

图 6-3　西乡河区 8—8′水文地质剖面

整个剖面由平原的后部向前部（海岸），地层由冲洪积渐变为冲洪积海积，后变为海积平原。特殊的地质结构反映了沉积环境的变化，对地下水化学特征也起到一定的控制作用。

（4）河流建设

① 水库工程。西乡河上游建有铁岗水库（中型），总库容 $8322 \times 10^4 m^3$，设计库容 $6985 \times 10^4 m^3$。水库主要功能供水，库水主要来源为大气降水，另一来源为调东江水作为蓄水水库，还有与石岩水库相互调蓄。

② 河道整治。西乡河自铁岗水库至入海口全部河道均进行了人工整治，河道平直，河道两岸均修筑有浆砌块石挡墙，高一般为 2.0～2.5m，部分高达3.0m，下游宝安大道以下河道两岸经整治成混凝土挡墙。水库下游约 1.0km，河床为干砌块石。下游河床多为淤泥及砂。

③ 闸坝工程。在距入海口 1.30km 处河道内建一六孔水闸。其支流咸水河在同样距离建一四孔闸。两水闸若在涨潮时落闸，可控制海水倒灌河道中。

（5）海水入侵现状

① 河水现状。对距入海口不同距离段的河水取样分析，结果表明：距入海口约 600m 处河水中海水敏感指标 Cl⁻ 浓度为 1082.73mg/L（海水中 Cl⁻ 浓度为 16580.39mg/L）；因西乡河在距入海口约 1.30km 的河道内建有一水闸，该闸以下河段河水受海（咸）水影响较大。距入海口 2400m 河水中 Cl⁻ 浓度为 76.14mg/L，距入海口 3450m 及 6500m 河水中 Cl⁻ 浓度分别为 85.78mg/L 及 32.16mg/L，可认为海咸水沿河上溯距离约为 2.0～2.5km，以上河段均为淡水（水中 Cl⁻ 偏高原因为生活污水污染）。

② 地下水现状。西乡河地区地质环境是由后部冲洪积平原向前部（海岸）渐变为海积平原，地下水水化学特征明显反映了该特征，即地下水中 Cl⁻ 浓度由后部向前部逐渐增高。如距海岸约 5400m 的 JC14 孔，冲洪积中粗砂孔隙水中 Cl⁻ 浓度为 44.13mg/L；至距海岸 3750m 的 JC13 孔，冲洪积圆砾及砾砂层孔隙水中 Cl⁻ 浓度为 112.98mg/L；距海岸 2400m 的 JC12 孔，海相砾砂孔隙水中 Cl⁻ 浓度为 141.23mg/L；距海岸 950m 的 KC14 孔，基岩裂隙水（第四系无含水层）中 Cl⁻ 浓度为 1652.67mg/L。

JC12、JC13 两孔均位于西乡河畔，分别距河岸 15m、20m，该两孔所处河段均位于海潮影响河段，地下水中 Cl⁻ 浓度偏高，与河水受海水影响有一定关系，其古地理环境也有一定影响；西乡河河水接纳大量生活污水，也是造成地下水中 Cl⁻ 浓度偏高的原因之一。

受古地理环境影响，地下水中 Cl⁻ 浓度也有其变化规律。经对 JC12、JC13 及 JC14 孔土岩中易溶盐的测试分析表明：JC12 孔下部砾质黏土中 Cl⁻ 浓度最高达 5993.82mg/L，一般为 3000～4000mg/L；JC13 孔下部砾质黏土中 Cl⁻ 浓度最高为 807.80mg/L，一般为 300～600mg/L；JC14 孔底部强风化花岗岩中 Cl⁻ 浓度最高，为 156.55mg/L，一般为 67.10～89.46mg/L。海相沉积地段 JC12 孔土中 Cl⁻ 浓度最高，平原后部 Cl⁻ 浓度最低。自 JC13 孔以后为淡水区，目前尚未遭受海水入侵或者未曾遭海水浸泡。

西乡河流域地下水中 Cl⁻ 浓度普遍较低，其原因为该地段地下含水层导水性较好，地下水交替作用较强，使地下水中 Cl⁻ 浓度不高。

6.2.2.3 深圳河

（1）概况

深圳河流域面积 309km²，干流长 31.8km，河道比降 1.1‰，于福田保税区注入深圳湾，为填海海岸。深圳河中、下游是深圳市与香港特别行政区的界河，发源于深圳一侧的梧桐山牛尾岭，水系分布呈扇形，在深圳一侧主要支流有福田河、布吉河、沙湾河。各支流均穿过闹市区。深圳一侧地形因建设改造较大，总体较为平坦，已成为深圳市的主城区，建筑物密集，人口众多，其原始河流地貌已无处觅寻。另有新洲河原为一独立水系，填海致使该河成为深圳河于入海口附近汇入深圳河的支流，其右岸为红树林鸟类保护区。

（2）水文及潮汐

深圳河在工作区主要为中、下游，地形较平坦（香港一侧部分为低丘），河流流速缓慢，仅于暴雨过后，河水陡涨，河水流速加快。上游所建深圳水库其功能为供水水库，因此深圳河水主要来自几个较大支流及上游的补给。由于福田河、布吉河、沙湾河及新洲河主要流经市区，暴雨后汇集广大地域雨水，河水流量猛增，一般时间主要接纳沿途各类污水，如布吉河污染较严重（目前已开始治理）。深圳河上步码头以下污染较严重。

由于河道比降小，整个工作区河段（不含支流）均受海水潮汐影响明显，河水位受海潮顶托距离超过 12.5km。

（3）河区地质结构

深圳河深圳市一侧为冲洪积与海积平原，地形总体较为平缓，也见有基岩出露残丘，部分基岩直抵河岸。主要支流福田河与布吉河则阶地发育，具典型二元结构。为能较清楚地反映其河岸带地质结构，现将深圳河岸附近 3 孔（即 16 剖面 KC24 孔、15 剖面 JC28 孔、17 剖面 KC29 孔）连成一剖面（见图 6-4）以说明深圳河岸带地质结构。

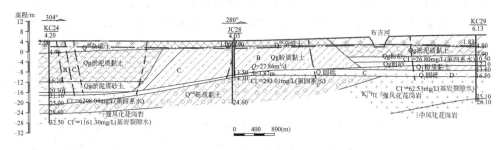

图 6-4　深圳河区 30—30′水文地质剖面

深圳河中游段布吉河入深圳河口上游段，据 KC29 孔揭露，浅部有厚 4.80m 杂填土，其下为 3.10m 静水沉积—淤泥质黏土。下部为一完整冲洪积沉积韵律层，自上而下分别为：2.60m 粉砂、1.60m 粗砂、2.70m 砾砂，粗砂与砾砂间夹 1.70m 粉质黏土透镜体，其底部为花岗岩（$K_1^{1b}\eta r$）。沿河向下 4832m，至下游福田河入深圳河口附近 JC28 孔则除浅部 1.90m 素填土，上部变为厚 11.60m 粉质黏土，下部含水层仅为 0.80m 圆砾层，底部为砾质黏土。再向下游至深圳河入海口附近 KC24 孔，浅部为厚 4.90m 杂填土，下为厚 11.20m 海相淤泥质黏土，再下为厚 4.20m 含大量有机质的砂质黏土，下部含水层上为 0.80m 中砂，下为 3.90m 圆砾，底部为砾质黏土及花岗岩（$K_1^{1b}\eta r$）。

支流福田河近入深圳河口段，下部为 0.8～5.0m 砾砂含水层，上部则为 8.0～11.60m 粉质黏土，底部均为砾质黏土（图 6-5）。

支流布吉河中、下游浅部为 3.10～4.80m 杂填土，中游下为厚 1.40～

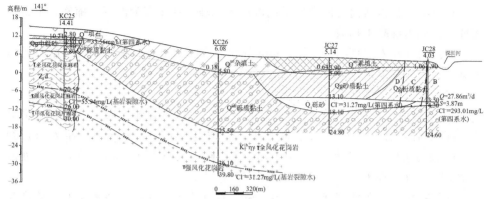

图 6-5　深圳河区 15—15′水文地质剖面

3.10m 砂质粉土，下游相变为 1.10～3.10m 淤泥质黏土。下部含水层中游自上而下为 2.60m 粗砂、2.20m 砾砂及 1.20m 卵石，下游主要为粗砂。至河流入深圳河口段 KC29 孔，含水层变为粉砂 2.60m、粗砂 1.60m、卵石 2.70m，卵石与粗砂间夹 1.70m 粉质黏土。该河区含水层较发育（见图 6-6）。

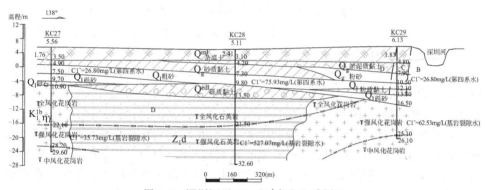

图 6-6　深圳河区 17—17′水文地质剖面

从整个河区看，中游含水层厚度及岩性变化较大，下游则以海相为主，含水层较发育，支流则布吉河区含水层较发育。

（4）河流建设

① 水库工程。在支流沙湾河上游建有深圳水库（中型）。

② 河道整治工程。深圳河在工作区主要为中、下游，是深圳与香港特别行政区的界河。河流两岸均进行了人工整治。深圳一侧河岸下部为干砌块石护坡，上部多为混凝土预制块护坡，上、下部之间为一宽 3～5m 土平台，部分河段（如沙湾河入口上、下游河段）上部为混凝土挡墙，上步码头上、下游岸边均为混凝土挡墙，挡墙高 3～5m。入海口段（约 500m）采用 0.5m×1.0m×1.5m 石笼护坡。

沙湾河目前于入深圳河口上游建闸，在该工程上游左岸（冲刷岸）为混凝土挡墙（高 5.0～6.0m），其余河段均已进行护坡治理。

布吉河、福田河河流两岸均采用混凝土护坡，河床多为混凝土铺底，下游近深圳河段则为混凝土挡墙。

新洲河在距入深圳河口上游450m处建一座拦截海水五孔闸，可下闸防止海水倒灌。河流两岸均为混凝土护坡，部分地段上部有混凝土矮挡墙。

（5）海水入侵现状

① 河水现状。对该河及其主要支流（福田河、布吉河）取样分析，结果显示，深圳河距入海口约350m处河水中Cl^-浓度为6885.24mg/L，距入海口约7050m处河水中Cl^-浓度为2370.04mg/L，距入海口约10200m、15400m处河水中Cl^-浓度分别为33.74mg/L、134.07mg/L。

支流福田河在距深圳河约100m（距入海口约6750m）处河水中Cl^-浓度为23.97mg/L，距入海口9000m及11250m河水中Cl^-浓度分别60.54mg/L及34.60mg/L。

支流布吉河（河水污染严重）距深圳河150m（距入海口9750m）处河水中Cl^-浓度为207.59mg/L，距入海口12400m及15100m处河水中Cl^-浓度分别为95.14mg/L及96.87mg/L。

从取样分析成果可见，深圳河受海水影响段主要为约10km河道内，福田河与布吉河均为淡水，其中布吉河水中Cl^-浓度偏高是由河水遭生活及工业污水污染所致，随时间不同河水水质亦有一定变化。

② 地下水现状。为查明深圳河地下水遭受海水入侵地质灾害情况，在深圳河区共布设三条剖面（一条平行深圳河，两条垂直深圳河并近似平行福田河与布吉河），共施工钻孔10个。

由勘察资料显示，KC24孔距现代海岸最近约1.50km，居于填海区，地下水咸度较高，第四系圆砾孔隙水中Cl^-浓度为6296.04mg/L，基岩裂隙水中Cl^-浓度为1161.30mg/L。距海岸约5.0km的JC28孔，抽水施工期间取样，第四系孔隙水中Cl^-浓度为2372.03mg/L（第一次采样分析水中Cl^-浓度降为293.01mg/L）。沿河向上游至距海岸约9.5km的KC29孔，第四系孔隙水中Cl^-浓度为26.80mg/L；基岩裂隙水中Cl^-浓度为62.53mg/L。在距海岸约5.0km平行福田河剖面中，除上述JC28孔，其余3孔（JC27、JC26、KC25孔）中无论第四系孔隙水还是基岩裂隙水均为淡水，水中Cl^-浓度为31.27～55.94mg/L。在距海岸约9.50km近于平行布吉河剖面中其余两孔（KC29孔前面已叙），KC28孔第四系孔隙水中Cl^-浓度为75.93mg/L，基岩裂隙水中Cl^-浓度偏高（达527.07mg/L），KC27孔中基岩裂隙水Cl^-浓度为35.73mg/L。平行深圳河的JC29、JC30孔基岩裂隙水中Cl^-浓度分别为32.63mg/L、17.87mg/L。KC28孔基岩裂隙水中Cl^-浓度高是否受古地理环境影响尚待进一步分析研究。

由上述情况可见，深圳河区仅于深圳河边两孔（KC24、JC28孔）因受沿河上溯海咸水影响（如深圳河距入海口7.0km河水中Cl^-浓度为2370.04mg/L）遭到海水入侵地质灾害，离海岸远者较轻。其他广大地区目前多未遭受海水入侵地质灾害，多为淡水。

6.2.2.4 大沙河

（1）概况

大沙河发源于西部羊台山，河道由于人工整治，纵向较平直，河道横断面较规则，左岸地形略有起伏（为沙河高尔夫球场），右岸地形平坦，已被各类建筑物所占据。近入海口段为填海区，河流流域面积为 $90.69km^2$，干流长 $18.0km$，工作区内长 $6.8km$。工作区为河流部分中游及下游，中游河道宽 $20\sim40m$，下游河道宽约 $60\sim80m$。在后海处注入深圳湾，为填海海岸。

（2）水文与潮汐

河流上游为山区，河水具陡涨陡落特征。枯水季节河床内基本上没有水流，河床裸露，雨季河水流量大，汛期洪峰流量达 $159m^3/s$，河流下游入海口段（约 $2.0km$）污染较严重。海水于涨潮时可沿河上溯至距海口约 $1600m$ 处橡胶坝前，大潮时甚至可越过橡胶坝进入河道更远位置，但退潮时海水可全部退出河道。

（3）河区地质结构

河流上游长陂岭河段，河流两岸为漫滩及阶地，具二元结构，上部为 $1.5\sim6.8m$ 黏性土，下部为 $2.5\sim6.6m$ 细砂、粗砂、砾砂等，地下水丰富。

据勘探（二横、一纵剖面）资料显示，河区无论在纵向（顺河流方向）还是横向（垂直河流方向）上，由于人工改造及整治工程，浅部普遍分布有厚度不等的人工素填土、杂填土、填石等。纵向靠近上游较薄，靠近下游厚度较大。如JC20 孔纵向后部杂填土厚 $6.0m$，向前至 JC21 孔为厚 $4.10m$ 填石，再向前由JC23 孔至 KC18 孔为素填土，厚分别为 $7.30m$ 和 $5.20m$。其下，后部（JC20孔）为厚 $0.80m$ 淤泥质砂质黏土及厚 $1.60m$ 砾砂（本河区主要含水层），砾砂下为淤泥质土、粉土。至 JC21 孔则上为 $5.30m$ 粉质黏土，下伏砾砂则变厚为 $5.30m$，再向前至 JC23 孔则粉质黏土尖灭相变为厚 $2.80m$ 粉细砂，下伏砾砂变厚达 $10.10m$。底部由后向前多为风化残积的砾质黏土及花岗岩（$K_1^{1b}\eta r$）。近入海段 KC18 孔则与其他段地质结构差异较大，浅部为厚 $5.20m$ 素填土，其下为厚 $7.40m$ 海相淤泥，再下部为 $8.40m$ 厚砂质粉土夹厚 $3.30m$ 粉质黏土，底部亦为风化残积砾质黏土及花岗岩（$K_1^{1b}\eta r$）（图 6-7）。

距入海口约 $2.8km$ 河流东侧，浅部为厚 $1.0\sim4.10m$ 的素填土及填石，其下近河地段为厚 $5.30m$ 粉质黏土，向东变为厚 $5.90m$ 淤泥质黏土，至 KC19 孔下为深厚的残积砾质黏土，距河约 $1.0km$ 范围内，下部为本河区主要含水层砾砂，由河岸向东逐渐变薄，最后于 KC19 孔前尖灭。基底均为砾质黏土及花岗岩（$K_1^{1b}\eta r$）（图 6-8）。

由距入海口约 $4.8km$ 处的 28 剖面的勘探资料，可看出该段河区地下未见到第四系含水层砾砂层，其浅部为填土，其下均为风化残积砾质黏土及花岗岩（$K_1^{1b}\eta r$）（见图 6-9）。

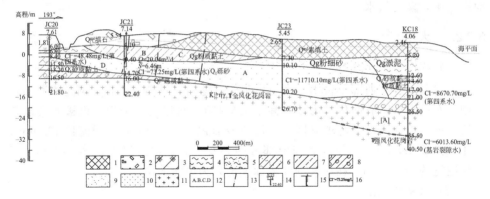

图 6-7　大沙河区 11—11′水文地质剖面

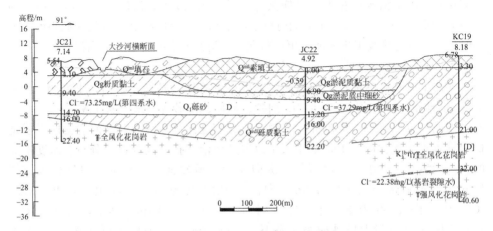

图 6-8　大沙河区 12—12′水文地质剖面

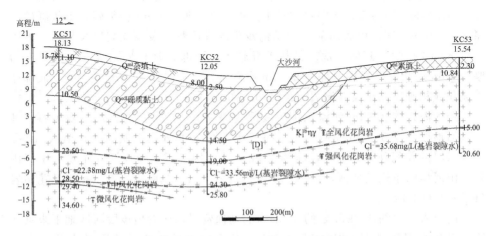

图 6-9　大沙河区 28—28′水文地质剖面图

由上述资料可看出，大沙河河区主要含水层为下伏砾砂，厚度由上游（JC20孔）1.60m，向下游逐渐变厚，至 JC23 孔厚达 10.10m；近入海段（KC18 孔）为填海区，下部无砾砂含水层，分布有厚 7.40m 海相淤泥及 8.40m 砂质粉土等。

（4）河流建设

① 水库工程。上游先后修建有西丽水库（中型）及长岭陂水库，库容为 $743.3 \times 10^4 m^3$。

② 闸坝工程。已建工程：距入海口约 1650m 处河道内建一座橡胶坝，坝高约 2.5～3.0m，为滚水坝；距入海口约 3800m 处建一座多孔翻板闸，高 2.5m；在距入海口约 6370m 处建一座四孔翻板闸，高约 3.5m；入海口处建一座长 79m、高约 3.0m 的大沙河河口水闸，其功能为拦截海水进入河道，河水可通过闸口泄入海中。另外在河流中、上游大学城段，建有橡胶坝 2 座，跌水六座，雨水涵 27 座。

③ 河道建设。河道两岸均为混凝土护坡（留有排水孔），部分地段上部为混凝土或浆砌块石挡墙，下部为护坡，中间留有宽约 3.0m 平台，河床为浆砌块石铺底，留有部分矩形（1.0m×3.0m）砂床。

（5）海水入侵现状

由于对大沙河近些年的不断整治，海水上溯距离因修建橡胶坝及其他闸坝等的拦截减少；海水进入河道向两岸地下及沿河床入渗地下的途径，因河道整治工程受到一定限制，海水入侵现状已不是河道整修前的状况。随着入海口闸的修建和投入使用，海水进入河道更加困难，河道及两岸在长期淡水充溢的状况下，海水入侵的形势将会逐渐得到改变。由于河道边坡及河床的整治，减缓了河道中淡水向地下的入渗强度，将减缓海水入侵地质灾害的治理速度（地下水监测成果亦显示了该变化情况）。

① 河水现状。于 2007 年枯水期对大沙河河水自入海口至 5549.8m 段内，分段取样，共取样 17 组。由分析结果可看出：自入海口至距入海口 501m 范围内河道内的水基本属海水，河水中 Cl^- 浓度为 9773.14～10050.08mg/L（海水中 Cl^- 浓度为 10452.08mg/L）；距入海口 501～1657m 段，河水与海水发生混合，河水咸度较高，河水中 Cl^- 浓度为 3707.36～6521.38mg/L，且河水中 Cl^- 浓度由下游向上游逐渐降低；距入海口 1657～3200m 段仍有海水混入河水的现象，河水中 Cl^- 浓度为 160.80～2814.02mg/L；自 3200m 以上河水基本为淡水，河水中 Cl^- 浓度为 42.88～53.60mg/L（图 6-10），由图可见，海水入侵河流（咸水）上溯距离可达 3200m。

② 地下水现状

为查明大沙河区地下水现状及发展趋势，共布设 9 个钻孔，以探明该区地下水发育状况。其中抽水试验孔一组 2 个（留作监测孔 1 个），监测孔 3 个，水文勘察孔 5 个。

已取得资料显示：KC18 孔位于填海区，是大沙河入海口附近（距入海口约 270m）的孔。其第四系孔隙水及基岩裂隙水中 Cl^- 浓度分别为 8670.70mg/L 及 6013.60mg/L；距入海口 1490m 的 JC23 孔第四系孔隙水中 Cl^- 浓度为

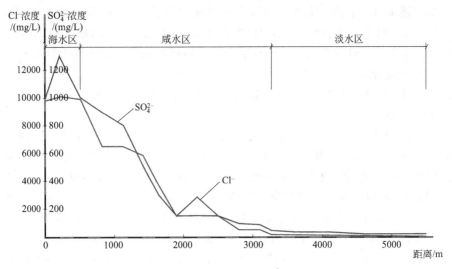

图 6-10　大沙河沿河河水中 Cl^- 与 SO_4^{2-} 浓度变化曲线图

11710.10mg/L（第一次监测成果为 6383.55mg/L）；距入海口 1406m 河水中 Cl^- 浓度为 5806.71mg/L；至距入海口 2880m 处的 JC21 孔第四系孔隙水中 Cl^- 浓度为 73.25mg/L（距入海口 3096m 河水中 Cl^- 浓度 485.97mg/L）；与 JC21 孔距入海口距离相当的 JC22 孔第四系孔隙水及 KC19 孔基岩裂隙水中 Cl^- 浓度分别为 37.29mg/L 及 22.38mg/L，该两孔距大沙河距离分别为 698m 及 1240m；距入海口 3640m 的 JC20 孔第四系孔隙水中 Cl^- 浓度为 48.48mg/L；距入海口更远（约 4800m）的 KC51、KC52 孔，两孔基岩裂隙水中 Cl^- 浓度分别为 22.38mg/L、33.56mg/L，该区段河水亦为淡水。

　　由以上情况可见，大沙河区地下水在距海岸约 2.50km 范围内已遭受海水入侵地质灾害，且越近海岸带灾情越重，超过此范围，地下水尚未遭受海水入侵地质灾害，地下水仍为淡水。从地表河水与地下水水质分析资料可看出，地表河水受海水影响距离较地下水远些。

6.2.2.5　盐田河

（1）概况

　　盐田河发源于盐田谷地周围的小梧桐、大山及梅沙尖，流域面积 21.9km²，干流长 6.6km，于北山注入大鹏湾，属砂砾海岸。河流上游为山区，多为基岩河谷，沟谷西侧以花岗岩（$J_3^{1a}\eta r$）为主，沟谷东侧则以凝灰岩（$J_{2-3}r$）为主。基岩裸露。两岸坡度约 30°～40°，河流中下、游沟谷较开阔，地形较平缓，沟谷宽约 1.0～1.30km，长约 4.5km，谷底高程自后部 27.7～16.1m，向前逐渐降为 13.1～11.6m，至谷地前部高程降至 3.9～5.6m，填海区高程为 1.0～5.7m。分布于谷地左侧山脚下，河道经人工整治，较平直，中游河床宽约 5.0m，水流较急，下游河道宽约 20m，水流平缓至水闸以下，涨潮时河水基本处于缓流或倒灌状态。

（2）水文与潮汐

盐田河旱季节河水流量小，上游约 0.5m³/s，河流中、下游约 500m³/s。雨季水量大，具源短流急，降雨集中，滞留时间短，明显山区河流暴涨暴跌特点。

下游入海口段以外为填海区，明显受海水潮汐影响。河流受海水顶托河水位沿河道上溯距离约 1.5km。

（3）河区地质结构

① 河流上游（开阔沟谷以上段）两岸均为基岩（花岗岩 $J_3^{1a}\eta r$ 与凝灰岩 $J_{2-3}r$），坡度较陡，约 $30°\sim40°$，河床多为基岩裸露。

② 河流中、下游，河谷开阔，两岸阶地较发育，沟谷后部（距原海岸约 3.5km）阶地下有厚约 4.80m 卵石（JC31 孔），卵石直径一般为 3～7cm，次圆状，含大量黏粒及砂，含水透水性好。向海岸方向该卵石层渐渐相变为中细砂及粉细砂，内含较多灰色黏粒及少量卵石，厚度逐渐变厚至 6.20m（JC32 孔），向海岸带变薄为 4.00m（JC33 孔）。由于 JC33 孔位于填海区，第四系含水层由岸边向海中逐渐变薄。河流左岸近山脚地带由于接受左岸山区溪沟洪积，漂石较多，厚度为 1.20～4.80m。由于后期人工改造较大，上部多为填石及杂填土（JC31 孔为建筑垃圾）。谷地外海岸带约 2.0～2.5km 为填海区，填海材料为碎块石及黏性土，厚 9.10～13.50m（JC32 孔及 JC33 孔），沟谷后部 KC33、KC34 两孔范围下部无松散第四系含水层，但其北侧近山地区分布有较窄一条漂石及卵石层带，其他地段上部为厚 6.8～10.40m 填石，填石下为厚 7.7m（KC34 孔）砾质黏土，其下为风化花岗岩（$J_3^{1a}\eta r$），KC33 孔填石下则为风化凝灰岩（$J_{2-3}r$）（图 6-11）。

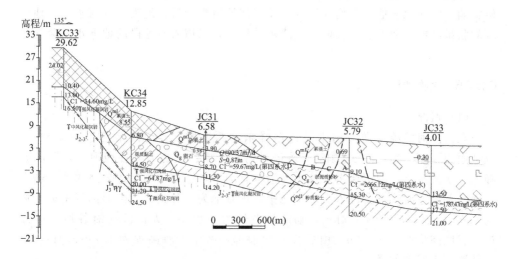

图 6-11　盐田河区 19—19′水文地质剖面图

（4）河流建设

① 水库工程。谷地左岸山区建有大三洲塘、红花坜水库及骆马峰水库三座

小型水库。

② 河道建设。由于盐田区建设发展较快,为适应各类建设需要,对盐田河整个河道进行了较为大的整治,河道经整治多平直,河流中、下游两岸均为混凝土挡墙,下部留有排水孔;中、下游河床亦铺有混凝土。河流中游上段距入海口约 3.5~4.5km(盐田检查站路路西侧)以上改为地下涵洞。

③ 闸坝工程。距入海口约 1.5km 处,河道中建有一座三孔翻板水闸。

(5) 海水入侵现状

① 河水现状。为了解海水沿盐田河上溯情况,沿河道共取河水样 4 组。其中,仅距入海口 400m 处河水为咸水,水中 Cl^- 浓度为 9964.57mg/L;另外分别于距入海口 1340m、3570m 及 4500m 处取河水样,水中 Cl^- 浓度分别为 20.25mg/L、72.60mg/L、14.52mg/L,可见海咸水上溯距离不大。其原因是盐田河中、上游淡水水量较充足,河道坡降较大,距入海口 1.50km 处建拦截海水水闸,限制了海咸水的沿河倒灌。由此可判定,在没有特殊原因条件下,盐田河海咸水沿河道上溯距离约为 1.0km。

② 地下水现状。由勘察资料显示,盐田河区中游及以上地区地下水均为淡水。如 JC31 孔(第四系孔隙水)、KC34 孔、KC33 孔基岩裂隙水,地下水中 Cl^- 浓度分别为 59.67mg/L、64.87mg/L、34.60mg/L。JC32 孔距入海口近(仅 400m),受河道咸水(河水 Cl^- 浓度为 9964.57mg/L)影响,其地下水(孔隙水)中 Cl^- 浓度为 2666.12mg/L。JC33 孔施工于填海区中部,地下第四系孔隙水中 Cl^- 浓度为 1787.47mg/L。

由此得出,盐田河区距海岸约 1.0km(原海岸)范围内地下水遭受海水入侵影响,其他地区地下水均为淡水。盐田河河道整治后,地表水(河水)与地下水的联系微弱,地下水在长期大气降水补给下,已遭入侵地段的地下水将会逐渐好转。

6.2.2.6 大梅沙河

(1) 概况

大梅沙河发源于龙潭山南及莲塘峰东的西塘树下,河流干流长约 4.8km,流域面积 8.6km²,注入大鹏湾,属砂砾海岸。中、上游为峡谷型河溪,河床坡降大,水流湍急,即河溪由上坪水库沿沟谷向下,穿过盐坝高速公路收费站进入大梅沙谷地,河流下游进入人工水池中。该谷地为一开阔呈半圆形沟谷平地,宽约 1.0~1.2km,长约 1.4km,临海沙滩长约 2.0km。大梅沙河沿谷地中部穿过,谷底高程 3.9~8.7m,由后部倾向前部,海岸沙滩高程为 1.7~2.4m,部分沙滩高于谷地前缘。

近些年来,大梅沙河周边兴建了大量各类建筑工程,对大梅沙谷地进行了较大改造,原始河道已荡然无存;谷地里的众多水面也被改造,在谷地东部形成一较大近似呈两个环形的人工景观水面(水池),水面面积约 $(3\sim4)\times10^4 m^2$,在其下游近入海口处（环梅路北西侧）修有挡水坝，坝下游于环梅路北东侧入海口处设有两级水闸将河水泄入海湾中。

（2）水文与潮汐

大梅沙河由于流域面积小，河水流量受降雨及上游水库放水影响明显，仅雨季河水流量较大。另外，中、下游由于人工改造，谷地内已无河流基本形态，形成一人工水池，水位高时，池水可通过下游过水坝闸泄入海中。

因该谷地地形较高，加之两闸一坝控制，即使海水涨潮也难以进入河系（水池）中，仅前缘沙滩有50余米海岸带受涨潮影响，因此潮汐对河系水体难以形成影响。

（3）河区地质结构

由勘察资料显示，大梅沙开阔沟谷地质结构较简单。谷地后部表层为厚6.20m填石（KC35孔），中部及前部表层为厚2.20～3.00m含少量黏土和砂组成的素填土；填土以下均为砂层，其厚度由后部向前部逐渐增厚，后部（KC35孔）厚2.40m，前部厚达12.40m（JC35孔）；砂层后部为中细砂，中部及前部为中细砂—中粗砂，砂层顶底板均由后部向前部倾斜，中部砂层近下部夹有砂质黏土透镜体（厚2.30m）。该砂层前部以海积为主，中部及后部则以冲洪积为主。砂层下部为砾质黏土（花岗岩残积层），也具有由后部向前部逐渐变厚的规律，底部基岩为花岗岩（$J_3^{1a}\eta r$）（图6-12）。

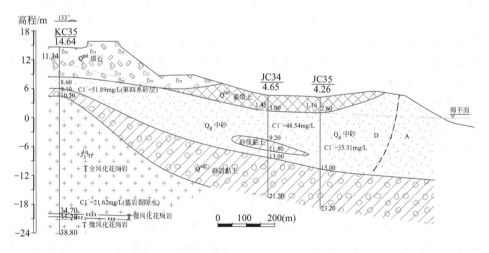

图6-12 大梅沙河区20—20′水文地质剖面图

（4）河流建设

河流上游建有上坪水库（小型）。中下游河道人工改造较大，谷地后部进入水池前有一段人工修筑渠道和涵洞。谷地中部河道及地表水塘经整治，改造成一个具有统一水面的近似环形景观水池（分布于谷地东部），水池面积约$(3\sim4)\times10^4m^2$。水池下游于环梅路北西侧有一长约130m，高2.0～3.50m

浆砌条石水坝（溢水坝），过坝后河水由涵洞穿过马路，通过与环梅路平行的五孔水闸，过闸后由人工渠引入一近南北向 13 孔闸，河水由该闸泄入海中。

（5）海水入侵现象

① 河水现状。由于大梅沙河中、下游已改造成景观水面（水池），水池的主要补给来源为大梅沙河上游及水库水，下游有一砌石坝及两道水闸拦截，水塘水面一般较海水面高 3.5～4.0m，因此海水难以进入河道（水池）中，水池水经取样分析，Cl⁻ 浓度 17.44mg/L，属淡水。

因此，大梅沙河在入海前无论是河道还是水池水，仍保持其淡水状态，无海咸水入侵危害。

② 地下水现状。据勘察钻孔由后至前（KC35、JC34、JC35 孔）取地下水样分析，结果显示均为淡水。地下水中 Cl⁻ 浓度，分别为 51.89mg/L（基岩裂隙水为 21.62mg/L）、48.54mg/L、35.31mg/L。另据搜集的资料显示：沙滩井水的电导率为 747μS/cm，小梅沙沙滩井水电导率为 2990μS/cm；盐含量为 34mg/L，小梅沙沙滩井水盐含量为 1502mg/L。可见，大梅沙沙滩井水其咸度明显低于地质条件相似的小梅沙海岸沙滩地下水。

另据图 6-13 地质剖面分析，含水层（砂层）具明显由上游倾下游的趋势，其地下水位也具有由上游向下游（即由谷后部向前部）倾斜的趋势，前部地下水明显高出海平面（1.16～1.45m），可看出地下水的运动方向也是自谷地后部向前部运动，加之地表有较大面积淡水覆盖，地表淡水可不断补给地下水，使地下水水位高于海水水位约 3.0～4.0m。以上诸多因素导致地下水处于不断向海岸带运移的形式，即形成地下淡水补给海水的形势，从而阻止了海边砂层中的咸水向海岸内深处运移（入侵）。

因此可以认为，大梅沙谷地特殊的地质环境使大梅沙谷地地下水目前尚无海咸水入侵地质灾害，仅海岸沙滩宽约 50～100m 范围，遭到海水入侵地质灾害。

6.2.2.7 葵涌河

（1）概况

葵涌河发源于深圳与惠阳交界的火烧天西侧，流域面积约 41.9km²，干流长约 10.4km。河流中游有一支流，于洼地上部汇入葵涌河，葵涌河干流由洼地向北东方向延伸至新屋田水库，向上至山区峡谷段，其支流由洼地西部边缘向北西方向延伸至山区。河流上游为山区，中游为一东西宽约 2.7km、南北长约 3.0km 的溶蚀洼地，洼地地形较平坦，略向下游倾斜；下游为花岗岩河谷，河谷呈 "U" 形，长约 1.3km，两岸边坡较陡（约 30°～50°）。该段河道坡降较大（约 7.7‰）。于沙鱼涌处注入大鹏湾，为基岩海岸。

（2）水文及潮汐

河流水量变化较大，干旱季节河道内水量不大，中游约 10m³/s，下游可达

$30\text{m}^3/\text{s}$；雨季水量较大，最大流量可达 $3\sim5\text{m}^3/\text{s}$，具有典型山区河流水文特征，即河水位暴涨暴落。

河道中游由于流经葵涌镇，接纳生活及工业污水较多，河流中下游河水污染较重，尤其下游干旱季节河水黑臭。

因葵涌河下游为峡谷型河流，河床比降较大，故海水沿河道上溯距离受到一定制约，近入海口段受潮水顶托海水沿河道上溯最大可达 800m。

（3）河区地质结构

葵涌河中游地段为葵涌溶蚀洼地，河流两岸阶地发育但部分地段不对称，其中左岸部分为基岩，据勘察资料，阶地第四系多具二元结构，上部为黏性土或填土，厚度一般为 4.70～5.10m，下部不同地段分别为中砂及卵石等，中部厚，上、下游薄，一般厚度为 1.90～9.50m，其中JC38孔于卵石层下见有厚 8.30m 粉质黏土。部分地段第四系覆盖层多为粉质黏土，亦见有砾质黏土、粉土等，厚度 5.60～21.90m，底部基岩为石炭系石磴子组（C_{1S}）碳酸盐岩（灰岩及大理岩），岩溶发育，因厚度大未揭穿。

下游河段（长约 1.3km）为基岩峡谷型河谷，两岸基岩为 $J_3^{1a}\eta r$ 和 $K_2^{1b}\eta\gamma$ 花岗岩（图 6-13）。仅河流左岸有断续高出河床 5～10m 平台，入海口处宽约 80～100m。

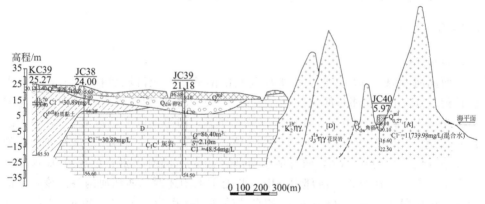

图 6-13　葵涌河区 23—23′水文地质剖面

（4）河道建设

① 上游建有新屋田水库［小（Ⅰ）型］。

② 河流中游即流经葵涌镇一段，河道两岸多为浆砌石或砌石挡墙，河床为砌石铺底。河流下游基本保持其原始状态，两谷坡基岩裸露，河床较狭窄，宽约 20～40m，河床多为砂土及块石，局部有砌石护坡。

（5）海水入侵现状

① 河水现状。葵涌河入海口段即下游 1.30km 长的河段均为花岗岩基岩峡谷，两岸基岩裸露，坡度较陡，河床比降大，据对河水（中游、下游）取样分

析，距入海口 250m 处河水中 Cl⁻ 浓度为 2030.93mg/L，距入海口 1000m 取样河水中 Cl⁻ 浓度 96.48mg/L，沿河向上各河段及支流取样河水中 Cl⁻ 浓度为 21.69～68.70mg/L，仅 3000m 处河水因遭污染水中 Cl⁻ 浓度为 107.20mg/L。由此可见，因涨潮引起海水倒灌，沿河道上溯距离约为 800m，以上河段尚未遭海水倒灌咸化的影响。

② 地下水现状。据勘察资料，仅在距海岸约 500m，临河 JC40 孔花岗岩基岩裂隙水中 Cl⁻ 浓度较高，为 11739.98mg/L（第一次监测为 10813.67mg/L）。在位于葵涌河中游各孔，JC39、JC37 孔为溶洞裂隙水，KC39 孔为第四系孔隙水，地下水中 Cl⁻ 浓度为 30.89～48.54mg/L。由以上勘察资料可看出，地下水遭受海水入侵地质灾害地段与地表河水咸水上溯距离相近，具体为葵涌河地段海水入侵地下水仅限于近入海口地段花岗岩基岩裂隙水中，中游灰岩、大理岩区岩溶溶洞裂隙水及上部第四系孔隙水均未遭受海水入侵地质灾害（见文献［31］附图）。

葵涌岩溶洼地地下岩溶溶洞裂隙水被留作备用供水水源地，一旦开采使用该岩溶溶洞裂隙水，且采用大降深开采（降深＞20m）时，岩溶洼地地下水可能形成低于海平面的降落漏斗，此时可能形成花岗岩区一些顺河裂隙系统或存在岩溶洼地与海相通的导水断层，可能发生海水沿这些导水通道倒灌，进入岩溶洼地地下水系统，从而形成海水入侵地质灾害，恶化葵涌洼地地下水资源。

6.2.2.8 西涌河

（1）概况

西涌河发源于深圳东部大鹏半岛高峡山南麓，河流流域面积 14.35km²，干流长约 5.05km，毗邻东部沟谷中有一支流于近入海口处汇入西涌河中。西涌河上游为基岩（$J_3^{1a}\eta r$ 和 $K_1^{1c}\eta\gamma$ 花岗岩）峡谷河流，河道比降大（达 10%），中下游 1.6km 范围地形平缓，为一北窄南宽谷地，谷地宽 0.2～0.6km。该谷地东侧为一较小谷地，长约 0.9km，两谷地于前部合并为一长约 3.2km、宽约 0.6km 的海岸带，勘探工作布设于西部沟谷中，此处重点阐述西部西涌河沟谷。该谷地前沿近海岸地段有一宽 0.2～0.6km 的自然砂坝，高程为 8.4～13.70m。中部谷地谷底高程为 4.4～4.8m，在其前部与砂坝间有长约 1.5km、宽 0.4～0.7km 高位海水养殖区。河流由上游呈北西方向进入本区，至下游河流仍呈近北西方向于高位海水养殖水塘间穿过，至沙坝下则沿砂坝脚下前行至谷地北东侧基岩坡脚下天后宫后，折向东沿基岩山脚北行约 400m 注入南海西涌湾。为砂砾海岸，入海口右岸（东侧）为基岩海岸。

（2）水文及潮汐

西涌河流域面积小，河水流量变化较大，枯水季节下游流量约 30m³/s；暴雨过后，河水则猛增，最大河水流量可达 30m³/s。其中游上段河水湍急，河流下游地形平缓，受潮汐影响明显，受潮水顶托，河水位变化明显段约 1.2km。

（3）河区地质结构

据勘察资料显示，西涌河谷第四系沉积厚度由后部向前部逐渐增加，后部（JC44 孔）厚 9.90m，中部（JC45、JC46 孔）厚 21.50～31.00m，前部（KC49 孔）厚＞41.50m。第四系沉积层主要为海相沉积，仅谷地后部（JC44 孔）上部有 2.80m 第四系冲洪积砂层，谷地中部及前部上部有厚度较大的砂层，厚 12.40～17.80m。前部（KC49 孔）砂层下部有粉土透镜体，谷地中部砂层下（JC45 及 JC46 孔范围）为厚 5.30～7.40m 的淤泥质黏土，其下为粉土及砂层，底部为花岗岩（$J_3^{1a}\eta r$）。谷地后部（JC44 孔范围）表层为 1.40m 中细砂，下为 1.40m 粗砂，两砂层均为冲洪积层，砂层下为 4.20m 淤泥质黏土，下部还有 1.70m 冲洪积砂质粉土，底部为花岗岩（$J_3^{1a}\eta r$）（图 6-14）。该谷地前部以海相沉积为主，仅近谷地后部有小部分冲洪积沉积。

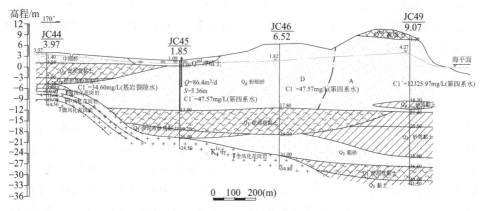

图 6-14　西涌河区 27—27′水文地质剖面

（4）河流建设

河道基本未加整治，绝大部分保留其原始状态。河流下游河床多为砂层，中游河床则以砂质黏土为主，亦有部分河床为砂层，下游两岸为高位海水养殖水塘，中游两岸多为杂草，灌木及乔木杂生，仅于几个桥位处上、下游有约 10m 浆砌石挡墙或护坡。

（5）海水入侵现状

① 河水现状。由于下游河段范围多为高位海水养殖场，且地形较低，因此受海水倒灌影响较严重。据对河水取样分析，与海岸线垂直距离 340m（顺海岸带有一较高砂坝），河水沿砂坝内侧底部流过，该河水样未按取样点与河流入海口距离评价。河水中 Cl^- 浓度为 12870.30mg/L（海水中 Cl^- 浓度为 18292.20mg/L）。与海岸线垂直距离约 900m 处，河水中 Cl^- 浓度为 2887.97mg/L，与海岸线垂直距离 1700m 处，河水中 Cl^- 浓度则为 21.52mg/L。由此看出，在与海岸线垂直距离约 1000～1200m 以上河水未遭受海水入侵影响，即海水倒灌上溯距离约为 1.0～

1.20km（垂直海岸线距离）。

②地下水现状。西涌河谷垂直海岸线共施工 4 个钻孔，各孔中第四系砂层均较厚，是该河谷地段的主要透水含水层，也是可造成海水入侵的主要含水层位。经对各孔地下水采样分析，与海岸线垂直距离约 150m 的 KC49 孔，第四系孔隙水中 Cl⁻ 浓度为 12325.97mg/L（海水中 Cl⁻ 浓度为 18292.20mg/L）；与海岸线距离约 700m 的 JC46 孔中第四系孔隙水（与 KC49 孔为同一含水层）中 Cl⁻ 浓度仅为 47.57mg/L，距海岸线 1200m 的 JC45 孔中第四系孔隙水（与前两孔 KC49、JC46 孔为同一含水层）中 Cl⁻ 浓度为 47.57mg/L，距海岸线约 1800m 的 JC44 孔中第四系孔隙水（与中前部 JC45、JC46、KC49 孔为不同含水层）中 Cl⁻ 浓度为 34.60mg/L。

由上述资料可以看出，地下水中 Cl⁻ 浓度随着与海岸线的距离变大逐渐变低，地下水与地表水距离相同，水中 Cl⁻ 浓度不同，如 KC49 孔，距海岸线 150m，河水距海岸线 340m 处水中 Cl⁻ 浓度相当，河水中海水入侵较地下水中海水入侵的距离要大。由于地下水位在河流中游普遍高于河水位，形成地下水补给河水，造成地下水较地表水中 Cl⁻ 浓度低。

6.2.2.9　新圩河

（1）概况

河流发源于七娘山，上游为山区河谷，呈"V"形，中、下游进入新圩开阔谷地，谷地呈南北向展布，东西宽 2.1km，南北长约 2.7km。河流入海口段约 0.8km 为人工整治河道，河道宽约 15～20m，两岸有护坡及挡土墙，其上游为宽 60～80m 原始河道，两岸仅有高约 3.0m 土堤，土堤外为养殖鱼塘。河床多为砂、卵石，仅下游部分地段为淤泥河床。河流入海口段东侧（左岸）为高位海水养殖区，养殖区临海岸筑有高程为 4.0～5.7m 海堤设闸与海水相通。河流干流长 5.2km，流域面积 17.5km²，河流于大亚湾海洋生物实验站前注入大亚湾，为淤泥质海岸。

（2）水文及潮汐

河流由于上游建有水库，枯水季节河床近乎断流，雨季则河水流量猛增，雨季河水流量可达 2～5m³/s，具典型山区河流特征。

河流入海口段及其上游宽阔河段（距入海口约 1.5km 河段）受潮汐影响海水倒灌现象明显，河水位随潮汐变化明显。

（3）河区地质结构

于开阔沟谷中施工钻孔 4 个，据勘察资料，沟谷中地质结构较复杂，其中 3 个孔（KC45、KC46、KC47 孔）上部以冲洪积为主，下部为强风化花岗岩（$J_3^{1a}\eta r$）。上部冲洪积层有不厚的含水层，即卵石（3.0m）、砾砂（1.20m）、中细砂（1.10m），含水层底板高程自后向前分别为 3.15m、0.15m、0.70m，含水层底板由沟谷后部向前部倾斜，含水层岩性后部为直径 2～5cm 卵石，含较多中粗砂，向沟谷前缘相变为中细砂及砾砂，含水透水性较好；其下为相对隔水的含砾石粉质黏土及砾质黏土，厚度分别为 5.16～7.20m 及 1.80m；底部则为深厚的全风化及强风化花岗岩（$J_3^{1a} \eta r$），为弱含水层（其中 KC47 孔孔深 51.60m 未揭穿）。KC48 孔位于沟谷后缘山坡地带，与前部三孔有明显差异，其上部为厚 13.10m 花风岩风化残积砾质黏土（相对隔水层），下部为弱含水全风化花岗岩（$J_3^{1a} \eta r$）（图 6-15）。

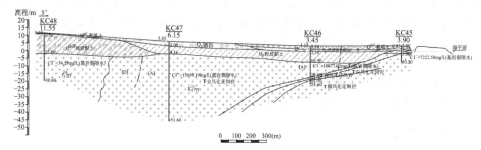

图 6-15　西圩河区 26—26′水文地质剖面图

新圩谷地内，上部含水层由两种岩性即卵石层与砂层构成，由谷地后部的卵石向前缘逐渐相变为砂层，下部为全风化花岗岩（$J_3^{1a} \eta r$）弱含水层，与上部第四系含水层之间有较厚的粉质黏土相对隔水层。两含水层在自然状态下水力联系较弱。

由第四系的底板形态及水化学特征，初步认为 KC46、K47 两孔可能位于一古海湾中。

（4）河流建设

① 水库建设。河流上游及支流上游建有香车水库与枫水流水库，均为小（Ⅰ）型水库。

② 河道建设。仅于河流入海口段约 0.6km，河流左岸为浆砌块石挡墙，河流右岸为干砌块石护坡，以上河段约有 0.8km，河流宽度为 60～80m，两岸修有高约 3.0m 土堤，土堤外均为高位海水养殖区，河流两岸有较多取水泵站，该宽阔河段上游部分河段有干砌块石护坡。

（5）海水入侵现状

① 河水现状。经对新圩河河水分段取样分析，其中上游河水均为淡水，距入海口 1750m 及 2400m 河水中 Cl^- 浓度分别为 17.44mg/L 及 17.94mg/L。下游入海口段受海潮顶托与倒灌，河水为咸水。距入海口 900m 河水中 Cl^- 浓度为 6503.28mg/L。据河道形态，海水倒灌迹象及取样分析，新圩河咸水沿河道上溯距离约为 1.4km。

② 地下水现状。据勘察资料显示，距海岸约 600m 范围内，浅层地下水（砂层）为咸水，遭受海水入侵地质灾害较重，如 KC45 孔（距海岸约 430m）浅层地下水（砂层）中 Cl^- 浓度达 7222.58mg/L，SO_4^{2-} 浓度为 500mg/L，但低

于海水中的 Cl$^-$ 浓度 18036.55mg/L、SO$_4^{2-}$ 浓度 1800mg/L；距海岸 820m 的 KC46 孔与距海岸 1740m 的 KC47 孔浅层含水层（砂层及卵石层），地下水中 Cl$^-$ 浓度分别为 47.57mg/L 与 17.29mg/L，均为淡水。另据浅层井水取样分析，亦为淡水，如 LG41 及 LG43 两民井地下水中 Cl$^-$ 浓度分别为 17.94mg/L 及 60.98mg/L。对 KC46、KC47 及 KC48 孔的深部花岗岩风化裂隙水分别取样分析，其成果是 KC46 孔风化裂隙水中 Cl$^-$ 浓度为 10077.02mg/L；KC47 孔风化裂隙水中 Cl$^-$ 浓度为 15699.39mg/L，均与现代海水中 Cl$^-$ 浓度 18036.55mg/L 较接近。KC48 孔深部花岗岩风化裂隙水中 Cl$^-$ 浓度为 34.59mg/L，由剖面地质结构及地下水水质分析成果，初步判定 KC46、KC47 两孔可能位于一古海湾后部，地下水咸度较高，系古海湾前缘较高进出海的通道被堵，海水滞留于低洼处，被后部冲洪积层掩埋形成古咸水被封存。浅部近代沉积受大气降水及上游地下淡水长期不断冲淡，致使浅层咸水逐渐变为淡水。

6.2.2.10　王母河

（1）概况

王母河发源于大鹏火烧岭南侧，流域面积 15.8km^2，干流长约 7.2km，为淤泥质海岸。该河谷谷地两端较开阔平坦，宽约 1.0～1.5km，中部较窄约 0.6km，主要为冲洪积及海积沟谷平地；谷地长约 6.2km，谷底高程上游大鹏镇一带为 11.0～21.2m，入海口地段高程为 1.0～1.5m。河流入海口段 1.0km；右岸为面积约 1.0km^2 高位海水养殖场，高程 1.5～2.9m；海岸边有高程 4.1～5.2m 土堤。河流于深圳市青少年度假营流入大亚湾西岸。

（2）水文与潮汐

王母河属山区型河流，河水主要来源于河流两岸汇集的大气降水及少量基岩裂隙水，河水流量季节性变化较大，干旱季节河水流量小，雨季尤其强降水过后河水流量猛增，具典型山区河流暴涨暴跌的水文特点。河流两岸平坦，工厂及居民区较多，河流沿途接纳生活污水及工业污水较多，河水污染较严重。

由于河流下游地形平坦，河道坡降较小，河水流速缓慢，河道内受海水潮汐影响明显，受海潮影响海咸水沿河道上溯可达 0.8～1.2km。河水位受海水倒灌顶托可上溯约 2.0km。

（3）河区地质结构

王母河沿岸主要为王母河沟谷平地，谷地较平坦，谷地内第四系发育，近地表多为素填土（厚 1.30～6.30m），仅 JC42 孔地表为 0.5m 耕植土。其下部谷地前后部存在较大差异。中上游即谷地后部以冲洪积卵石为主，厚 4.30～4.70m，卵石层下则为全风化花岗岩（$J_3^{1a}\eta r$），局部地段（JC42 孔）卵石层下有厚约 1.50m 砾质黏土，谷地中部（JC43 孔）地层较单一，上部为厚 6.30m 素填土，其下为冲洪积中细砂（厚 5.30m），与谷地后部卵石层呈相变接蚀，底部亦为全风化花岗岩（$J_3^{1a}\eta r$），谷地前部（河流下游段），距海岸约 2.0km 范围地质结构较复杂，地表有厚度不大的素填土，其下为海积粉细砂—中粗砂，厚 3.6m，海相沉积砂层下为冲洪积粉质黏土、粉砂及卵石层，粉质黏土仅在近海岸地段存在（厚度为 4.90m），粉砂层在近海岸地段分布，厚 1.90m，下部卵石层厚 4.10~7.60m，卵石层下为全风化花岗岩（$J_3^{1a}\eta\gamma$），局部（KC43 孔）地段全风化花岗岩上有较厚（约 15.6m）砾质黏土（图 6-16）。

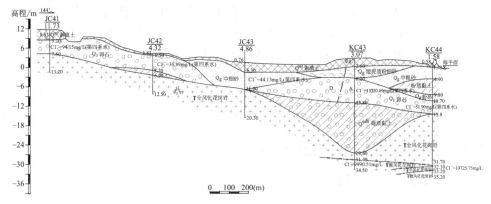

图 6-16　王母河区 25—25′水文地质剖面图

（4）河流建设

① 水库工程。河流上游建有大陇水库及正划水库，但库容均很小。

② 闸坝工程。该河于距入海口约 50m 处建一桥闸工程，设有六桥闸洞，但有一桥洞未设闸门，海水仍可通过该桥洞进出河道。

③ 河道建设。王母河整个河道均进行了人工整治，河道平直，河流两岸均筑有浆砌块石挡墙。其下游挡墙高约 3~5m，中游约 2~3m，部分河段河床铺有干砌块石，河道宽由下游 8~10m，中游 5~6m 向上游逐渐变为 3~4m。

（5）海水入侵现状

① 河水现状。河口处海水中 Cl^- 浓度为 18036.55mg/L，距入海口约 820m 河水中 Cl^- 浓度为 87.21mg/L，距入海口约 1953m、2898m 河水中 Cl^- 浓度分别为 27.91mg/L、20.93mg/L。由河水中 Cl^- 浓度分布及地形特征分析，王母河下游距入海口 800~1200m 河段河水为咸水，以上河段均为淡水。

② 地下水现状。王母河入海口段约 1.0km 右岸，即谷地前缘地带，由于受高位海水养殖及海水倒灌影响，地下水咸化程度较高，如 KC44、KC43 两孔，经地下水取样分析其海水入侵敏感指标 Cl^- 浓度高达 13320.69~10725.75mg/L。距离海岸带约 1953m 及 2898m 的 JC43 孔及 JC42 孔地下水中 Cl^- 浓度分别为 44.13mg/L 及 30.89mg/L。距海岸带约 3696m 的 JC41 孔，由于受沿河生活污水污染，Cl^- 浓度为 94.15mg/L。由勘察资料可发现，该河下游谷地（距海岸约 1.0km）范围遭受海水入侵地质灾害较严重。其谷地中后部由于地势渐高，

海咸水难以沿河道上溯到达这些地段，海咸水无其他途径深入谷地中后部。这些地段目前尚未遭受海水入侵地质灾害，但部分地下水遭生活及工业污水污染，其地下水中 Cl^- 浓度出现偏高现象。

6.3 入海河流水位变化对海水入侵的趋势预测

为了研究入海河流水位变化对海水入侵的影响，现以大沙河为例，分析河口地区海水入侵的现状与预测将来发展的趋势，以及咸潮对地下水系统的影响；本书主要是利用地下水数值模型来研究入海河流水位变化对海水入侵的影响，该模型将充分集成已有的水文地质钻探、物探和水文地球化学调查的成果，基于地下水头和水质的动态监测，结合地质、水文、气象和海洋数据，考虑人类的工程和开发利用水资源的各项活动。

6.3.1 研究区自然地理和水文地质条件

6.3.1.1 工作范围与自然地理

研究区面积 144km^2 左右，地面标高一般在 3.4～26m，区内最高点高程 430m，相关图件参见文献［31］相关附图。工作区范围东南部是深圳湾，属于伶仃洋的次生海湾。

工作区内主要地表水系有大沙河，属于雨源性河流，其地表径流主要来源于降雨，雨季时洪水注入深圳湾，非雨季时成为城市污水的排放通道。因地势低平，河床坡降小，地形被切割深度和密度都小，河道自然弯曲。目前大沙河河道已做防渗处理。

深圳湾平均宽度约 7.5km，海湾面积约 106km^2，水下地形平坦，由湾口至湾顶逐渐变浅，湾口区海域平均水深 3.9m，湾口以东平均水深约 1.9m。深圳湾属于弱潮地区，据有关实测数据表明，整个深圳湾感潮河段潮汐变化的全潮周期约为 24h 50min。

大沙河干流为感潮河段，下游的潮流界在新塘稍北。在这些河流两岸多分布有河流冲洪积阶地，阶地下部多有厚度不等的砂层、砾砂层及卵石层等，构成区内主要地下水含水层，即孔隙水含水层；其次为零星分布的基岩区表层由风化裂隙形成的基岩裂隙水。该区海岸带由于建设需要形成较大范围人工填海工程，也即形成一个新的水文地质单元，含有封存海水的特殊填海区地下水类型。

6.3.1.2 地层

工作区范围内出露的地层比较简单，基岩仅为燕山运动晚期侵入的粗粒黑云母花岗岩，第四系地层则有冲积、海积与残积三种成因的松散堆积物。三者在剖面上的基本关系是：花岗岩体的风化层上直接覆盖残积物，后期的河流或海相沉积物直接覆盖或侵蚀切割式堆积在花岗岩的残积物上。此外，许多地段上部存在人工堆积层（Q_4^{ml}）。

根据野外观察及钻孔资料记录描述，工作区地层岩性的基本特征如下：

（1）第四系松散层（Q）

第四系松散层堆积物为工作区主要出露地层，以河流冲积物为主，其次为残积、海积物，地层的厚度与岩性随空间变化很大。松散地层主要分布在大沙河及深圳湾临海一带，其主要岩性结构描述如下：

① 第四系全新统人工堆积层（Q^{ml}）。因大规模城市开发建设，深圳市区除台地、残丘地貌外，表层基本覆盖有一层人工堆积层，厚度一般为 2～7m，多为黏土或粉质黏土混砂砾（如素填土类），局部夹砖或混凝土块、碎石。近海滨地带还常夹黑色淤泥质土。大致趋势为北部薄，南部厚，压密程度中等，在某些典型地段如滨海大道以北的填海区，堆积层透水性良好。

② 第四系河流冲积层（Q_4^{al}）。主要由中粗砂、砾砂组成，含少量卵石及粉质黏土，厚度约 0～15m；结构疏松，孔隙度大，含水性良好，为本区最主要的含水层。这一主含水层分布的典型地段（厚度大于 8m）集中在大沙河两侧。

③ 第四系海相沉积层（Q_4^{al-m}）。连续分布在现代海滩，常与现代冲积物交互沉积，岩性为黑色淤泥或淤泥质黏土间有砂石混合物，厚度不大，透水性较弱。

④ 第四系残积层（Q^{edl}）。工作区残积层主要为下覆花岗岩体的全风化带，广泛出露于北部低山丘陵区，第四系冲海积层下部也常常揭露，地层分布比较稳定但厚度变化很大，一般 5～15m，往往与下覆花岗岩强风化带不易区分。其岩性主要为棕红色砂质或含砾黏土层，坚硬致密，透水性弱，在本区属于相对隔水层。

（2）燕山期花岗岩

燕山期侵入的花岗岩体成为整个工作区的基底，其岩性主要是黑云母花岗岩。钻探揭示花岗岩体上部普遍存在一定厚度的风化层，并可按风化程度分为强风化、中—微风化两个风化带，各自的含水、透水能力及水力性质差异明显。

① 强风化层。残留花岗结构，经强烈风化作用，岩石结构松散，风化裂隙发育，尤其中下层部位更甚，为地下水的贮存创造了较为有利条件。该层层位稳定，分布广，一般厚度 6.5～42.9m，平均为 23m，含水介质主要为风化裂隙，属于基岩裂隙含水层。

② 中—微风化层。呈块状构造，经风化作用岩石硬度有所降低，含水、透水能力随岩石的风化程度、构造裂隙发育程度不同而异。

6.3.1.3 含水层和地下水类型

（1）含水层

① 第四系松散岩类孔隙水。这类地下水分布于该区主要河流中、下游的两

岸阶地、冲洪积平原及近海地段海积平原下部松散中粗砂、砾砂及卵石层中，是工作区海水入侵研究的主要对象。含水层厚度一般为 1.5~5.0m，最薄的为 KC17 孔，粗砂层厚 0.6m，最厚的为 JC23 孔，砾砂层厚 10.1m。尤其是在大沙河周围，主要含水层为下伏砾砂，其厚度由上游（JC20 孔，1.6m），向下游逐渐变厚（至 JC23 孔达 10.1m）；近入海段（KC18 孔）为填海区，下部无砾砂含水层，分布有厚 7.4m 海相淤泥及 8.4m 砂质粉土等（观测孔位置图参见文献[31]）。

河流上游长陂岭河段，河流两岸为漫滩及阶地，具二元结构。上部为 1.5~6.8m 黏性土，下部为 2.5~6.6m 细砂、粗砂、砾砂等，地下水丰富。据勘探资料（两条东西向剖面、一条南北向剖面），河区无论在纵向（顺河流方向）还是横向（垂直河流方向）上，由于人工改造及整治工程，浅部普遍分布有厚度不等的人工素填土、杂填土、填石等，其中纵向且靠近上游较薄，靠近下游厚度较大。如纵向由后部 JC20 孔厚 6.0m 杂填土，向前至 JC21 孔为厚 4.1m 填石，再向前由 JC23 孔至 KC18 孔为素填土，厚度分别为 7.3m 和 5.2m。其下，后部（JC20 孔）为厚 0.8m 淤泥质砂质黏土及厚 1.6m 砾砂（本河区主要含水层），砾砂下为淤泥质土、粉土；至 JC21 孔则上为 5.3m 粉质黏土，下伏砾砂则变厚为 5.3m，再向前至 JC23 孔则粉质黏土尖灭相变为厚 2.8m 粉细砂，下伏砾砂变厚达 10.1m；底部由后向前多为风化残积的砾质黏土及花岗岩。近入海段 KC18 孔则与其他段地质结构差异较大，浅部为厚 5.2m 素填土，其下为厚 7.4m 海相淤泥，再下部为 8.4m 厚砂质粉土夹厚 3.3m 粉质黏土，底部亦为风化残积砾质黏土及花岗岩（图 6-17）。

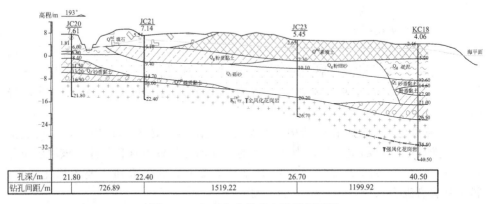

图 6-17　由南向北的水文地质剖面图

距入海口约 2.8km 河流东侧浅部为厚 1.0~4.1m 素填土及填石，其下近河地段为厚 5.3m 粉质黏土，向东变为厚 5.9m 淤泥质黏土，至 KC19 孔则其下为深厚的残积砾质黏土，距河约 1.0km 范围内，下部为本河区主要含水层砾砂，由河岸向东逐渐变薄，最后于 KC19 孔前尖灭。基底均为砾质黏土及花岗岩（图 6-18）。

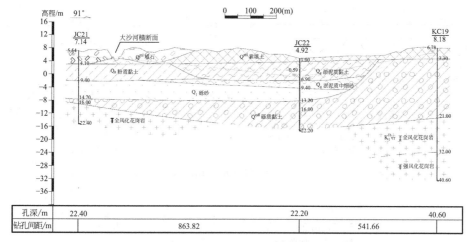

图 6-18 由西向东的水文地质剖面图

② 基岩裂隙水。基岩裂隙水主要分布于该区基岩裸露及浅埋区，基岩以块状花岗岩为主，部分为变质岩、混合岩及石英砂岩，其浅部因遭受强烈风化作用，致使风化裂隙发育，为地下水赋存提供了一定空间。

（2）相对隔水层

深部完整基岩可视为相对隔水层；低丘前缘台地上分布有较厚残坡积含砾石粉质黏土，其透水性差，可视为相对隔水层；海相和滨海相沉积的淤泥、粉砂质淤泥、粉质黏土等透水性差的可视为相对隔水层。

6.3.2 地下水动态

天然条件下，本区含水系统顶部接受降雨入渗补给、潜水蒸发，并与河流及海进行质与量的交换。大部分范围内地下水动态受降雨控制；在河岸、海岸地段，又受河水与海水位影响。

（1）地下水位与降雨的关系

研究区 1983—2007 年的降雨量如图 6-19（a）所示，多年平均降雨量为1900mm，其月动态如图 6-19（b）所示。长期水位动态孔共有 1 个，位于白石洲裂隙含水层，为民井，深度为 0～8.10m。收集到 1984—2001 年连续的水位动态监测数据（图 6-20），地下水变化不大，年内地下水变幅在 2m左右，其水头的峰值与降雨量峰值基本对应，即降雨量大时水头高。香港大学地球科学系曾于 2004—2006 年对大沙河和湾夏的地下水位进行了连续监测，水位动态如图 6-21 和图 6-22 所示，其水头略有下降的趋势，年内变幅在 1m 以内，其峰值与降雨量曲线的峰值对应，说明监测孔的水位受降雨影响较大。

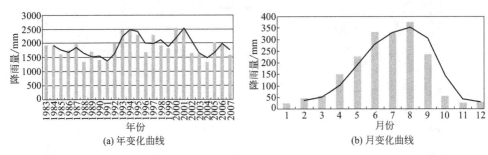

(a) 年变化曲线

(b) 月变化曲线

图 6-19　降雨量变化曲线

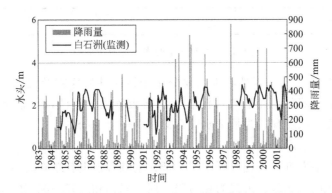

图 6-20　白石洲地下水长观孔地下水位动态（横坐标刻度点的时间为当年 1 月）

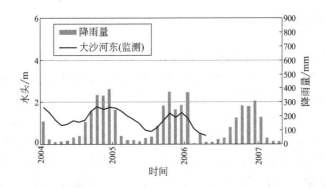

图 6-21　大沙河东地下水监测点地下水位动态（横坐标刻度点的时间为当年 9 月）

（2）地下水位与河水的关系

从北部流入研究区内的大沙河，由北向南贯穿研究区。目前的河床已做防渗处理，其河水与地下水的关系与原来自然河道相比，已相对减弱。但实际情况表明，该河水与地下水的关系依然相当密切。

实地调查发现（图 6-23），河底防渗砖块或石块之间松动，其间缝隙明显。

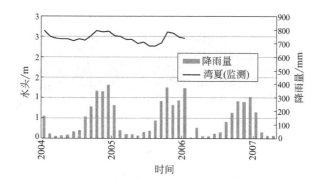

图 6-22　湾夏地下水监测点地下水位动态
（横坐标刻度点的时间为当年 9 月）

图 6-23　大沙河河底沉积物调查图
注：左图表明，河底防渗砖块或石块之间松动，其间缝隙明显；
右图显示红线内河底部分铺设有渗透性较好的细砂包。

河底部分地段河水与地下水维持一定联系，铺设有渗透性较好的细砂包，其两岸沉积了较厚的松散层，具有良好的导水性能。

对 JC20、JC21、JC23 孔进行了地下水位动态监测，自动监测的 JC20 孔水位呈现不规律波动，波幅达 2m。实地调查发现，距 JC20 号孔很近的地方，河内有一个翻板闸，有时候会挡水，有时候会放水，造成 JC20 孔中地下水水位发生很大变化，表明地下水位与河水位的联系非常密切。

（3）地下水位与海水的关系

深圳湾属于弱潮地区，据有关实测数据表明，整个深圳湾感潮河段潮汐变化的全潮周期约为 24h 50min。大沙河干流为感潮河段，下游的潮流界在新塘稍北。2007 年 11～12 月潮汐波动数据表明（动态曲线见图 6-24），高潮和低潮相差 3m 左右，一般一天内有两次高潮和两次低潮。

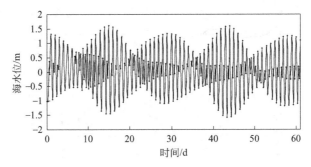

图 6-24　蛇口站潮汐水位动态曲线

6.3.3　海水入侵水文地质概念模型及数据需求

6.3.3.1　水文地质概念模型

（1）边界确定

研究区的含水系统为多层含水系统。北部属于花岗岩残丘台地，上覆弱透水的残积土层与冲积松散堆积物，下部是花岗岩裂隙含水层；西部与东部均为花岗岩分布区，因局部地势较高存在小型地下水分水岭；南部为临海边界。研究区域各边界概化如下。

北部边界：区域资料反映，研究区的北部为花岗岩分布区。根据钻孔数据绘制的花岗岩顶板等值线，其顶面起伏剧烈，因此上覆第四系厚度变化较大。冲积成因的堆积物直接覆盖在花岗岩顶部，可作为第二类边界的通量边界。从北部流入研究区内的大沙河，由北向南贯穿研究区，目前的河床已做防渗处理，河水与地下水之间仍有明显水量交换。

西部和东部边界：大部分属于花岗岩分布区，可视为地下分水岭，或作为第二类边界的通量边界。

南部边界：为海水边界，概化为定水头、定浓度的一类边界。海水只是切割孔隙含水层，未达到裂隙含水层。

含水系统顶部接受降雨入渗补给、潜水蒸发以及与河流的水量交换。降雨入渗补给和潜水蒸发概化为第二类边界；河流和地下水交互概化为第三类边界，其交互关系由地下水位和河水位决定，河流切割到孔隙含水层；下部以花岗岩弱风化层底板为底部边界，介质几乎不透水处理为零通量边界。

（2）地下水系统概化

根据研究区地下水系统的特性和钻孔剖面揭露资料，垂向上将地下水系统概化为6个模拟层，由上至下分别为：

① 第四系的人工填土和耕植土层。因大规模城市开发建设，深圳市区除台地、残丘地貌外，表层基本覆盖有一层人工堆积层，厚度一般2～7m，多为黏

土或粉质黏土混砂砾（如素填土类），局部夹砖或混凝土块、碎石。近海滨地带还常夹黑色淤泥质土；大致趋势为北部薄，南部厚，压密程度中等，在某些典型地段如滨海大道以北的填海区，堆积层透水性良好。

② 第四系冲积砂砾石层。细砂、中粗砂、砾石及砂砾层为主要含水介质，中间局部地段夹淤泥、淤泥质亚黏土及黏土，为研究区主要孔隙含水层。砾砂的渗透系数小的为 20.0m/d，大的可达 70m/d 左右。白石洲水文地质试验结果表明，抽水试验求取的渗透系数达 56.7m/d，注水试验确定的渗透系数为 67.2m/d（含水层厚度 10m）。分布于大沙河三角洲，厚度变化区间 0～15m，局部地段存在缺失，在缺失地段将其厚度按线性变化进行延伸。

③ 砾质黏性土层。河流冲洪积区由残积砾质黏性土组成，一般厚度在 5～20m，局部地段缺失或可达 30m，渗透性差，属于相对隔水层；基岩山区为风化岩土地；临海区为海相沉积层与现代冲积物交互沉积，岩性为黑色淤泥或淤泥质黏土间有砂石混合物，厚度不大，透水性一般较弱。

④ 花岗岩上层。为强风化花岗岩形成的黏土层，遍布全区，一般厚约 20m，渗透性较弱。

⑤ 花岗岩中层。残留有花岗结构，经强烈风化作用，岩石结构松散，风化裂隙发育，尤其中下层部位更甚，为地下水的贮存创造了较为有利的条件。该层层位稳定，分布广，一般厚度 6.5～42.9m，平均为 23m，含水介质主要为风化裂隙，属于基岩裂隙含水层。

⑥ 花岗岩底部。几乎没有风化作用，渗透性很低，厚度为 140m 左右。

6.3.3.2　数据需求与整理

（1）钻孔数据

从深圳市各工程勘察单位收集和整理大量钻孔资料，工作区有大量钻孔，其分布如图 6-25 所示。每个钻孔均有详细的岩性记录、初见水位、地形高程，部分钻孔还取水进行了水质化验。在研究区补充新钻孔 24 孔。

（2）水文地质参数

对于水文地质试验，中国地质大学（武汉）曾在白石洲进行了抽水试验和弥散试验，试验得出在白石洲孔隙介质的渗透系数为 57m/d，裂隙介质的渗透系数为 2.3m/d，纵向弥散系数为 1.5m，横向弥散系数为 0.2m。由于尺度效应纵向弥散系数和横向弥散系数在实际数值模拟中取值有差异，本书对 JC21 进行了抽水试验，得到该区渗透系数为 0.37m/d。另参考了与研究区地质条件相似的香港的水文地质参数[14-15]，香港岛半山区风化的花岗岩平均渗透系数为 0.08m/d，裂隙发育带可高达 8m/d。由于缺乏实测资料，垂向渗透系数一般取水平渗透系数的 1/5。这些参数作为参数初值输入模型，最终值通过计算水位与实测水位反复拟合确定。

图 6-25　收集的钻孔分布图

6.3.3.3　地下水流-水质数学模型及河水-地下水关系模拟

为真实地反映渐变的咸淡水界面，采用变密度溶质运移方程。

（1）控制方程

Huyakorn（1987 年）提出变密度水流的三维流控制方程为

$$\frac{\partial}{\partial x_i}\left[K_{ij}\left(\frac{\partial H}{\partial x_j}+\eta C e_j\right)\right]=S_s\frac{\partial H}{\partial t}+\varphi\eta\frac{\partial C}{\partial t}-\frac{\rho}{\rho_0}q \quad i,j=1,2,3 \qquad (6\text{-}1)$$

式中，K_{ij} 为渗透系数张量；H 为淡水的参考水头；$x_i,x_j(i,j=1,2,3)$ 为笛卡尔坐标；η 为密度耦合系数；C 为溶质浓度；e_j 为第 j 个重力单元向量分量；S_s 为储水系数；t 为时间；φ 为孔隙度；q 为单位体积多孔介质源（汇）项的体积流速；ρ，ρ_0 为混合流体（咸淡水）和淡水的密度。

本模型将密度认作浓度的线性函数。

三维溶质运移的控制方程为：

$$\frac{\partial}{\partial x_i}\left(D_{ij}\frac{\partial C}{\partial x_j}\right)-\frac{\partial(u_i C)}{\partial x_i}=\frac{\partial C}{\partial t}-\frac{q}{\varphi}C^* \qquad (6\text{-}2)$$

式中，D_{ij} 为弥散系数张量（$i,j=1,2,3$）；v_i 为地下水渗流速度在 x_i 上的分量；C^* 为源（汇）项浓度。

其中渗透流速可表示为：

$$v_j = K_{ij} \left(\frac{\partial H}{\partial x_j} + \eta Ce_j \right) \qquad (6\text{-}3)$$

（2）河流与地下水的交互

河流与地下水的交换量根据地下水位、河水位、河底弱透水层的厚度和介质的渗透系数来计算，各参数如图 6-26 所示。

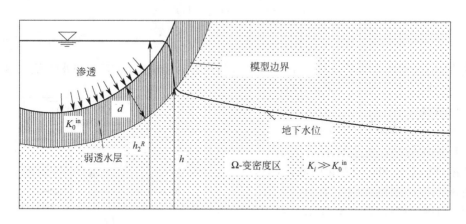

图 6-26　河流与地下水交互示意图

由达西定律，河流与地下水交换量可由下式计算。

$$q_{\text{na}} \approx -K_0^{\text{in}} \frac{\Delta h}{\Delta l} = -K_0^{\text{in}} \frac{h_2^R - h}{d} \qquad (6\text{-}4)$$

$$\phi_h^{\text{in}} \approx \frac{K_0^{\text{in}}}{d} \qquad (6\text{-}5)$$

式中，q_{na} 为河水与地下水的转换率，m/d；ϕ_h^{in} 为转换系数，d^{-1}；K_0^{in} 为河流补给地下水河底弱透水介质的渗透系数，m/d；h_2^R 为河水位，m；h 为地下水位，m；d 为河床底弱透水层厚度，m。

目前没有收集到大沙河水位和详细的水质动态数据，按照大沙河的坡降，在距河口 3550m 以内地形坡降为 0.2‰，以上为 0.3‰。依据实际调查的涨潮和退潮时河顶面水位，离河床最多 1～2m。在枯水季节上游河水干涸，河水位与河底标高接近。依据平均海水位和新增的 JC20、JC21 和 JC23 观测孔的水位，依次给出河水位所在结点的河水位。实际在 FEFLOW 中给定海水位、JC23、JC21、JC20、KC52 及西丽桥头的河水位（典型的大沙河横断面如图 6-27），依

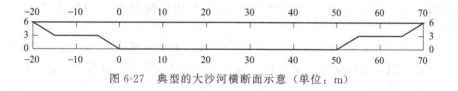

图 6-27　典型的大沙河横断面示意（单位：m）

据反距离插值法自动生成各结点的河水位。JC20 河水位为 4m，西丽桥头河水位为 10m。河水与地下水水力交换计算的注入传输率为 0.05m/d，抽取传输率为 0.10m/d。

河流和地下水溶质的交换量计算也采用类似的计算方法，河水与地下水转换的溶质通量为：

$$q_{nc} = -f_c^{in}(C_3^R - C)$$

$$\text{或者} \quad q_{nc} = -f_c^{out}(C_3^R - C) \tag{6-6}$$

式中，q_{nc} 为溶质通量；f_c^{in}，f_c^{out} 为注入和抽取的传输率；C_3^R 为河水溶质浓度；C 为河底弱透水层之下含水层的溶质浓度。

选定溶质为 Cl^-，由于没有收集到详细的涨潮退潮时河水溶质浓度随空间和时间变化的数据，由深圳市勘察测绘院（集团）有限公司调查知，在高潮位 1.43m 时，海水上溯距离为 3200m，在低潮位 −1.6m 时，海水上溯距离为 501m；在高潮位时，沿大

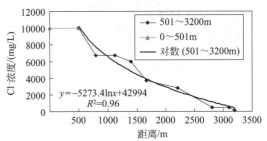

图 6-28 大沙河 Cl^- 浓度沿程
变化和对数拟合曲线

沙河隔一定断面采集河水样，通过测试获得了河水溶质沿河口至上游的变化规律，如图 6-28 所示，用对数曲线拟合获得经验公式。

对于海水涨退潮时引起的河水溶质浓度变化，通过求取海水位对应的上溯距离，其沿程河水水质的变化采用类比涨潮时河水水质变化的规律求取。在海水位为 h_r 时，上溯位置为：

$$D_r = (3200 - 501)/(1.43 + 1.6) \times (h_r + 1.8) + 501 \tag{6-7}$$

河口附近海水 Cl^- 浓度一般为 10000mg/L，因此给定一类海水边界的定浓度为 10000mg/L，且在 0~501m 范围内，河水 Cl^- 浓度为 10000mg/L，在离河口 x 处，x 在 $(501, D_r)$ 范围，其 Cl^- 浓度为：

$$-5273.4\ln[501 + (x - 501) \times (3200 - 501)/(D_r - 501)] + 42994 \tag{6-8}$$

依据上述公式计算出 JC23、JC21、JC20、KC52 及西丽桥头的河水 Cl^- 浓度随时间的变化规律，然后在 FEFLOW 中插值生成大沙河各结点的河水 Cl^- 浓度。河水与地下水的溶质交换计算的注入和抽取传输率分别取为 75m/d 和 150m/d。

建立的模型采用 FEFLOW 软件进行计算，主要计算出水位、溶液浓度和温度等标量数据，模拟降水、地表水、地下水的流动与转换，计算出流速、流线及流径线等向量数据。

6.3.3.4　区域离散

按照划分的水文地质概念模型，分为六个模拟层。用折线拟合大沙河河道形状，共 31752 个结点，53160 个单元。三维实体模图如图 6-29 所示。

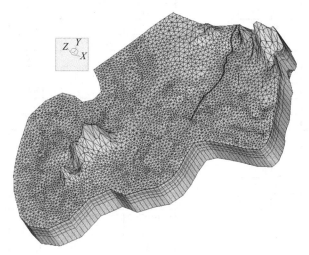

图 6-29　离散的网络单元示意图

6.3.3.5　水文地质参数设置

水文地质参数分区图如图 6-30，各分区的参数取值见表 6-1，其中分子扩散系数取为 $6.6 \times 10^{-6} \mathrm{m}^2/\mathrm{s}$。

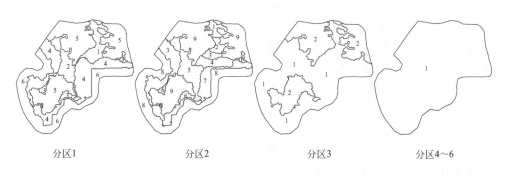

分区1　　　　　　分区2　　　　　　分区3　　　　　分区4~6

图 6-30　水文地质参数分区图

6.3.3.6　降雨入渗补给分区

综合考虑降雨和潜水蒸发，给不同类型的土质不同的入渗系数。整个区域共分四个区域，即 1、2、3、4 分区（图 6-31），入渗补给系数取值分别按 20%、10%、5%、0%。

表 6-1　参数取值估计值

模拟层	分区号	平面渗透系数 /(10⁻⁴ m/s)	K_{zz} /(10⁻⁴ m/s)	S_y	S_s /(10⁻⁴ 1/m)	a_L /m	a_T /m	ϕ
1	1	0.02000		0.08	6	0.15		0.05
	2	0.00970		0.09	6	0.1		0.05
	3	0.01500		0.08	6	0.15		0.05
	4	0.00700		0.09	6	0.1		0.05
	5	0.00580		0.08	6	0.08		0.05
	6	0.00250		0.08	7	0.06		0.05
2	1	0.02700		0.12	7	0.25		0.08
	2	0.15000		0.15	5	11.5		0.25
	3	1.30000		0.25	6	10		0.23
	4	6.50000	为平面渗透系数的 1/5	0.33	3	15.3	为纵向弥散系数的 1/10	0.3
	5	2.90000		0.3	3	0.3		0.08
	6	2.50000		0.25	7	4		0.1
	7	4.20000		0.3	6	12.5		0.28
	8	0.80000		0.2	4	8.5		0.2
	9	0.02500		0.08	5	0.3		0.08
3	1	0.02400		0.05	6	1		0.1
	2	0.10000		0.13	4	0.5		0.08
4	1	0.02800		0.12	4	1.2		0.1
5	1	0.53000		0.16	6	2.5		0.1
6	1	0.00010		0.08	7	0.005		0.05

6.3.3.7　初始地下水流场

研究区地下水位动态监测点分布不均，无法知道空间上地下水的详细动态分布。在 20 世纪 80 年代以前研究区基本没有填埋工程和开发利用地下水，假定 1983 年地下水流场是一个稳定场，1983 年之后地下水位受降雨入渗、填海工程和人类开采影响。人类开采主要集中在 20 世纪 80 年代末和 90 年代，目前无法收集到开采量和位置的数据，在模型运行中不考虑地下水开采。

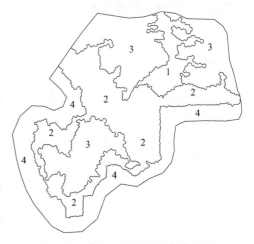

图 6-31　降雨入渗补给系数分区图

6.3.4　大沙河河口潮汐对地下水系统影响的模拟分析

（1）模拟时间和参数设置

选取模拟时间范围为 2008 年 11 月 1 日至 2008 年 12 月 31 日，共 61d，采用 FEFLOW 软件中 AB/TR 法计算的自动时间步长。地下水初始流场采用从 1983

年初的稳定流场逐步计算至 2008 年 10 月底的水头分布。大气降雨数据是以月为单位输入模型中，2008 年研究区月降雨量动态如图 6-32，在模拟时间范围内降雨量很少，11 月为 2.2mm，12 月为 0，可反映枯水季节海水位变化引起的咸水入侵现象。潮汐水位采用的是 2008 年 11～12 月蛇口港的海水位（以黄海高程坐标系为基准面），每天四个数据，如图 6-33。最高潮水位为 1.61m，时间为 11 月 15 日 22 时 25 分；最低潮水位为－1.58m，时间为 12 月 14 日 5 时 59 分；中潮位为 0.07m，时间为 11 月 21 日 23 时 56 分。变密度模型中密度比因子取为 0.025。大沙河水文站河水位随时间变化曲线如图 6-34，大沙河水位动态图如图 6-35。

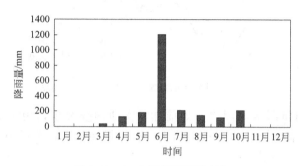

图 6-32　2008 年月降雨量变化

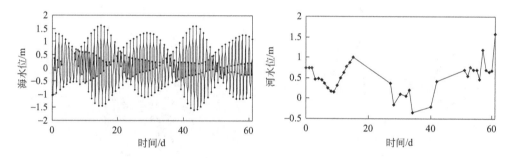

图 6-33　模拟时间段内海水位变化曲线　　图 6-34　大沙河水文站河水位随时间变化曲线

（2）初始 Cl⁻浓度的分布

选取的溶质为 Cl⁻，确定初始的浓度分布是一个比较困难的问题。根据深圳市勘察测绘有限公司进行的大量钻孔勘探及水样分析结果进行插值求得。在研究区附近的勘探孔水质样共 240 组，分布如图 6-36；近海区 Cl⁻浓度一般在 10000mg/L 左右，模型中取为 10000mg/L，分布如图 6-37。

（3）监测孔水头和溶质浓度变化

计算的时间为枯水季节，降雨补给地下水量较少，由于先期地下水接受降雨入渗补给量大，地下水位高，模型期补给量减少，地下水位开始下降。模拟的 JC20、JC21 和 JC23 孔的地下水位动态如图 6-38～图 6-40 所示。JC21 和 JC23 孔模拟和实测的水位动态基本一致，可能因为给定的海水位偏高，使模拟值偏大。JC20 孔模拟的偏差较大，可能是由于特殊地形和非均质影响，在模型中未

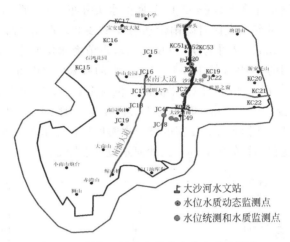

图 6-35　研究区的水文站和水位水质监测点

考虑局部的非均质影响等因素。如前述，实地调查发现，距 JC20 孔很近的地方，河内有一个翻板闸，有时候会挡水，有时候会放水，造成 JC20 孔中地下水水位即时发生很大变化。

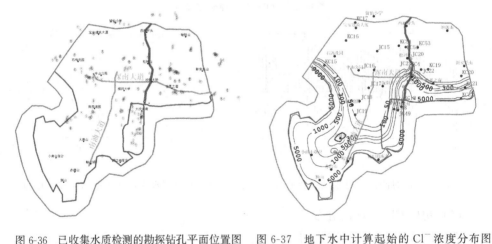

图 6-36　已收集水质检测的勘探钻孔平面位置图　　图 6-37　地下水中计算起始的 Cl^- 浓度分布图

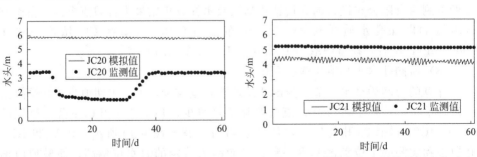

图 6-38　JC20 孔模拟和实测的地下水位动态　　图 6-39　JC21 孔模拟和实测的地下水位动态

JC47、JC48 和 JC49 孔水位模拟和实测对比图见图 6-41~图 6-43，模拟和实测结果基本接近。模拟和实测的地下水头对比统计图如图 6-44 所示，主要是模拟的 JC20 孔水头偏差较大。

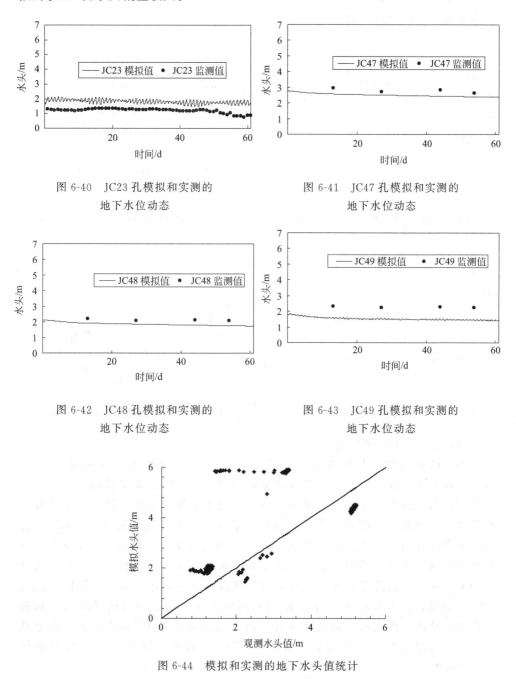

图 6-40　JC23 孔模拟和实测的
　　　　　地下水位动态

图 6-41　JC47 孔模拟和实测的
　　　　　地下水位动态

图 6-42　JC48 孔模拟和实测的
　　　　　地下水位动态

图 6-43　JC49 孔模拟和实测的
　　　　　地下水位动态

图 6-44　模拟和实测的地下水头值统计

JC20 孔模拟的 Cl⁻ 浓度随时间变化如图 6-45，JC20 孔 Cl⁻ 浓度在对应涨潮之后的一个时间段内达到峰值，在涨潮时高 Cl⁻ 浓度的水分子扩散作用使得大沙河附近地下水 Cl⁻ 浓度增高。JC47、JC48 和 JC49 孔的模拟和实测的 Cl⁻ 浓度变化曲线如图 6-46～图 6-48 所示。

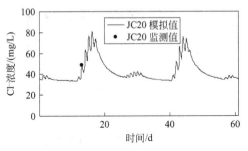

图 6-45　JC20 孔模拟的 Cl⁻ 浓度动态　　　图 6-46　JC47 孔模拟的 Cl⁻ 浓度动态

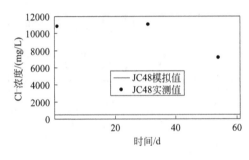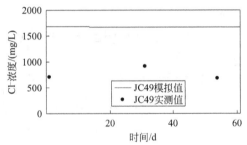

图 6-47　JC48 孔模拟的 Cl⁻ 浓度动态　　　图 6-48　JC49 孔模拟的 Cl⁻ 浓度动态

（4）地下水 Cl⁻ 浓度分布

由于模拟的四个月均为枯水季节，降雨量小，地下水系统的主要补给源——降雨入渗补给量较小，在海水涨退潮时，海水位的波动引起大沙河水位的波动，海岸线海水位的波动引起了地下水位的有规律波动，但地下水变幅范围不大。从低潮位、中潮位到高潮位的地下水头等值线图如图 6-49～图 6-51。在海水潮汐作用下，大沙河附近地下水位会随之变化，变幅在 1.0m 以内。高潮位、中潮位和低潮位对应的 Cl⁻ 浓度等值线图见图 6-52～图 6-54。地下水系统中 Cl⁻ 浓度等值线在海边界达最大值，逐渐向内陆减小，从 Cl⁻ 浓度等值线图中可看出，深南大道基本为海水-淡水的分界面，在大沙河的楔形入海口范围内 Cl⁻ 呈楔形由入海口向内陆延伸，高潮位时可波及 JC20 孔附近，附近地下水 Cl⁻ 浓度达 100mg/L 左右，退潮时，前锋线逐渐向海边退至 JC21 的南侧约 300m 处。

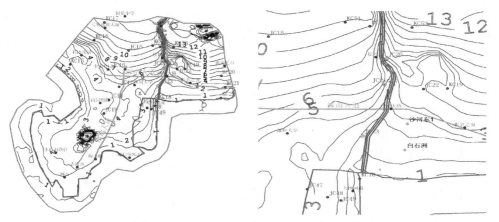

图 6-49　模拟的高潮位时水头等值线（右图为河口附近局部放大）

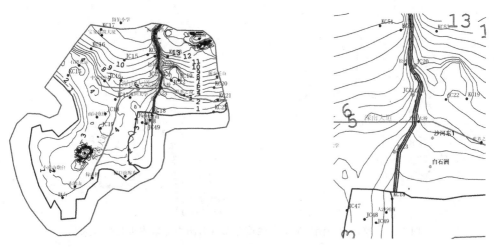

图 6-50　模拟的中潮位时水头等值线（右图为河口附近局部放大）

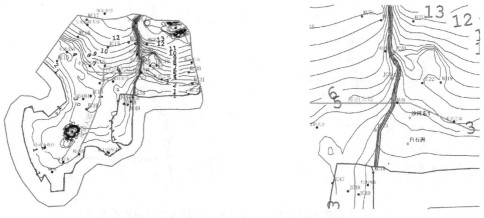

图 6-51　模拟的低潮位时水头等值线（右图为河口附近局部放大）

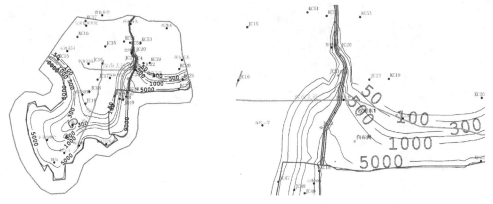

图 6-52　模拟的高潮位时 Cl⁻ 浓度分布（右图为河口附近局部放大）

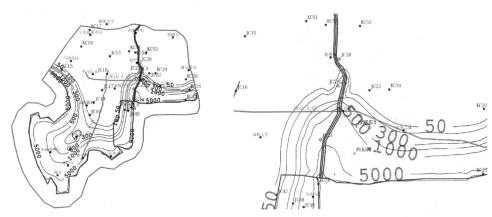

图 6-53　模拟的中潮位时 Cl⁻ 浓度分布（右图为河口附近局部放大）

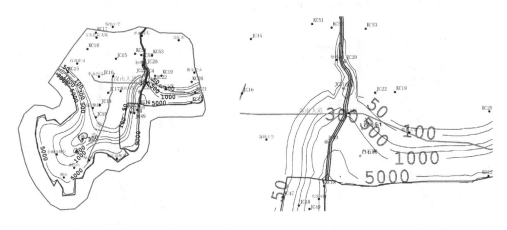

图 6-54　模拟的低潮位时 Cl⁻ 浓度分布（右图为河口附近局部放大）

（5）沿大沙河 Cl^- 浓度变化规律分析

为分析沿大沙河 Cl^- 浓度的变化，设定了剖面线 11′（图 6-55），计算的高中低潮位时对应的 11′剖面地下水 Cl^- 浓度沿线变化如图 6-56。在高潮位时，Cl^- 浓度从入海口的近 10000mg/L 逐渐减小，约在离入海口 3.25km 处变为 50mg/L 左右；在低潮位时，Cl^- 浓度在离入海口 1km 处变为很小，在约 1.9km 处仍为 1800mg/L 左右。

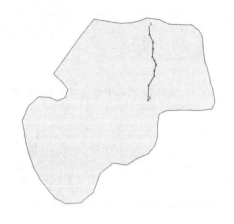
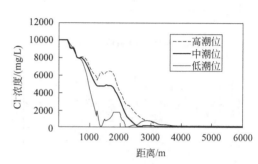

图 6-55　沿大沙河的剖面线 11′设置　　图 6-56　模拟 11′剖面高低潮位时 Cl^- 浓度变化

为更明确反映沿大沙河 Cl^- 浓度的变化，作了图 6-57～图 6-62。图 6-57、图 6-59 和图 6-61 反映了 11′剖面高、中和低潮位时 Cl^- 浓度等值线，其浓度是逐渐变化的，在大沙河周围的顶部地下水 Cl^- 浓度较高，这与常规单一含水层对应的咸淡水界面形状有一定差别。图 6-58、图 6-60 和图 6-62 反映了地下水系统仍是由北部向海流动。

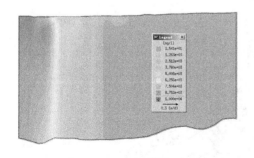
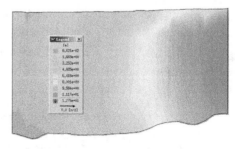

图 6-57　模拟 11′剖面高潮位时 Cl^- 浓度等值线　　图 6-58　模拟 11′剖面高潮位时水头等值线

（6）局部抽水对海水入侵影响分析

如前述，由 JC20、JC21、JC23 水位特征来看，区内可能仍有抽水。由于未知具体开采井位置，假定在离大沙河不远处深圳大学加一开采井，开采量为

$5000m^3/d$，假定开采井位于孔隙含水层，试算一下开采情况下地下水中 Cl^- 浓度的变化。

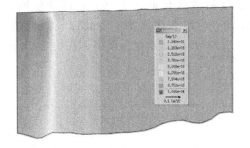

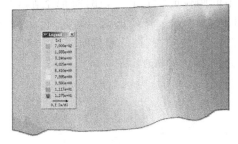

图 6-59　模拟 11′剖面中潮位时 Cl^- 浓度等值线　　图 6-60　模拟 11′剖面中潮位时水头等值线

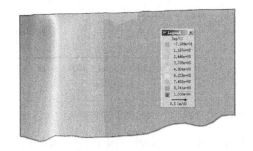

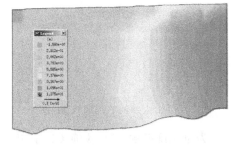

图 6-61　模拟 11′剖面低潮位时 Cl^- 浓度等值线　　图 6-62　模拟 11′剖面低潮位时水头等值线

　　开采 30d 后地下水中 Cl^- 浓度的变化图见图 6-63。以开采井较近的 JC23 孔为对象，分析开采前后其 Cl^- 浓度的变化（图 6-64），发现有地下水开采时，JC23 孔中 Cl^- 浓度会升高 500mg/L 左右，具体升高的幅度与含水层参数、开采

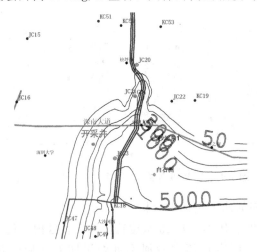

图 6-63　开采 30d 后大沙河周围 Cl^- 浓度等值线图

量等都有直接关系。

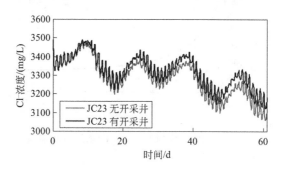

图 6-64　JC23 孔 Cl⁻ 浓度随时间变化曲线

（7）大沙河入海口闸门设置效果分析

为防止海水进入大沙河再渗漏影响地下水，深圳市可拟定在大沙河入海口修建闸口，假定将进入的海水控制在 1km 的范围之内（图 6-65）。模拟 61d 后的 Cl⁻ 浓度等值线图见图 6-66，可见大沙河的污染晕范围较未建闸口时小。JC23 孔地下水 Cl⁻ 浓度变化曲线如图 6-67 所示，其浓度逐渐减小。

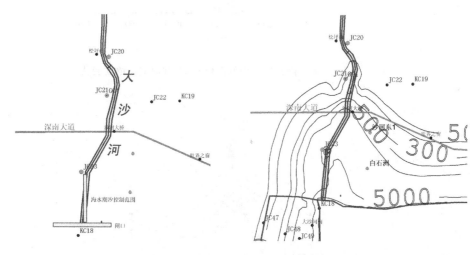

图 6-65　防止海水潮汐的闸口设置　　图 6-66　模拟 61d 后大沙河周围
Cl⁻ 浓度等值线图

闸口修建可阻止潮汐引起的海水顺河水上移，但大沙河周围 Cl⁻ 浓度的变化过程是缓慢的。图 6-68 表示了闸口修建后高中低潮位时 11′剖面 Cl⁻ 浓度的变化，说明虽然在闸口 1km 的范围内地下水中 Cl⁻ 浓度有较大降低，但在近 1800m 处地下水 Cl⁻ 浓度仍较高。

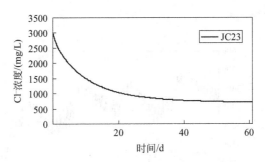

图 6-67　JC23 模拟地下水 Cl⁻ 浓度变化曲线

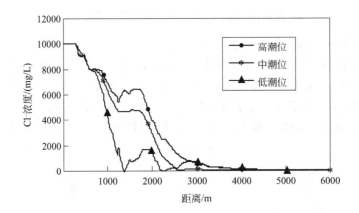

图 6-68　模拟闸口修建后高中低潮位时 11′剖面 Cl⁻ 浓度变化

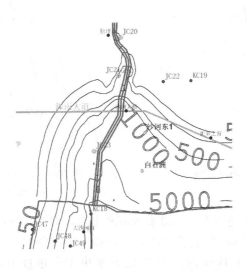

图 6-69　模拟 3d 后大沙河周围 Cl⁻ 浓度等值线图

（8）大沙河防止海水倒灌的水力控制措施分析

为防止海水进入大沙河渗漏地下水，在大沙河上游放水，减小海水在涨潮时进入大沙河的能量。假定在涨潮时，迅速在大沙河上游放水，使河水位提高近1m，连续放水 3d，模拟的大沙河周围地下水 Cl^- 浓度图见图 6-69，可见，其周围浓度大大减小，11′剖面上的 Cl^- 浓度变化也控制在近 1km 范围之内（图6-70），在 1.78km 处地下水 Cl^- 浓度仍很高，如果时间经历更长一些，则该区域的 Cl^- 浓度会逐渐减小。

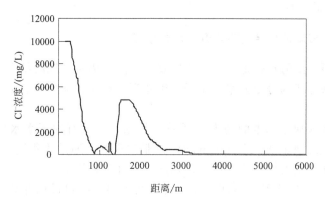

图 6-70　大沙河上游连续放水 3d11′剖面 Cl^- 浓度变化

6.4　地下水开采对海水入侵的趋势预测

6.4.1　地下水资源量

6.4.1.1　地下水资源量计算与评价

（1）地下水天然资源量

深圳市西部沿海地区地下水主要接受大气降雨入渗补给，以降雨入渗法计算地下水天然资源：

$$Q=1000\alpha AF/365 \tag{6-9}$$

式中，Q 为降雨入渗补给量，m^3/d；α 为入渗系数；F 为计算亚区面积，km^2。

上式中，A 分别取值为 A_1、A_2。A_1：统计期（1956—2000 年）频率 90%的年降雨量，mm；A_2：统计期（1956—2000 年）频率 80%的年降雨量，mm。

以多年平均降水量计的地下水天然资源量为 $25.79\times10^4 m^3/d$，即 $0.94\times10^8 m^3/a$。当降雨量频率为 90%时，地下水天然资源量为 $15.17\times10^4 m^3/d$，即 $0.56\times10^8 m^3/a$；降雨量频率为 80%时，地下水资源量为 $16.94\times10^4 m^3/d$，即 $0.62\times10^8 m^3/a$。

（2）地下水资源储量

储存量指储存于含水层内重力水的体积，该量是在长期补给排泄过程中储积起来的，处于不断的运动之中，对开采量和排泄量起调节作用。

① 第四系孔隙水储存量概算。据前文所述，本区第四系参照给水度经验值，并根据小区面积及推测含水层厚度得出各区储存量，相加得出全区第四系孔隙水储存量为 0.56 亿立方米。

② 基岩裂隙水储存量概算。本区基岩分布广泛，含水地层丰富，且受多种方向，不同期次断裂的影响，基岩裂隙化程度较高，含较多裂隙水。计算时对裂隙率对照岩性取经验值，含水层厚度取估算值，均较保守，由此算出裂隙水储存量为 0.31 亿立方米。

6.4.1.2 深圳市滨海地带地下水开采利用现状

深圳市西部滨海地带地下水开采以基岩裂隙水为主，同时结合开采松散岩类地下水，开采方式为分散开采，用于农田灌溉，厂矿企业生产、生活用水，农村生产用水等。

由于工作区缺乏基本的地下水开采量数据，也没有地下水水质动态监测数据，深圳市滨海地带地下水开采量的调查非常艰难。通过收集资料和现场调查，据不完全统计，宝安区新安、西乡、福永、沙井和松岗等 5 个街道办和南山区及福田区沿海地段 81 个社区（居民委员会）共查出 561 口民用井和工业用井（截至 2012 年底数据）。

深圳西部沿海地区地下水资源的开发利用，从开采井的形式和用途分，有大口径民井和管井。大口径民井的井口口径约 0.5~1.5m 不等，水井多为砖石井壁和水泥预制件井壁，井深 4~20m。取水方式多为人工汲水，也有少量电泵抽水，多为居民生活用水井。管井口径多为 130mm 左右，井深一般 40~60m，水井多为工厂供水井，少部分为居民用水井。这类生产井主要开采基岩裂隙水，隔绝松散岩类孔隙水。管井都采用潜水电泵抽水。

深圳西部沿海地区已登记的取水户多为工厂，以深水井为主，民用浅井少有登记。已登记的取水户几乎遍布全镇各村，工厂一般打深水机井抽取基岩裂隙水，作为自来水供水的补充部分，一般不作为生产用水，多作生活和环境用水。除矿泉水厂外，较少全天候持续抽水。深圳工厂的机井一般为楼顶的水箱供水，作为平时生活用水，水箱充满即停止抽水。机井深大约在 40~100m 之间，50m 左右居多，矿泉水井井深较大，多为 80m，地下水多具承压性。单井日取水量大都在 5~100m³，从已统计的数据看，2008 年深圳西部沿海地区年取水量约为 2000 万立方米（表 6-2、图 6-71）。

6.4.2 地下水开采对海水入侵的作用过程研究

（1）地下水开采对海水入侵作用

地下水开采可以直接或间接地影响地下水流动，地下水开采会减少向海洋排泄的地下淡水，使滨海含水层中的咸、淡水关系变得复杂化。

表 6-2　西部沿海地区地下水开采总量统计

年份	地下水开采量/×10^{8}m^3	年份	地下水开采量/×10^{8}m^3
1990	0.11	2000	0.41
1991	0.12	2001	0.38
1992	0.11	2002	0.35
1993	0.15	2003	0.33
1994	0.2	2004	0.3
1995	0.22	2005	0.28
1996	0.35	2006	0.26
1997	0.38	2007	0.24
1998	0.45	2008	0.2
1999	0.44		

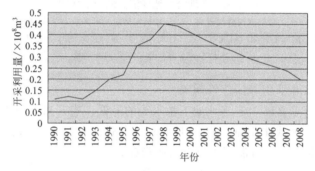

图 6-71　深圳西部沿海地区地下水开采利用量变化图

大多数情况下，地下水开采的影响反应较慢，有时候影响后果要在地下水开采开始多年以后才会出现，通常很难把地下水开采的影响与其结果联系起来。要确切估计地下水开采对滨海含水层的影响，必须连续观测滨海含水层系统的咸、淡水水头及其水质动态变化特征，分析其演化规律，才能合理评价地下水开采对滨海含水层海水入侵的影响程度。

滨海地带地下淡水的开采减少了滨海淡水的排泄，改变了水动力平衡。如果向海洋泄流的淡水减少量持续一定值，被扰动的滨海地下水系统会形成一个新的平衡。最终的结果是使天然条件下形成的海咸水楔形体进一步向陆地方向延伸，同时形成更厚的海咸水过渡带。淡水开采量大于实际淡水补给量时，淡水与咸水则不会达到新的平衡位置，使海咸水楔形体不断向陆地入侵。

从图 6-72 可以看出，布置在 3 和 4 区的井很容易开采到一些海咸水或混合水，在有弱透水夹层存在时，合理地建井和开采可避免这类问题。图中 A 代表天然条件下的淡水含水层淡水存储，在这类过渡带从 n 点移到 f 点的过程中，过渡带淡水被在咸水体上的向海洋泄流所消耗，n 点是在自然条件下的过渡带内，f 点是在一个新的平衡形成后的过渡带（抽取量小于补给量）内。

为了保护现存的井或抽水工程，必须限制咸水楔形体渗透，须保持地下淡水的排泄，且要减少补给量的可采部分。

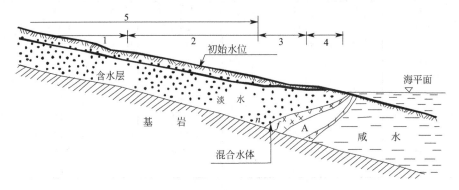

图 6-72　深圳沿海地区滨海地带剖面图

1—不受污染（便降深过大）；2—经长时间过量开采仅在下游受污染；

3—经过一次大的开采后可能被污染一段时间；4—不经过大的开采就能迅速被污染；

5—水位迅速下降严重影响井的开采量

（2）地下水开采引起的倒锥现象

地下水的开采必然引起当地地下水水头的降低，当开采井位于咸水楔形体之上时，会形成一个咸水倒锥（在井下）或一个咸水脊（在排水孔可排水廊道之下），如图 6-73 所示。可能产生以下三种情况：

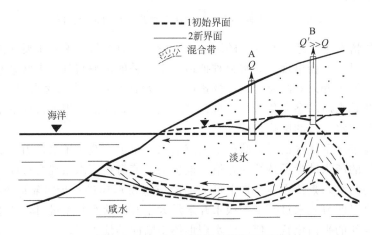

图 6-73　地下水开采引起倒锥示意图

① 咸水到达井底，导致淡水和咸水直接混合；

② 比淡水密度大的咸水，没有到达井（排水孔）的底部，但由于有一个在界面之上或之内的向着取水工程的水流，混合水在地下水停滞点（线）下聚集，被它俘获，产生咸化；

③ 对界面带的影响很小，沿界面带向着海洋的水流没有被截断，开采井未

抽到混合水，一般来说，出水量必须很小才能维持这种状况。

井孔下面的咸水倒锥高度，与井的排水量成正比；与含水层的水平渗透性和井底到初始界面的距离成反比。咸水倒锥的上行速度，随垂向渗透性的降低而减小。因此水平弱渗透层会延缓微咸水倒锥上行速度。

对于一个含水系统，存在一个引起海咸水临界的抽水值，同时存在一个与此对应的临界的降落漏斗高度，它大约为从井底到天然状态下咸-淡水界面距离的 $1/4\sim1/3$，开采量若超过此值，则降落漏斗变得不稳定，咸-淡水的重力分异规律被打破，井水咸化是不可避免的。

咸水倒锥通常是由于在咸水楔形体上面开采淡水引起的一个相对短期现象。当停止抽取淡水后它的影响会很快消失。但是过渡带的扩张，特别是其顶部，则会保留下来，它会向流场下游移动，特别是对时开时停的井孔，会产生一些盐度的影响。由于抽取地下淡水引起的向陆地方向的咸水楔形体运动，存在咸水倒锥问题，这要求适当减少淡水开采量，否则，必然引起淡水排泄（或渗透）量的减少。

在很厚的滨海含水层中，上部淡水层与下部咸水层之间存在较厚的咸-淡水混合带，上部淡水抽取会引起过渡带的扩张，且混合带顶部的扩张速度要比底部更快。反过来，地下淡水开采的减少或地下淡水补给的增加有利于防止海咸水入侵，其原因是咸水渗透被降低，混合带被淡化。

6.4.3 滨海地带海水入侵模拟模型

根据工作区的水文地质条件、钻孔、地下水水位动态、抽水试验成果和海水入侵范围，建立地下水系统模拟模型。模拟区范围，北部以山前为边界，南部以珠江口为界，西至沙浦围，东至布吉河，模拟面积 330.92km^2（图参见文献[31]）。本书采用 FEFLOW（Finite Element Subsurface Flow System）作为海水入侵数值模拟的计算软件。

6.4.3.1 地下水系统概念模型

（1）含水层的结构特征

建立地下水系统的概念模型，是根据建模的要求和具体的水文地质条件，对系统的主要因素和状态进行刻画，简化或忽略与系统目的无关的某些系统要素和状态，便于数学描述，建立地下水系统模拟模型。

由前述水文地质条件可知，模拟区地形总体以冲积及海积平原为主，间或有低矮残丘零星分布。区内较大河流有茅洲河、大沙河、西乡河及深圳河。在这些河流两岸多分布有河流冲洪积阶地，阶地下部多有厚度不等的砂层、砂砾层及卵石层等，这些松散层构成西部主要地下水含水层，即孔隙水含水层；其次为零星分布的基岩区表层由风化裂隙形成的基岩裂隙水；另外，该区海岸带由于建设需要，形成较大范围人工填海工程，形成一个新的水文地质单元，即含有封存海水的特殊填海区地下水类型。根据工作区地下水系统含水介质的物质组成及水文地质特性，将其内部结构概化为四层，由上至下分别为：

① 弱含水层。由淤泥质黏土、淤泥组成，分布在滨海平原，厚度变化0～10m，局部地段存在缺失。

② 第一含水层（第四系含水层）。主要分布于该区主要河流中、下游的两岸阶地、冲洪积平原及近海地段海积平原下部松散中粗砂、砾砂及卵石层中。含水层厚度一般为1.5～5.0m，由于其上多有相对隔水黏性土覆盖，故这部分地下水多具微承压性。厚度变化区间0～15m，局部地段存在缺失。

③ 隔（弱透）水层。由残积砾质黏性土组成，一般厚度在5～20m之间变化，但局部地段可缺失或可达30m，渗透性差，属于相对隔水层。

④ 第二含水层（裂隙承压含水层）。主要分布于该区基岩裸露及浅埋区，基岩以块状花岗岩为主，部分为变质岩、混合岩及石英砂岩，其浅部因遭受强烈风化作用，风化裂隙发育，由花岗岩强分化层和中风化层的上部组成，遍布全区，一般厚约20m，从南至北逐渐变厚，为地下水赋存提供了一定空间。

（2）地下水流动特征

从空间上看，地下水流整体上以水平运动为主、垂向运动为辅。为了准确模拟各含水层的相互影响，将模拟区的地下水流作为三维非稳定流处理。

（3）模拟区边界条件的概化

① 侧向边界。工作区范围内地下含水层系统并非一个完整的地下水含水层系统，主要有两个含水层，第一含水层是非稳定含水层，第二含水层是基岩裂隙含水层，向北延伸；南部为松散第四系堆积物，上覆弱透水的残积土层与冲积松散堆积物，下部是花岗岩裂隙含水层，但因局部地势较高存在小型地下分水岭；西部为靠海边界。以下对工作区各个边界概化作具体阐述，工作区模拟边界类型划分图参见文献［31］。

东部边界：以布吉河为界，为河流补给边界，属第一类边界。

南部和西部边界：临海边界，由于受潮汐的影响和海水入侵，为补给边界，属第一类边界。

北部边界：为山前侧向补给边界，属定流量和定溶质的通量边界。

② 垂向边界。潜水含水层自由水面为系统的上边界。通过该边界，潜水与系统外发生垂向水量交换，如大气降水入渗补给；下部以花岗岩中风化层底板为底部边界处理为零通量边界，底部未风化的花岗岩几乎不透水。

③ 水力特性。地下水系统符合质量守恒定律和能量守恒定律。含水层分布广、厚度大，在常温常压下地下水运动符合达西定律。考虑浅、深层之间的流量交换以及软件的特点，地下水运动可概化成空间三维流。地下水系统的垂向运动主要是层间的越流，三维立体结构模型可以很好地解决越流问题。地下水系统的

输入、输出随时间、空间变化，故地下水为非稳定流。参数随空间变化，体现了系统的非均质性，在水平与垂向有明显的方向性，所以参数概化成各向异性。

（4）含水层系统结构概化

工作区所涉及的地层从地表第四系到基岩强风化（强风化以下为隔水层），基岩（本区为花岗岩和砂岩）全风化和强风化属于裂隙含水层。通过分析所收集的钻孔资料，同时根据工作区地下水系统含水介质的物质组成及水文地质特性，对本区的含水层进行了适当的归并和概化，可将其内部结构概化为 4 层，以进行含水层的三维可视化与水流、溶质数值模拟，第二含水层的岩性有长城系的片麻岩，早白垩的黑云母花岗岩及不明时代的混合花岗岩，根据钻孔资料和剖面地层的分布区域，确定各层的厚度变化情况（图 6-74）。

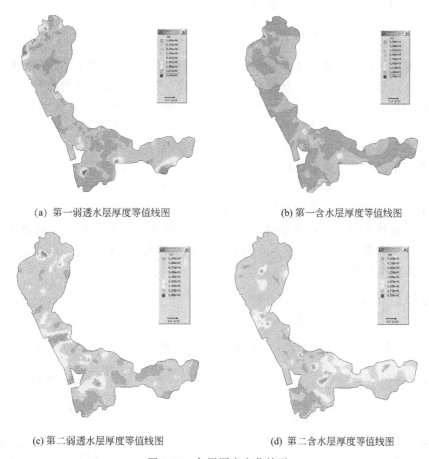

(a) 第一弱透水层厚度等值线图   (b) 第一含水层厚度等值线图

(c) 第二弱透水层厚度等值线图   (d) 第二含水层厚度等值线图

图 6-74　各层厚度变化情况

① 人工填土层和弱透水层［图 6-74(a)］。上全新统和中全新统，为隔水或弱透水层，主要岩性是人工填土、灰黑色砂质黏土，含粉砂淤泥，灰黑色含贝壳，淤泥质细砂，砂质淤泥和淤泥质黏土，该层厚度大部分在 1~5m，最大厚度可达 23m。

② 第一含水层（第四系含水层）[图 6-74(b)]。下全新统和中全新统，主要岩性为砂砾层夹砂、中粗砂、中砂、粗砂和黏性土中粗砂。该层地层呈空间分布，含水层分布不稳定。

③ 弱透水层 [图 6-74(c)]。对于本区未分的残破积的粉质黏土，基本没有缺失，属于隔水层、弱透水层，比较稳定。该层厚度较大，一般都在 5～12m，最大可达 29m。

④ 风化裂隙含水层（第二含水层）[图 6-74(d)]。基岩统一概化为一层，长城系的片麻岩，早白垩 K_1Bs 黑云母花岗岩及不明时代的混合花岗岩，由于裂隙发育，抽水试验证明有一定的透水性。

综上所述，模拟区可概化成非均质各向异性、空间三维结构、非稳定地下水流系统，即地下水系统的概念模型。

6.4.3.2　地下水系统数值模型

根据工作区的水文地质条件、钻孔、地下水水位动态、抽水试验成果和海水入侵范围，建立地下水系统模拟模型。模拟区范围，北部以山前为边界，南部以珠江口为界，西至沙浦围，东至布吉河，模拟面积 330.92km²。主要研究目的层为第四系含水层和基岩裂隙含水层，模型底界控制在埋深 65m 左右。为了建立地下水数值模拟模型，在水文地质条件分析的基础上建立水文地质概念模型后进行数学描述，并选取合适的求解方法（软件）来建模。

（1）数值模拟模型

对于上述非均质、各向异性、空间三维结构、非稳定地下水流系统，可用地下水流连续性方程及其定解条件 [式(6-10)]，溶质运移方程及其定解条件 [式(6-11)] 来描述。选择地下水模型软件 FELOW 求解该定解问题，以建立工作区地下水数值模拟模型。

$$
\begin{cases}
S\dfrac{\partial h}{\partial t}=\dfrac{\partial}{\partial x}\left(K_x\dfrac{\partial h}{\partial x}\right)+\dfrac{\partial}{\partial y}\left(K_y\dfrac{\partial h}{\partial y}\right)+\dfrac{\partial}{\partial z}\left(K_z\dfrac{\partial h}{\partial z}\right)+\varepsilon & x,y,z\in\Omega,t\geqslant0 \\[2mm]
\mu\dfrac{\partial h}{\partial t}=K_x\left(\dfrac{\partial h}{\partial x}\right)^2+K_y\left(\dfrac{\partial h}{\partial y}\right)^2+K_z\left(\dfrac{\partial h}{\partial z}\right)^2-\dfrac{\partial h}{\partial z}(K_z+p)+p & x,y,z\in\Gamma_0,t\geqslant0 \\[2mm]
h(x,y,z,t)|_{t=0}=h_0 & x,y,z\in\Omega,t\geqslant0 \\[2mm]
h(x,y,z,t)|_{\Gamma_1}=H_B(x,y,z,t) & x,y,z\in\Gamma_1,t\geqslant0 \\[2mm]
K_n\dfrac{\partial h}{\partial\widetilde{n}}|_{\Gamma_2}=q(x,y,t) & x,y,z\in\Gamma_2,t\geqslant0 \\[2mm]
\dfrac{\partial h}{\partial\widetilde{n}}|_{\Gamma_4}=0 & x,y,z\in\Gamma_4,t\geqslant0
\end{cases}
$$

$$(6-10)$$

式中，Ω 为渗流区域；h 为含水层的水位标高，m；K_x，K_y，K_z 分别为 x，y，z 方向的渗透系数，m/d；K_n 为边界面法向方向的渗透系数，m/d；S 为自由面以下含水层储水系数，m^{-1}；μ 为潜水含水层在潜水面上的重力给水度；ε 为含水层的源汇项，d^{-1}；p 为人工开采地下水量和降水量，d^{-1}；h_0 为含水层的初始水位分布，m；Γ_0 为渗流区域的上边界，即地下水的自由表面；Γ_2 为渗流区域的侧向边界；Γ_4 为渗流区域的下边界，即承压含水层底部的隔水边界；$\tilde{n}$ 为边界面的法线方向；$q(x,y,z,t)$ 为二类边界的单宽流量，$m^2/(d\cdot m)$，流入为正，流出为负，隔水边界为 0。

$$
\begin{cases}
\dfrac{\partial}{\partial x_i}\left(D_{ij}\dfrac{\partial C}{\partial x_j}\right)-\dfrac{\partial(u_i C)}{\partial x_i}=\dfrac{\partial C}{\partial t}-\dfrac{q}{\varphi}C^* \\[2mm]
C(x_i,0)=C_0(x_i) \\[2mm]
C(x_i,t)\,|\,L_1=C_B(x_i,t) \\[2mm]
\left(D_{ij}\dfrac{\partial C}{\partial x_j}+\mu_i C\right)\varphi n_i\,|\,L_2=0 \\[2mm]
-D_{ij}\dfrac{\partial C}{\partial x_j}n_i\,|\,L_3=\left(1-\dfrac{\rho^*}{\rho}\right)\dfrac{C}{\varphi}\mu_d\,\dfrac{\partial H^*}{\partial t}n_3+\dfrac{W'}{\varphi}\left(\dfrac{\rho_0}{\rho}C-C'\right)n_3 \\[2mm]
-D_{ij}\dfrac{\partial C}{\partial x_j}n_i\,|\,L_4=\dfrac{v_B}{\varphi}\left(\dfrac{\rho_B}{\rho}C-C''\right)n_3
\end{cases}
\tag{6-11}
$$

式中，n_i 为边界 L_1、L_2、L_3 在 X_i 轴方向上的法向单位矢量；V_i 为地下水渗流速度在 x_i 上的分量；C_0 为初始浓度；C_B 为边界 L 上的浓度；L_1、L_3 为浓度给定边界和弥散通量边界；n_i 为边界上外法向单位矢量；D_{ij} 为弥散系数张量（i，$j=1,2,3$）；φ 为孔隙度；q 为单位多孔介质流量；ρ_0 为淡水密度；ρ 为混合液体密度；C 为液体浓度；C^* 为源（汇）项浓度。

（2）模型的前期处理

采用不规则三角剖分，剖分时除了遵循一般的剖分原则外，还应充分考虑如下实际情况：

① 充分考虑工作区的边界、岩性分区边界、行政分区边界等。

② 将水系河流放在剖分单元的结点上。

③ 海水入侵范围线放在结点上，由于海水淡水浓度梯度大，浓度变化趋势较大，所以剖分时自动加密；剖分后的模拟区共 94775 个结点，148256 个单元格（图 6-75）。在本模型中，剖分单元加密地段主要为海水入侵界线和河流，并将观测孔尽量放在节点上。

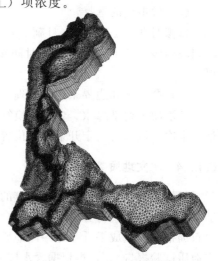

图 6-75　工作区模型三维立体图

6.4.3.3 定解条件的处理

（1）边界条件

在滨海含水层系统研究中，临海边界条件的正确处理直接影响到海水入侵模型的仿真程度。目前，绝大多数海水入侵模型将平面图的海岸线作为整个含水层系统的边界，实际上，模型设计的深度至少有几十米，有的可以超过100m，甚至更深。近海地形一般不可能形成深沟，而是缓坡向外海倾斜。即良好的深水港口，一般也不超过20m深。因此，海岸线一般只能作为潜水层的边界，而承压含水层，特别是深部承压含水层，定水头边界也选在海岸线外，根据收集的潮汐资料，可以推算出每天平均海平面，将其作为水流的第一类边界值，由此可知一类边界随时间的变化而变化；还可以作为溶质运移的第一类边界值。

工作区的北部边界可以作为流量边界和溶度边界，南部和西部主要是临海，作为定水头边界和定溶度边界；东部为布吉河和深圳河，作为定水头边界和定溶度边界。各个流量边界的参数主要考虑模拟初和模拟末的流场，拟合边界流入流出量。时间步长为程序自动控制，每一次运算都严格控制误差。通过总补给量、流场等来校正参数。

（2）初始条件

采用2008年6月统测的地下水水位，按照内插法和外推法获得含水层的初始水位，地下水水位等值线图参见文献［31］，考虑整体流场虚拟水位值，通过模拟运算，修改流场，反复推敲，最后得到初始流场。地下水 Cl^- 浓度采用2008年6月取样监测成果，按照内插法和外推法获得第四系孔隙水和基岩裂隙水的初始浓度，第四系地下水和基岩裂隙水 Cl^- 浓度分区图参见文献［31］。

（3）模拟期的选择

模拟时期为2008年6月到2008年12月，以一个月作为一个时间段，每个时间段内包括若干时间步长，时间步长为模型自动控制，严格控制每次迭代的误差。

（4）源汇项和边界条件的处理

源汇项主要是降水。各项均换算成相应分区的开采强度，分配到相应的单元格。本次模拟人为给定开采井的位置和开采量。

6.4.3.4 水文地质参数

根据前述水文地质条件和已有的研究成果，将第四系含水层和基岩裂隙含水层水文地质参数进行分区，第四系含水层和基岩裂隙含水层水文地质参数根据对白石洲抽水试验成果［参见中国地质大学（武汉）完成的《深圳沿海典型地段水文地质试验报告》］，再根据含水层岩性初步进行渗透系数和弹性释水系数分区，通过数值模拟对参数进行校核，最终确定合理的参数。

白石洲试验点位于南山区沙河东路。井深31m，含水层厚度为8.5m，抽水层位为8～15m。进行了4h的单井抽水试验（见表6-3和图6-76），求取白石洲试验点渗透系数和弹性释水系数。通过图6-77求参成果，白石洲试验点渗透系数为50.63m/d，弹性释水系数为0.00755。

表 6-3　白石洲试验点抽水试验成果表

时间/s	流量/(m³/h)	抽水井水位埋深/m	观测孔水位埋深/m
0	3.60	3.74	4.31
30	3.60	5.33	4.31
60	3.70	5.90	4.31
120	3.60	6.49	4.31
180	3.60	6.47	4.31
300	3.50	6.31	4.31
420	3.80	5.90	4.31
540	3.70	6.43	4.31
720	3.90	6.67	4.32
900	3.60	6.72	4.32
1200	3.50	6.74	4.32
1500	3.60	6.78	4.32
1800	3.50	7.04	4.32
2400	3.60	6.90	4.32
3000	3.70	6.65	4.32
3600	3.60	6.99	4.32
4800	3.60	7.18	4.32
6000	3.50	7.28	4.32
7200	3.80	7.19	4.33
9000	3.70	7.16	4.33
10800	3.90	7.15	4.33
12600	3.60	7.16	4.33
14400	3.50	7.17	4.33

中国地质大学（武汉）完成的《深圳沿海典型地段水文地质试验报告》弥散试验成果，白石洲试验孔孔隙含水层的纵向、横向弥散度分别为 $\alpha_L = 1.53m$，$\alpha_T = 0.12m$，具有较明显的各向异性。

沙咀村试验点位于福田区沙咀路的金地花园前面。该井为承压裂隙水，渗透系数为2.3m/d。纵向、横向弥散度分别为 $\alpha_L = 0.21m$，$\alpha_T = 0.09m$。

6.4.3.5　模型的识别与检验

模型的识别与检验过程是整个模拟中极为重要的一步工作，通常要反复地修改参数和调整某些源汇项才能达到较为理想的拟合结果。此模型的识别与检验过程采用的方法也称试估-校正法，它属于反求参数的间接方法之一。

运行计算程序，可得到这种水文地质概念模型在给定水文地质参数和各均衡项条件下的地下水位时空分布，通过拟合同时期的流场和长观孔的历时曲线，识

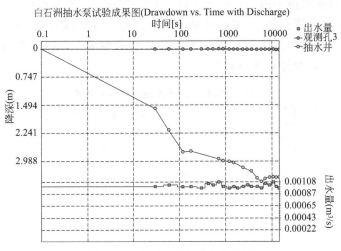

图 6-76 白石洲抽水试验成果图

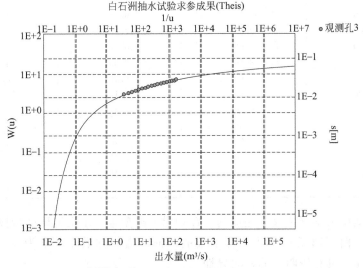

Transmissivity: 2.05E-2 m³/s   Storativity: 7.55E-3
Conductivity: 5.86E-4 m/s

图 6-77 白石洲抽水试验求参成果图

别水文地质参数、边界值和其他均衡项，使建立的模型更加符合工作区的水文地质条件，以便预报给定水资源开发利用方案下的地下水位。

由于工作区面积 330.92km²，工作区的长观孔的资料比较少，工作区有 27 个长观孔，2008 年 5 月和 2008 年 12 月进行两次地下水位统测，使得模拟模型能完整刻画地下水系统流场。模型的识别和验证主要遵循以下原则：

① 模拟的地下水流场要与实际地下水流场基本一致，即要求地下水模拟等

值线与实测地下水位等值线形状相似；

② 模拟地下水的动态过程要与实测的动态过程基本相似，模拟与实际地下水位过程线形状相似；

③ 从均衡的角度出发，模拟的地下水均衡变化与实际要基本相符；

④ 识别的水文地质参数要符合实际水文地质条件。

根据以上四个原则，对工作区地下水系统进行了识别和验证。通过反复调整参数和均衡量，识别水文地质条件，确定了模型结构、参数和均衡要素。模拟期末（2008 年 12 月 30 日）将含水层的模拟流场与实际流场对比（参见文献［31］），观测孔拟合曲线见图 6-78，第四系含水层溶质观测孔拟合曲线见图 6-79。

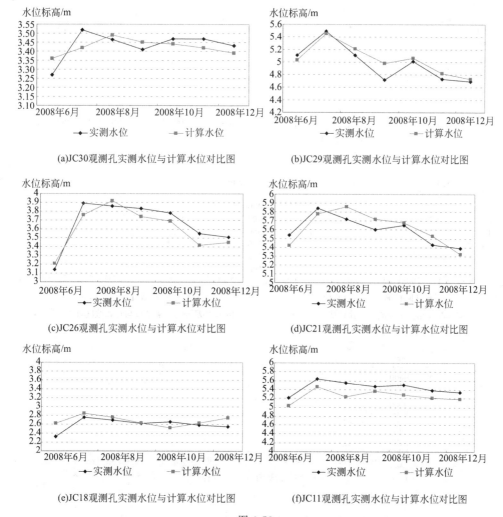

图 6-78

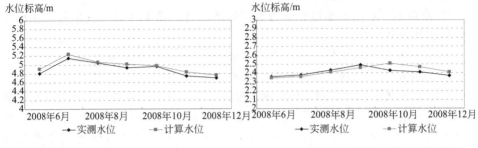

(g)JC7观测孔实测水位与计算水位对比图   (h)JC3观测孔实测水位与计算水位对比图

图 6-78 观测孔长观孔拟合曲线图

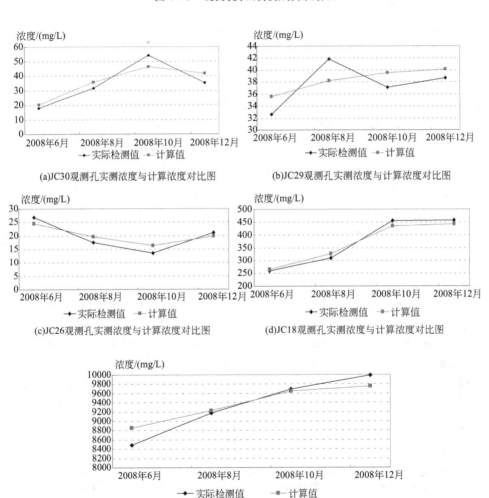

(a)JC30观测孔实测浓度与计算浓度对比图   (b)JC29观测孔实测浓度与计算浓度对比图

(c)JC26观测孔实测浓度与计算浓度对比图   (d)JC18观测孔实测浓度与计算浓度对比图

(e)JC6观测孔实测浓度与计算浓度对比图

图 6-79 观测孔水质监测点实测与计算浓度拟合曲线图

由这些拟合曲线可知，所建立的模拟模型基本达到模型精度要求，符合工作区水文地质条件，基本反映了地下水系统的动态特征，故可利用模型进行地下水位预报。

通过模拟，确定了工作区的水文地质参数：工作区第四系含水层渗透系数分区参见文献［31］和表6-4，第四系含水层的给水度参见文献［31］和表6-5，大气降水入渗系数参见文献［31］和表6-6，第四系含水层的弥散系数分区参见文献［31］和表6-7，基岩裂隙含水层渗透系数参见文献［31］和表6-8，基岩裂隙弥散系数分区参见文献［31］和表6-9。

表6-4　第四系渗透系数分区表

序号	1	2	3	4	5	6	7	8	9
KX	24.88	20.74	19.35	16.59	15.55	13.27	10.37	8.29	0.01
Kz	2.49	2.07	1.94	1.66	1.56	1.33	1.04	0.83	0.01

表6-5　含水层给水度和释水系数分区表

序号	第一弱透水层 给水度	第一含水层 弹性释水系数	第二弱透水层 弹性释水系数	基岩裂隙含水层 释水率
1	0.12	0.00360	0.00001	0.00468
2	0.11	0.00300	0.00001	0.00390
3	0.10	0.00240	0.00001	0.00312
4	0.09	0.00200	0.00001	0.00260
5	0.08	0.00160	0.00001	0.00208

表6-6　工作区降雨入渗系数分区表

分区	1	2	3	4
降雨入渗系数	0.20	0.12	0.08	0.03

表6-7　工作区第一含水层弥散系数分区表

序号	纵向弥散度	横向弥散度
1	4.5000	0.4500
2	4.0000	0.4000
3	3.0000	0.3000
4	2.5000	0.2500
5	1.2000	0.1200
6	0.4000	0.0400

表6-8　基岩裂隙含水层渗透系数分区表

序号	1	2	3	4	5	6	7	8	9
KX	2.07	1.94	1.56	1.30	1.17	1.04	0.16	0.05	0.01
Kz	0.21	0.19	0.16	0.13	0.12	0.10	0.02	0.01	0.01

表6-9　工作区基岩裂隙含水层弥散系数分区表

序号	横向弥散度	纵向弥散度	序号	横向弥散度	纵向弥散度
1	0.7200	0.3600	4	0.3600	0.1800
2	0.5760	0.2880	5	0.2880	0.1440
3	0.4800	0.2400	6	0.2200	0.1100

序号	横向弥散度	纵向弥散度	序号	横向弥散度	纵向弥散度
7	0.2160	0.1080	9	0.0008	0.0004
8	0.1700	0.0850			

6.4.4　地下水开采对海水入侵影响的数值模拟计算

通过对工作区地下水位及水质的数值模拟研究，进一步了解海水入侵发展的原因和规律。在模型预测中，主要是进行不同开采条件下海水入侵趋势研究的预测。工作区 2008 年开采量为 $2000 \times 10^4 \mathrm{m}^3$，根据深圳市供水规划，深圳市逐步控制地下水开采量，针对深圳地下水开采量分别减少 25%、50% 和 75% 的条件下预测 2010 年、2020 年和 2030 年海水入侵趋势。

在预测时降雨量采用多年平均降雨量，其月份分配如表 6-10 所示，现有的开采井很难调查得到，即使调查了，也不能得到该井的地下水开采量，因此，本次模拟采用人为给定开采井的位置和开采量。周边基岩侧向补给量的给定是通过水均衡计算得到，海水位和河水位均由多年观测资料平均给出，模拟预测的时段为 2008—2030 年，预测不同开采条件下的海水入侵趋势。

表 6-10　市年平均降雨量年内分配成果表

月份	1月	2月	3月	4月	5月	6月	7月	8月	9月	10月	11月	12月	合计	备注
百分比	1.5	2.7	3.7	8.7	12.6	17.1	16.3	18.0	11.6	4.4	1.8	1.6	100.0	1956—2000 年
/%	1.5	2.6	3.6	8.3	12.9	17.6	15.9	18.3	11.8	4.2	1.7	1.5	100.0	1956—2005 年
多年	27.5	47.3	66.5	152.7	235.5	322.0	290.9	334.1	215.9	77.6	31.6	27.6	1829.2	1956—2000 年
平均	27.5	47.4	66.5	152.8	235.6	322.1	291.0	334.2	216.0	77.6	31.6	27.6	1830	1956—2005 年

（1）减少 25% 条件下预测不同水平年海水入侵趋势

根据国家建材局地质工程勘查研究院完成的《深圳市地下水资源调查与评价报告》成果：工作区现有地下水开采量为 $2000 \times 10^4 \mathrm{m}^3/\mathrm{a}$，多年评价降雨入渗量 $2312 \times 10^4 \mathrm{m}^3/\mathrm{a}$，因此工作区地下水资源处于正均衡状态，减少开采 25%（$1500 \times 10^4 \mathrm{m}^3/\mathrm{a}$）条件下有利于地下水位恢复，在减少开采 25% 条件下预测 2010 年、2020 年和 2030 年海水入侵的变化趋势。

模拟结果表明：在减少开采 25% 的条件下海水入侵程度有所缓解，海水入侵面积逐渐减少（参见文献［31］和表 6-11、表 6-12），Cl^- 高浓度区域逐渐变小，到 2030 年，第四系含水层海水入侵面积为 $93.28\mathrm{km}^2$，基岩裂隙含水层海水入侵面积为 $72.17\mathrm{km}^2$。

表 6-11　减少 25% 开采量条件下不同水平年第四系含水层海水入侵影响范围表

年份	浓度/(mg/L)				海水入侵面积 /km²
	0～250	250～1000	1000～5000	>5000	
2010 年	225	31.10	51.14	27.15	109.39

年份	浓度/(mg/L)				海水入侵面积 /km²
	0~250	250~1000	1000~5000	>5000	
2020 年	232	35.34	48.69	18.16	102.19
2030 年	241	36.36	42.40	14.53	93.28

表 6-12　减少 25%开采量条件下不同水平年基岩裂隙含水层海水入侵影响范围表

年份	浓度/(mg/L)				海水入侵面积 /km²
	0~250	250~1000	1000~5000	>5000	
2010 年	249	31.46	33.92	19.49	84.87
2020 年	254	34.03	32.25	13.79	80.07
2030 年	262	30.32	10.23	31.63	72.17

（2）减少 50%条件下预测不同水平年海水入侵趋势

模拟结果表明：在减少开采 50%的条件下海水入侵程度有所缓解，海水入侵面积逐渐减少（参见文献［31］和表 6-13、表 6-14），Cl⁻ 高浓度区域逐渐变小，到 2030 年，第四系含水层海水入侵面积为 85.19km²，基岩裂隙含水层海水入侵面积为 67.72km²。

表 6-13　减少 50%开采量条件下不同水平年第四系含水层海水入侵影响范围表

年份	浓度/(mg/L)				海水入侵面积 /km²
	0~250	250~1000	1000~5000	>5000	
2010 年	229	30.48	53.41	20.96	104.85
2020 年	240	35.18	44.85	14.51	94.55
2030 年	249	32.91	40.72	11.56	85.19

表 6-14　减少 50%开采量条件下不同水平年基岩裂隙含水层海水入侵影响范围表

年份	浓度/(mg/L)				海水入侵面积 /km²
	0~250	250~1000	1000~5000	>5000	
2010 年	254	28.85	35.53	15.90	80.27
2020 年	259	32.10	33.01	9.92	75.02
2030 年	266	29.59	29.16	8.97	67.72

（3）减少 75%条件下预测不同水平年海水入侵趋势

模拟结果表明：在减少开采 75%的条件下海水入侵程度减弱，海水入侵面积逐渐减少（参见文献［30］和表 6-15、表 6-16），Cl⁻ 高浓度区域逐渐变小，到 2030 年，第四系含水层海水入侵面积为 80.18km²，基岩裂隙含水层海水入侵面积为 56.47km²。

表 6-15　减少 75%开采量条件下不同水平年第四系含水层海水入侵影响范围表

年份	浓度/(mg/L)				海水入侵面积 /km²
	0~250	250~1000	1000~5000	>5000	
2010 年	237	28.69	53.01	15.07	96.77

年份	浓度/(mg/L)				海水入侵面积/km²
	0~250	250~1000	1000~5000	>5000	
2020 年	245	34.31	43.75	11.06	89.12
2030 年	254	33.38	37.92	8.88	80.18

表 6-16　减少 75%开采量条件下不同水平年基岩裂隙含水层海水入侵影响范围表

年份	浓度/(mg/L)				海水入侵面积/km²
	0~250	250~1000	1000~5000	>5000	
2010 年	263	23.12	36.72	11.49	71.34
2020 年	269	25.93	32.94	6.24	65.10
2030 年	278	24.08	25.94	6.45	56.47

6.5　填海工程对海水入侵的趋势预测

6.5.1　填海工程概况

（1）填海工程现状

填海是世界上滨海地区拓广土地的重要途径。100 多年来，许多滨海地区不断填海造地。改革开放以来，深圳也进行了大规模的填海。深圳市大规模的填海造地始于 20 世纪 80 年代，先是福田保税区，后相继扩大至环蛇口半岛、宝安机场、华侨城、宝安区沿海海岸和西部通道等；东部海岸带填海活动主要集中在盐田区沙头角至盐田港一带。

（2）填海工艺

填海工程所用填筑材料，因工程需要及材料来源不同，也各有不同，深圳市各填海区填筑情况及地下水中 Cl^- 浓度见表 6-17。一是采用填石，即深圳地区经常采用开山炸石作为填海的填筑材料，主要由含少量粉质黏土的花岗岩大块石组成；二是采用素填土，如机场二跑道主跑区全部采用细砂，经过振冲碾压而成，其他为含少量碎石的粉质黏土作填筑材料；三是采用杂填土，以建筑垃圾及碎块石为主，混有少量黏性土。

表 6-17　各填海区填筑情况及地下水中 Cl^- 浓度表

填海区位置	填筑材料	填筑厚度/m	含水层岩性	Cl^- 浓度/(mg/L)
盐田港	填石	13.50	细砂	1787.44
宝安国际机场	素填土	3.70	中砂	7778.26
宝安国际机场	素填土	3.70	强风化混合岩	3535.86
大沙河入海口	素填土	5.20	砂质粉土	8670.60
大沙河入海口	素填土	5.20	风化花岗岩	6013.60
西部华侨城南	杂填土	6.60	风化花岗岩	1219.41
福田保税区	杂填土	4.90	强风化花岗岩	1161.30
后海湾	填石	9.10	淤泥质砂质黏土、砾质黏土	4440.01

填筑厚度因填海位置及工程需要各不相同，一般厚度为 5.0～7.0m，最大为 13.50m。据搜集资料，最大填筑厚度达 20.30m。

填筑层下多为浅海海底沉积的淤泥及淤泥质土，淤泥类土的厚度一般为 3.0～5.0m，最厚达 11.20m，淤泥类土下部部分为砂质粉土、中砂等，大多为黏性土及基岩。

深圳填海区、海底多存在厚度不等的淤泥，为使填海区满足工程需要所采用的填筑方式和填筑材料也不同，目前主要有以下几种填筑方式。

① 挤淤法。首先将填筑区海域修筑围堤，然后将围起之海水抽干，再利用填土逐渐向前推进，从而将海底流塑状淤泥向外挤出填土区。目前大多填海工程采用的是这种挤淤法。

这种方法由于填土多呈松散状，其成分多为碎块石，其中细颗粒成分一般不多，因此淤泥中赋存的咸水则进入填土层下部大孔隙中，从而保存下来。若填土区暴露时间长，接受大量大气降水的入渗补给，其咸水上部可形成一定厚度的较淡水。较淡水的厚度，决定填土材料的透水性及表层有无不透水材料，如上覆有混凝土等；若上覆为良好透水材料，经过一定时间其下部咸水层厚度会逐渐减小，经过不断洗咸则效果更好。

② 换填法。首先采用绞吸船将海底淤泥全部清理出来，然后填上合乎一定技术要求的砂土至水面以上，再对砂层进行密实加固处理（宝安国际机场二期工程机场跑道区即采用这一方法）。这种方法虽然满足了工程清淤的要求，但咸水却基本留于砂层孔隙中，若上部覆盖混凝土，不加任何处理则这部分咸水将会长时间滞留于砂层中。

③ 堆载预压法。首先将海水抽干，然后在淤泥上铺土工布，再填砂垫层、插板，再在其上填砂层，最后进行堆载预压，使淤泥层中的咸水挤出排走，这样使淤泥层得以加固处理。经处理后的土层中仍残留有部分咸水。

初步调查深圳市填海工程目前仅这三种方法，其中换填法及堆载预压法仅见于深圳宝安国际机场，根据工程需要分别采用两种方法。无论哪种方法填海，地下均存在一部分或大部分封存咸水。

（3）填海工程规划概况

填海目的是向浅海要土地，变海域为陆域。世界范围有许多沿海国家和地区填海造地是经常被采用的方法，用以缓解土地紧张的问题。深圳乃沿海城市，各项建设飞速发展，对土地的需求量也是非常大的。另外为充分利用靠海的优势，大力发展海运事业，港口建设势必要向海中发展。深圳是一个低山丘陵为主的海岸城市，要发展成为国际大城市，空港发展也是必然的，空港建设所要求的大量平坦场地，也只有向浅海区进行扩展。

根据深圳市规划局填海造地规划，自 2006—2020 年，深圳市规划填海造地总面积达 60.35km^2。

6.5.2　填海工程对地下水系统的影响研究

虽然填海可以提供宝贵的土地，但也造成海岸工程、环境、生态问题。这类由填海直接造成的问题已为人们所研究。但很少有人注意到填海会改变区域地下水状况，填海区会产生各类特殊的水文地球化学反应，从而间接产生工程与环境问题。填海工程原海水或赋存于各类土层中的咸水，在填海过程中难以做到完全清除。将这部分保存于原海底岩土层或填土层中的咸水称为封存咸水。这些封存咸水对工程的危害类同于海水入侵的咸水。

浅海是天然条件下大多数滨海含水层中地下水的最终排泄区。如果填海，特别是填海面积与原滨海地下水汇水面积相比不可忽略时，填海将明显改变滨海地下水流动系统。此外，填海区内原属于不同化学环境、有着不同化学成分的填土、淤泥、海水、陆源地下水将发生各类化学反应，生成新的化学物质，使经过填海区入侵的海水比原海水具有更复杂的化学成分。

填海区在一定程度上成为原地下水与海水的屏障，缓解了海水入侵。因工程需要，土体需压缩固结，渗透系数可能偏低，填海带的屏障作用更加显著。

6.5.2.1　填海工程对地下水物理化学特征的影响

褐红的风化花岗岩填土与青灰色海底淤泥则表明两者有着极为不同的化学成分与环境（图6-80），如填土多富含氧化铁，原处于氧化环境中；海底淤泥富含重金属与有机质，处于还原环境中。填海初期，填土与淤泥泡在富含硫酸盐的碱性海水中。随后由于侧向地下水补给及雨水入渗，填海区内海水将逐渐被偏酸性且含氧量较高的地下水所驱替而淡化。这过程中将伴随一系列反应（见图6-81），主要有：原海岸内地下水侧向补给与当地降雨，使淡水驱替海水可能形成离子交换；海水中硫酸盐与风化花岗岩填土中氧化铁、有机物反应可能产生酸性化合物；酸性地下水与原为碱性海水浸泡且富含重金属的海底淤泥反应，可能造

图 6-80　填海区中化学性质与环境截然不同的填土与淤泥

成有毒重金属释放；酸性地下水与淤泥地层中贝壳反应。这些反应使得填土中的地下水有着既不同于原滨海地下水也不同于原海水的化学成分。

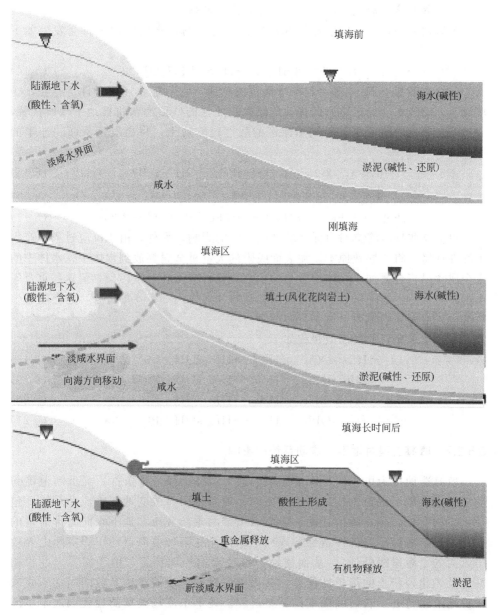

图 6-81　填海后咸淡水界面及水化学环境变迁示意图

（1）离子交换过程

在残留海水被地下水逐渐取代的过程中，地下水中的 Ca^{2+}、Mg^{2+} 和海水中的 Na^+ 之间将发生离子交换反应，具体如下：

$$Ca^{2+}+2NaX \longrightarrow CaX_2+2Na^+ \tag{6-12}$$

$$Mg^{2+}+2NaX \longrightarrow MgX_2+2Na^+ \tag{6-13}$$

（2）酸性硫酸盐土生成与重金属释放化学过程

填海过程中，填土中氧化铁和还原性的硫化物在水的作用下将会发生如下反应：

$$Fe_2O_3+4S^{2-}+6H^+ \longrightarrow 2FeS_2+3H_2O+2e^- \tag{6-14}$$

酸性硫酸盐土 FeS_2 是一种非常活泼的物质，它只能在还原条件下存在，在填海后，咸淡水界面向填海区移动，原来还原性的残留海水将被地下水所代替，一旦略微氧化的地下水接触到填海区的酸性硫酸盐土，将会发生下面一连串的反应：

$$FeS_2+7/2O_2+H_2O \longrightarrow Fe^{2+}+2H^++2SO_4^{2-} \tag{6-15}$$

$$Fe^{2+}+1/4O_2+H^+ \longrightarrow Fe^{3+}+1/2H_2O \tag{6-16}$$

$$FeS_2+14Fe^{3+}+8H_2O \longrightarrow 15Fe^{2+}+16H^++2SO_4^{2-} \tag{6-17}$$

以上这些反应将会对海洋环境产生一定的影响，另外，由于反应过程中产生了酸性环境，将会导致原本淤泥表面吸附的大量重金属释放到水体中，水体中的重金属含量将会增加，水体中生物的生存环境将会受到严重污染，但这些重金属永远不会自然生物降解，因为重金属在动物和人体内都有富集过程，它会随着生物链进入沿海人们体内，危害身体健康。

导致重金属释放的反应过程如下：

$$Hfo\_sOCu^++H^+ \longrightarrow Hfo\_sOH+Cu^{2+} \tag{6-18}$$

$$Hfo\_sOZn^++H^+ \longrightarrow Hfo\_sOH+Zn^{2+} \tag{6-19}$$

$$Hfo\_sONi^++H^+ \longrightarrow Hfo\_sOH+Ni^{2+} \tag{6-20}$$

$$Hfo\_sOPb^++H^+ \longrightarrow Hfo\_sOH+Pb^{2+} \tag{6-21}$$

6.5.2.2 填海工程对地下水流动系统的影响

填海造地行为可以明显改变原来的地下水补、径、排条件。当填海范围与原地下水系统汇水范围相比不可忽略时，填海将明显改变地下水流动系统，包括水位的变化、分水岭的移动、渗流溢出带的重新分布和地下水向海排泄量的变化。如填海物质的低渗透性导致地下水排泄受阻；填海造地工程实际上等效于人为的"海岸线外迁"，从而使地下水径流途径加长等。由于淤泥、冲积相黏土及风化残积土的渗透性能差，又由于海底淤泥层的渗透系数随固结不断减小，地下水将处于长时间缓慢的调整过程。地下水流场改变的程度取决于填海方案（填土前是否铲除淤泥，填土为海沙、残积土等）、含水系统的结构及填海规模。总的来说，大规模填海对地下水流动系统的影响有以下几方面：

① 大规模填海后，海岸线向海移动，延长了地下水向海水排泄径流途径，减弱了地下水向海水的排泄，导致原海岸带地下水位抬高，原滨海区及部分填海区中的地下水将不断淡化，这将改变原地下水与海水的咸淡水界面，经过相当长

时间后，该界面会向海发生相应的移动达到新的平衡。

② 原海岸线与填海区界线附近出现地下水溢出带。

③ 填海后因为地下水通过填海区向海排泄量减少，会使渗流场重新分布，更多的地下水将集中于未填海的海岸带。

④ 填海对地下水系统的影响程度取决于诸多因素，如原滨海含水系统特征（潜水或承压水）、填海规模与填土渗透性。虽然填海可短期内完成，但填海对地下水系统的改变是相当漫长的非匀速发展的过程。

6.5.3　填海工程对海水入侵影响的数值模拟研究

天然海岸线是经过长期的地质作用形成的，具有特定的岩性结构，一般条件下，沿海岸带大都有一层天然的淤泥层，它是防止海水入侵的天然屏障。在深圳沿海一带，进行了大范围的人工填海，这破坏了天然的海岸线边界，使得海岸线边界向海域延伸。目前，对于人工填土对海水入侵的影响研究尚浅，还没有形成一个比较完善的方案，人工填土中常含部分黏性土，填土与下伏淤泥层相比，孔隙度很大，但由于填海施工，饱含咸水。在填海中，黏性土处于饱水状态，由于地表夯实作用，下伏土层逐渐排水压固结，但是经过两年以后，固结作用完成，可能导致原有的天然淤泥层渗透性大大降低。通过《深圳市填海工程对海水入侵的影响研究报告》可知，填海一般厚度为 5.0～7.0m，最大为 13.50m。剖面图（图 6-82）显示，第四系含水层底板深度一般大于 13.5m，人工填海不能切断第四系含水层与深圳湾的联系。为解决此问题，应建立垂向二维的数值模拟模型预测不同条件下人工填海对海水入侵影响，总结海水入侵的主要影响因素，通过建立三维的数值模拟模型预测人工填海对深圳海水入侵的影响。

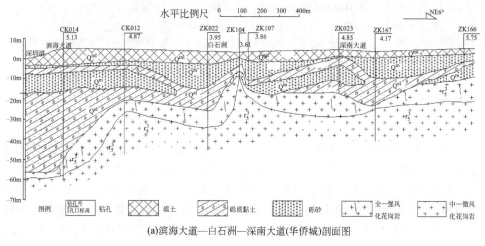

(a)滨海大道—白石洲—深南大道(华侨城)剖面图

图 6-82

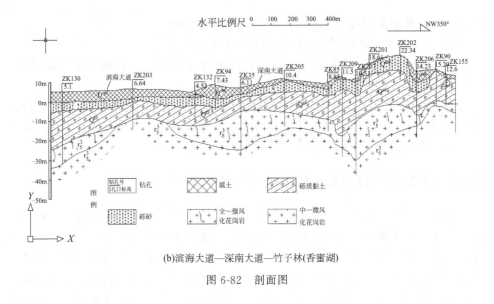

水平比例尺 0 100 200 300 400m

(b)滨海大道—深南大道—竹子林(香蜜湖)

图 6-82　剖面图

6.5.3.1　填海垂向二维数值模拟模型建立

通过本项目6—6′剖面建立人工填海的垂向二维数值模拟模型，根据地层资料。第一层为素填土和淤泥质黏土，在模型中定义为弱透水层；第二层为中砂，在模型中定义为第四系含水层；第三层为砂质黏土和粉质黏土，在模型中定义为弱透水层；第四层为全风化混合岩和全风化花岗岩，定义为基岩裂隙含水层。

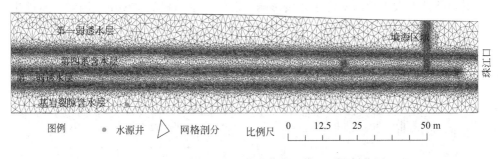

图 6-83　人工填海垂向二维数值模拟模型网格剖分图

利用改进的 Henry 问题，模拟二维承压含水层不同条件下地下水位变化海水入侵发展演化情况，图 6-83 为模拟的有限单元网格，共剖分 43255 个单元，21748 个节点，顶底板为隔水边界，左侧为内陆边界，水头为 1.9m，右侧为临海边界，水位根据潮汐变化而变化，第四系含水层与基岩裂隙含水层各有一个抽水井，抽水量分别为 5m³/d 和 3m³/d，各水文地质参数引用中国地质大学（武汉）成建梅博士完成的《深圳沿海典型地段水文地质试验报告》成果。主要参数设置见表 6-18。利用数值模拟模型主要预测在开采形成漏斗条件下人工填海影响和天然条件下没有漏斗海水入侵影响分析。

表 6-18　主要模拟参数设置表

参数	Feflow	参数	Feflow
模型类型(垂向二维)	Flow and transport	溶质数据	
时间和控制数据		溶质运移初始条件	
自动时间步长 非逆风	Predictor-corrector AB/TR	均质浓度	$C(t=0,x,z)=0$
	No upwinding	溶质运移边界条件	
水流边界		海岸边界为咸水 $C_海=19000\text{mg/L}$ 内陆为淡水 $C_陆=0$	
		溶质运移水文地质参数	
海岸边界水头 侧向边界水头 顶底板零通量边界 井边界	$h=\rho_\text{w}/\rho_\text{b} \cdot z$ $h=1.9$ $q_\text{n}=0\text{m/d}$ 第四系:$Q=5\text{m}^3/\text{d}$ 基岩裂隙 $Q=3\text{m}^3/\text{d}$	含水层厚度 空隙度 吸附系数 分子扩散度	实际地层厚度 0.30 $K'=0,R=1$ $D_\text{d}=6600\times[10^{-9}\text{m}^2/\text{s}]$
水文地质参数		弥散系数	第四系: $a_\text{L}=1.53,a_\text{T}=0.12$ 基岩裂隙: $a_\text{L}=0.21,a_\text{T}=0.09$
渗透系数 密度系数	第四系:$k=56.7\text{m/d}$ 基岩裂隙:$k=2.3\text{m/d}$ $a=250\times[10^{-4}]$	延迟率	$\theta=0[10^{-4}/\text{s}]$

6.5.3.2　填海垂向二维数值模拟

（1）开采条件下海水入侵二维数值模拟

当第四系和基岩裂隙含水层开采后，形成以水源井为中心的降落漏斗（图6-84），地下水位低于海水位，引起海水入侵，通过模拟模型预测，两个月后到达开采井位置，海水 Cl⁻ 到达水源井后，由于水源井形成开采漏斗，水源井以北陆域水位高于开采井水位，海水入侵范围趋于稳定。

（2）开采条件下填海对海水入侵影响二维数值模拟

当第四系和基岩裂隙含水层开采后，形成以水源井为中心的降落漏斗，地下水位低于海水位，引起海水入侵，由于人工填海最大深度达到 13.5m，造成第四系含水层部分成为弱透水层。人工填海造成部分地区渗透系数降低，通过模型预测，两个月后也到达开采井位置，海水 Cl⁻ 到达水源井后，由于水源井形成开采漏斗，水源井以北陆域水位高于开采井水位，海水入侵范围趋于稳定（图 6-85）。模拟表明在填海的情况下，海水入侵影响程度与没有填海时是一样的，填海对海水入侵影响不大，地下水开采才是海水入侵的主要原因。

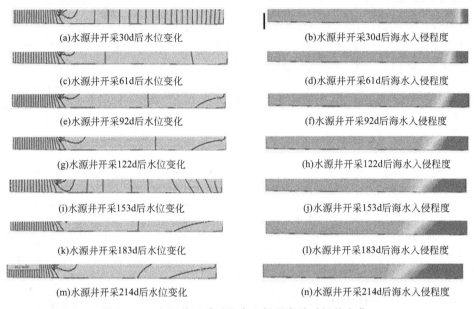

(a)水源井开采30d后水位变化　　　　(b)水源井开采30d后海水入侵程度

(c)水源井开采61d后水位变化　　　　(d)水源井开采61d后海水入侵程度

(e)水源井开采92d后水位变化　　　　(f)水源井开采92d后海水入侵程度

(g)水源井开采122d后水位变化　　　　(h)水源井开采122d后海水入侵程度

(i)水源井开采153d后水位变化　　　　(j)水源井开采153d后海水入侵程度

(k)水源井开采183d后水位变化　　　　(l)水源井开采183d后海水入侵程度

(m)水源井开采214d后水位变化　　　　(n)水源井开采214d后海水入侵程度

图 6-84　水源井开采后海水入侵程度随时间的变化

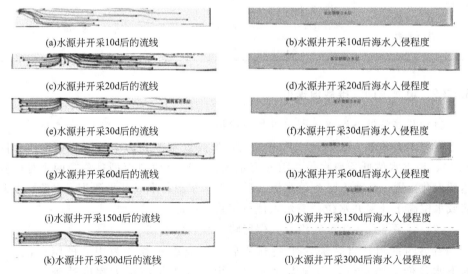

(a)水源井开采10d后的流线　　　　(b)水源井开采10d后海水入侵程度

(c)水源井开采20d后的流线　　　　(d)水源井开采20d后海水入侵程度

(e)水源井开采30d后的流线　　　　(f)水源井开采30d后海水入侵程度

(g)水源井开采60d后的流线　　　　(h)水源井开采60d后海水入侵程度

(i)水源井开采150d后的流线　　　　(j)水源井开采150d后海水入侵程度

(k)水源井开采300d后的流线　　　　(l)水源井开采300d后海水入侵程度

图 6-85　开采条件下填海后海水入侵程度随时间的变化

（3）无开采条件下填海对海水入侵影响二维数值模拟

当没有人工开采或没有地下水漏斗时，陆域地下水水位高于海域水位，模拟模型结果表明（图 6-86）：海水入侵范围很小，没有影响到陆域范围。

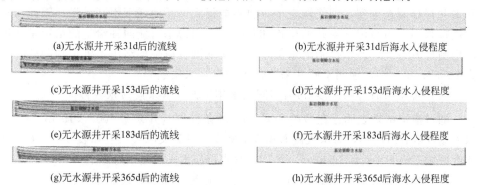

(a)无水源井开采31d后的流线　　　　　　(b)无水源井开采31d后海水入侵程度

(c)无水源井开采153d后的流线　　　　　　(d)无水源井开采153d后海水入侵程度

(e)无水源井开采183d后的流线　　　　　　(f)无水源井开采183d后海水入侵程度

(g)无水源井开采365d后的流线　　　　　　(h)无水源井开采365d后海水入侵程度

图 6-86　无水源井开采海水入侵程度随时间的变化

（4）开采状况下填海有无对海水入侵影响分析

在人工开采或有地下水漏斗时，陆域地下水水位低于海域水位，在没有人工填海作用下，模拟模型预测海水入侵界线（250mg/L）在 214d 内运移路径（图 6-87）为 123.41m；在人工填海状况下，模拟模型预测海水入侵界线（250mg/L）在 214d 内运移路径为 123.20m。无人工填海海水入侵界线比人工填海后海水入侵界线多运移 0.21m。可以看出人工填海对海水入侵有一定的阻挡作用，但是作用不是很显著。对人工填海的作用仍需要进一步试验研究。

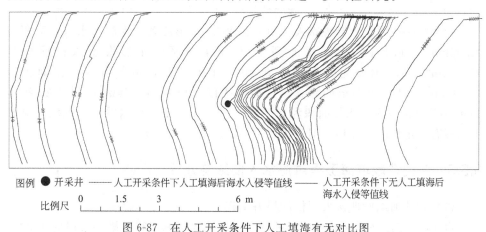

图例 ● 开采井　------ 人工开采条件下人工填海后海水入侵等值线　—— 人工开采条件下无人工填海后海水入侵等值线

比例尺　0　　1.5　　3　　　　6 m

图 6-87　在人工开采条件下人工填海有无对比图

6.5.4　海水入侵趋势预测的数值模拟

根据 6.4.4 资料，工作区地下水资源处于正均衡状态。人工填海范围内第四系含水层厚度减少 0～5m，根据深圳市供水规划，地下水开采量将逐年减少，本次假定开采量减少 50% 条件下，人工填海与已完成部分人工填海进行对比，预测 2020 年和 2030 年海水入侵的影响程度。

在预测时降雨量采用多年平均降雨量，其月份分配如表 6-10 所示，现有的开采井很难调查得到，即使调查了，也不能得到该井的地下水开采量，因此，本次模拟采用人为给定开采井的位置和开采量。周边基岩侧向补给量的给定是通过水均衡计算得到，海水位和河水位均由多年观测资料平均给出，模拟预测的时段为 2008～2030 年，预测不同开采条件下的海水入侵趋势。

（1）现状填海开采减少 50%不同水平年第四系含水层海水入侵

通过模拟结果表明：在减少开采 50%的条件下（开采量 $1000 \times 10^4 \mathrm{m}^3/\mathrm{a}$）海水入侵程度有所缓解，海水入侵面积逐渐减少，参见文献 [31] 和表 6-13，Cl^- 高浓度区域逐渐变小，到 2030 年，第四系含水层海水入侵面积为 $85.19 \mathrm{km}^2$。

（2）填海完成后开采减少 50%不同水平年第四系含水层海水入侵

模拟结果表明：填海完成后，在减少开采 50%的条件下（开采量 $1000 \times 10^4 \mathrm{m}^3/\mathrm{a}$），海水入侵面积逐渐减少，参见文献 [31] 和表 6-19，Cl^- 高浓度区域逐渐变小，到 2030 年，第四系含水层海水入侵面积为 $82.07 \mathrm{km}^2$。

表 6-19　减少 50%开采量条件下不同水平年第四系含水层海水入侵影响范围表

年份	浓度/(mg/L)				海水入侵面积 /km²
	0～250	250～1000	1000～5000	>5000	
2020 年	241.71	34.31	44.19	13.88	92.38
2030 年	252.02	31.91	39.51	10.64	82.07

预测结果表明：预测现状人工填海到 2020 年第四系含水层海水入侵面积为 $94.55 \mathrm{km}^2$，预测现状人工填海到 2030 年第四系含水层海水入侵面积为 $85.19 \mathrm{km}^2$；人工填海完成后预测到 2020 年第四系含水层海水入侵面积为 $92.38 \mathrm{km}^2$，到 2030 年第四系含水层海水入侵面积为 $82.07 \mathrm{km}^2$，到 2020 年和 2030 年分别减少海水入侵面积为 $2.17 \mathrm{km}^2$ 和 $3.12 \mathrm{km}^2$，可以看出人工填海对海水入侵有一定的阻挡作用，但是作用不显著。

6.5.5　典型地段填海工程对海水入侵影响分析

（1）大沙河地段四次大规模的填海工程

自 1983 年以来，在蛇口地区进行了四次大的填海工程。第一阶段为 1983—1994 年，主要是在东侧 900m 和西侧 1000m 范围之内；第二阶段为 1994—1998 年，主要是沿大沙河自入海口至上游的 500m 范围之内；第三阶段为 2000—2001 年，在原基础上，在东侧向海开垦 1000m 范围，横向距离达 6000m；第四阶段为 2002—2005 年，主要是在深圳沿海高速公路范围内，从大沙河河口向海延伸约 350m。开垦面积达到 $15 \mathrm{km}^2$。

（2）模拟的水位动态分析

1983 年地下水开采较少，认为地下水系统在多年平均的降雨量条件下处于稳定状态，将模型分为五个阶段进行模拟，即 1983—1994 年、1994—1998 年、2000—2001 年、2002—2005 年和 2006—2007 年，每个阶段海水边界根据实际的海岸线给定。海水水位取定为多年平均的海平面值，即 0m。

OBS1 为白石洲裂隙含水层水位监测孔，OBS2 位于沙河东孔隙含水层，OBS3 位于湾夏孔隙含水层，OBS4 为设置的裂隙含水层水位分析点，观测孔布置示意图参见文献［31］。各孔的水位动态如图 6-88 所示。从图中可以看出，OBS1、OBS2 和 OBS3 监测孔模拟的水头与实测值的动态一致，基本能真实反映地下水运动趋势。OBS2 孔的模拟值稍有偏大，这是因为模拟中未考虑实际的地下水开采的影响。OBS4 为分析海岛中两侧有填海工程时其地下水位的变化，从图中可以看出，虽然 OBS4 孔位于裂隙含水层，随着不同程度土地开垦，其水位也逐渐上升，达 4m 左右。

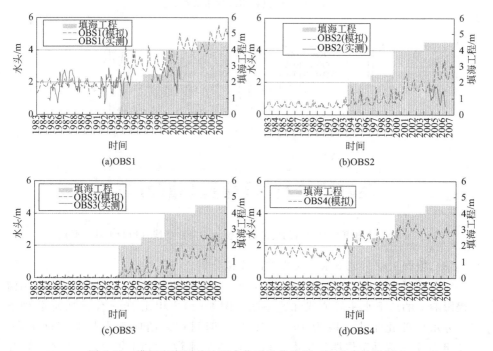

(a)OBS1   (b)OBS2

(c)OBS3   (d)OBS4

图 6-88   模拟和实测的地下水位对比曲线图（均为 1 月数据）
注：四个灰色台阶象征性表示 1983—1994 年、1994—1998 年、
2000—2001 年、2002—2005 年四阶段填海工程。

图 6-89 为 OBS1、OBS2 和 OBS3 孔模拟和实测的水头统计图，大多数模拟值位于实测值之上，主要是因为地下水用水的影响。图 6-90 比较了 OBS1、OBS2 和 OBS4 对应填海工程的响应快慢速度，可以看出，OBS2 孔离第三阶段的填海位置最近，对填海工程响应最为显著，在 3 年左右其水位上升达 3m 左右；OBS1 孔对第三阶段的填海工程响应其次，水位上升达 2m；OBS4 孔对所有填海工程响应都很缓慢，变化也不大。这说明在已知填土介质的情况下，地下水

位的变化与离填海工程远近有着直接的关系。

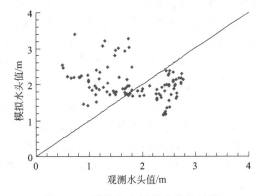

图 6-89　模拟和实测的水头统计图

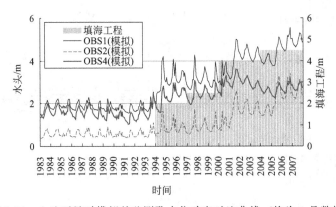

图 6-90　土地开垦时模拟的监测孔水位动态对比曲线（均为 1 月数据）

（3）填海工程对地下水系统影响的模拟分析

填海工程改变地下水系统的流动规律。根据模拟结果，绘制了不同时期填海工程影响下的地下水头等值线和速率图（图 6-91）。相比 1988 年，1994 年地下水头分水岭变化不大，因为 1988—1993 年期间在东西向基本是等宽度填海。1998 年地下水流动范围明显扩大。相比 1998 年来说，2001 年地下水分水岭明显向西偏移。2005 年比 2001 年的地下水分水岭向东偏移。比较 1988 年与 2005 年最能看出这些年填海对地下水流场的改变。1988 年南山水位略高于 1m，北至后海一带水位降低，至深圳大学与南头一带水位又高。后海一带水位呈马鞍形。2005 年后海一带水位马鞍形消失，水位由南头至南山逐渐降低。南山一带水位普遍高于 2m。

（4）地下水向海排泄量的变化

地下水向海排泄量（submarine groundwater discharge，SGD）是国内外研究的热点。图 6-92 反映了东西侧 SGD 随时间的变化。从图中可以看出，随着填海工程

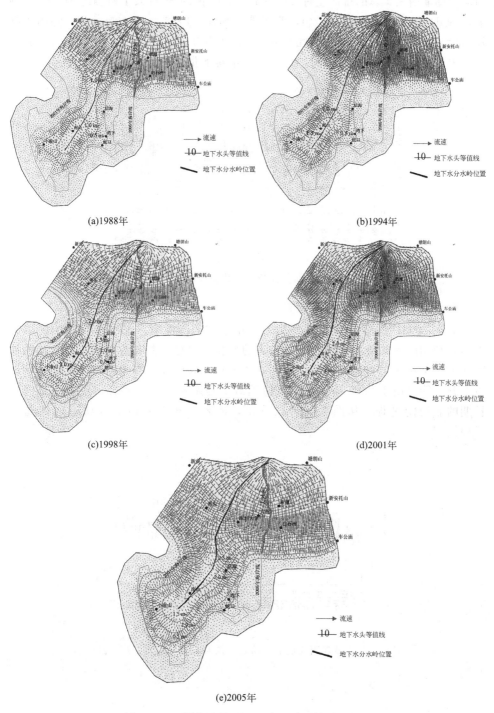

(a)1988年

(b)1994年

(c)1998年

(d)2001年

(e)2005年

图 6-91　不同海岸线下地下水流动系统的变化图

的范围逐渐增大，总的排泄量有升高的趋势，东侧的 SGD 大于西侧的 SGD。东侧平均 SGD 约为 2.66×10^4 m³/d，西侧平均 SGD 约为 1.41×10^4 m³/d。降雨入渗补给量为 4.66×10^4 m³/d，因此 SGD 占了总补给量的 87% 左右。填海活动实际是增大了地下水补给区的面积，相应地下水排泄量也增加了。

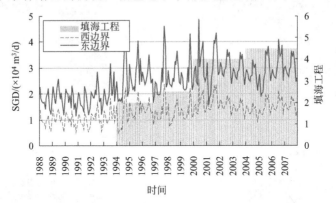

图 6-92　地下水向海排泄量的变化曲线图（均为 1 月数据）

（5）地下水位变化的动态预测

假定 2008—2037 年降雨系列均为多年平均的降雨量，没有进行其他的填海工程，利用已有的模型来预测地下水头的变化。典型观测孔的地下水动态预测见图 6-93，从图中可以看出，三个观测孔中 OBS3 孔的地下水头略有上升，这种逐步上升可能是由于 2005 年及以前年份填海工程影响地下水动态，说明它是一种长期的非稳定过程。从图中还可以看出，需要 3 年左右地下水动态达到基本平稳。

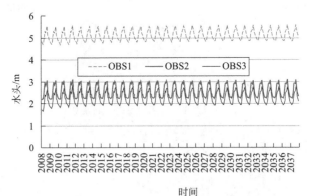

图 6-93　典型观测孔地下水动态的预测曲线（均为 1 月数据）

第7章
海水入侵地质灾害灾情评估

7.1 海水入侵地质灾害灾情特征

灾害是一种自然的或人为因素引起的不幸事件（或过程），它对人类的生命财产、社会经济活动和发展的基础——资源和环境造成了危害和破坏。灾害的形成必须具备两方面的条件：一是具有灾害现象的起源，即自然动力活动或自然环境的异常变化；二是具有受灾害的对象，即人类生命财产以及赖以生存与发展的资源、环境。在一个灾害事件中，前者可称为灾害体，后者可称为承灾体或受灾体，二者互相作用则形成了灾害。

海水入侵地质灾害是指由于自然或人为原因，滨海地区地下水动力条件发生改变，滨海地区含水层中的淡水与海水（或地下咸水）之间的平衡状态遭到破坏，导致海水或与海水有水力联系的高矿化地下咸水沿含水层向陆域方向扩侵，影响入侵带内人、畜生活和工农业生产用水等，使淡水资源遭到破坏的现象或过程。

自然灾害对人类所造成的破坏效应主要包括三个方面：①威胁人类安全，造成人口死亡、受伤、失踪；②毁坏各种工程设施、产品、作物等劳动成果，造成经济损失；③破坏支持人类生存与发展的自然资源与环境，使人类失去可持续发展的条件。对于前两种破坏作用，可以通过统计、核算比较准确地量化损失程度；但对于资源和环境破坏所形成的损失，由于目前尚没有公认的核算标准和方法，所以难以进行准确的量化评估。

不同种类的自然灾害上述三种破坏效应所占的比重不同，所以不同灾害经济损失评估的难度和评估结果的可靠程度不同。洪涝、台风、地震、崩塌、滑坡、泥石流等灾害的破坏效应除造成人口伤亡外，主要是毁坏各种工程设施和农作物，对资源、环境虽然也有一定破坏作用，但相对前两种破坏作用要小得多，而且在灾后的较短时间内可以得到基本恢复。海水入侵灾害则与此不同，它主要效应是破坏地下水资源及由此进一步引起其他方面的损失。海水入侵灾害的这一特征，给损失评价造成很大困难。首先，地下水咸化后很难恢复，即使灾后采取措施进行治理，但由于海水入侵区地下水的循环交替过程一般十分缓慢，所以一般需要几十年甚至上百年才能使咸水重新淡化，水质得到恢复。从这个意义上说，海水入侵灾害虽然不会直接造成人口伤亡和建筑设施毁坏，但它是一种以资源和环境为主要危害对象的持久性灾害，能使成灾区从根本上失去居民生活和经济发展的条件，因此，它形成的损失是难以估量的。另外，即使抛开这一层意义，仅从资源角度去直观地评价海水入侵灾害损失，也相当困难。其主要原因是难以准确地核算水资源价值。特别是我国水资源开发利用的商品化程度很低，尽管在《中华人民共和国水法》有关条款中规定"使用供水工程供应的水，应当按照规定向供水单位缴纳水费""对城市中直接从地下取水的单位，征收水资源费；其他直接从地下或者江河、湖泊取水的，可以由省、自治区、直辖市人民政府决定"。但大部分地区都没有形成合理的价格体系，许多地区甚至仍处于无偿开发状态，所以评价海水入侵灾害经济损失就更加困难。

7.2　海水入侵地质灾害损失构成及评价方法

7.2.1　灾害损失构成

海水入侵灾害的直接效应是破坏地下水资源，同时导致地下水开采设备失效，供水管道、设备、地下建（构）筑物、地面建（构）筑物基础腐蚀，居民生活用水困难，饮用水质恶化，地方病蔓延，工农业生产受到影响等。因此，海水入侵灾害损失（SS）的构成主要包括：

① 被破坏的水资源价值（SS_s）；

② 失效的地下水开采设施（机井）价值（SS_j）；

③ 供水管道、设备、地下建（构）筑物、地面建（构）筑物基础腐蚀（SS_d）；

④ 因水质恶化导致地方病发展所造成的损失（SS_b）；

⑤ 农、林、牧、渔业损失（SS_n）；

⑥ 工业产品质量、产量下降或搬迁、转产所造成的损失（SS_g）。

灾害的经济损失核算方法为上述各类损失之和。其通用计算模型为：

$$SS = K \sum_{i=1}^{n} \sum_{j=1}^{n} C_i B_{ij} \tag{7-1}$$

式中，K 为消除价格因素而设置的修正系数；C_i 为 i 类受灾体价格，等于受灾体数量与单价和平均折旧率的乘积；B_{ij} 为 i 类受灾体在 j 等级入侵区的破损比。

7.2.2　计算方法

具体核算方法一般采用下述两种方法。

（1）水资源替代恢复法

根据水资源条件，拟设新的供水水源替代被破坏的地下水水源，恢复海水入侵前的供水水平，以此为前提，用开发新的水源增加的费用代替被破坏的地下水资源价值。其计算公式为：

$$\mathrm{SS_s} = (B_{\mathrm{qt}} - B_{\mathrm{qy}}) \sum_{i=1}^{n} Q_{\mathrm{m}j} \cdot M_j \cdot P_j \tag{7-2}$$

式中，$\mathrm{SS_s}$ 为被破坏的水资源价值，万元；B_{qt} 为替代供水水源单位成本，根据各评价单元所在地区引水工程概算资料确定，元/m^3；B_{qy} 为灾害发生前当地地下水平均开采成本，元/m^3；$Q_{\mathrm{m}j}$ 为无灾害条件下地下水开采模数，m^3/km^2；M_j 为灾害区分布面积，km^2；P_j 为地下水资源破坏率，据典型调查结果，严重入侵区 0.9，中等入侵区 0.7，轻度入侵区 0.5；j 为入侵区等级。

机井失效或报废损失（$\mathrm{SS_j}$）按下式计算：

$$\mathrm{SS_j} = \sum_{i=1}^{n} J_{\mathrm{s}j} J_{\mathrm{d}j} J_{\mathrm{z}j} J_{\mathrm{p}j} \tag{7-3}$$

式中，$\mathrm{SS_j}$ 为机井损失，万元；$J_{\mathrm{s}j}$ 为机井数量；$J_{\mathrm{d}j}$ 为平均单井造价，万元/眼；$J_{\mathrm{z}j}$ 为平均折旧率；$J_{\mathrm{p}j}$ 为平均破坏损失率，据典型调查结果，严重入侵区 0.9，中等入侵区 0.7，轻度入侵区 0.5。

供水管道、设备、地下建（构）筑物、地面建（构）筑物基础腐蚀损失（$\mathrm{SS_d}$）根据供水管道设备、地下建（构）筑物、地面建（构）筑物固定资产折旧增长率核算。据典型调查结果，其值大致相当于资产净值的 1‰～5‰。

居民地方病损失（$\mathrm{SS_b}$）是在典型调查基础上，根据灾害区常住人口和人均医药费增长数进行核算。

综上所述，评价单元海水入侵灾害水资源替代恢复法经济总损失（$\mathrm{SS_1}$）按下式计算：

$$\mathrm{SS_1} = K(\mathrm{SS_s} + \mathrm{SS_j} + \mathrm{SS_d} + \mathrm{SS_b}) \tag{7-4}$$

式中，K 为便于不同年份价格对比的价格指数。

其他符号含义同前。

（2）无替代水源的持久性损失计算法

计算基础是不拟设新的供水水源，灾害区在相当长时期内水资源供给条件无法得到恢复，计算在这种条件下的经济损失。该条件在海水入侵灾害损失中，机井损失，供水管道、设备、地下建（构）筑物、地下建（构）筑物基础腐蚀损失，居民地方病损失仍是基本要素，只是地下水资源损失用其他的间接损失——农业损失和工业损失所代替，农业损失根据粮食减产损失计算，工业损失根据正常工业产值与灾害实际产值计算。

此种情况下，评价单元海水入侵灾害经济损失（$\mathrm{SS_2}$）按下式计算：

$$\mathrm{SS_2} = K(\mathrm{SS_j} + \mathrm{SS_d} + \mathrm{SS_b} + \mathrm{SS_n} + \mathrm{SS_g}) \tag{7-5}$$

式中，$\mathrm{SS_n}$ 为农、林、牧、渔业损失，万元；$\mathrm{SS_g}$ 为工业品产值、质量下降或搬迁、转产造成的损失，万元。

其他符号含义同前。

7.2.3　海水入侵灾害损失模数核算方法

为便于不同评价单元对比，在计算各单元总损失基础上，按下式计算各评价单元损失模数。

$$SS_M = \frac{SS}{M} \qquad (7\text{-}6)$$

式中，SS_M 为损失模数，万元/km^2；SS 为评价单元灾害总损失，万元；M 为评价单元成灾面积，km^2。

7.3　海水入侵灾害潜在经济损失核算方法

同其他地质灾害一样，海水入侵灾害的经济损失亦分为历史灾害损失和潜在灾害损失。历史灾害损失在调查基础上用上面提出的方法进行计算，潜在灾害损失按下式计算：

$$SS_t = \sum_{j=1}^{n} SS_{mj} M_{tj} \qquad (7\text{-}7)$$

式中，SS_t 为潜在灾害损失，万元；SS_{mj} 为现状灾害损失模数，万元/km^2；M_{tj} 为潜在灾害面积，km^2；j 为入侵区灾害等级。

7.4　海水入侵灾害危害性初步评价

深圳市是我国最早的沿海开放城市和经济特区。目前，深圳市已形成国际化都市，由于城市的发展，深圳市现供水水源为境外引水水源和境内水库、山塘集水水源。此外，深圳市沿海地带农业生产不发达，目前未见耕地或绿化地退化现象，由于自来水的普及，也未见居民地方病现象。鉴于以上情况，深圳市海水入侵灾害危害性主要表现为：

① 地下水咸化导致地下淡水资源损失；

② 地下水咸化导致地下水腐蚀性增强，腐蚀供水管道、设备、地下建（构）筑物、地面建（构）筑物基础。

现对工作区地下淡水资源损失和腐蚀性增强所造成损失进行初步估算，地下水资源损失按水资源替代恢复法估算，替代供水水源单位成本取 4 元/m^3，灾害发生前当地地下水平均开采成本取 1 元/m^3，无灾害条件下地下水年开采模数取 $60 \times 10^4 m^3/km^2$。腐蚀性增强仅以房地产建筑物基础腐蚀性增强所造成损失估算，房地产固定资产以居住密度东部地区 100 户/km^2，西部地区 1000 户/km^2，每户 100m^2，每平方米按 10000 元计算，其折旧增长率取 3‰。深圳市海岸带各区海水入侵灾害经济损失、损失模数估算结果见表 7-1。

表 7-1　深圳市海岸带海水入侵灾害经济损失估算表

评价单元	成灾面积/km²	入侵区等级/（面积/km²）	SS_s/万元	SS_d/万元	SS/万元	SS_M/（万元/km²）
深圳市西海岸带	150.72	Ⅰ/93.09 Ⅱ/25.53 Ⅲ/32.01	21186.36	31716.00	52902.36	350.99
深圳市东海岸带	26.99	Ⅰ/26.09 Ⅱ/0.69 Ⅲ/0.21	4332.42	809.70	5142.12	190.52
合计	177.71		25518.78	32525.70	58044.48	

表 7-1 表明：深圳市西海岸带现状经济损失为 52902.36 万元，平均损失模数为 350.99 万元/km²；深圳市东海岸带现状经济损失为 5142.12 万元，平均损失模数为 190.52 万元/km²。从损失额的地区分布看，深圳市西海岸带地区成灾面积大，损失额大，危害性大；深圳市东海岸带成灾面积小，损失额小，危害性小。从损失模数看，深圳市东海岸带大于西海岸带。

在自然条件和人为因素控制下，工作区未来灾害发展趋势有两种可能：

① 由于加强了地下水开采的管理，现状情况下，地下水的开采量小于补给量，总体不会加剧海水的入侵，但局部地段的超强开采可能会引起局部的海水入侵；填海工程可以提高地下水位，总体评价是有利于防止海水入侵；入海河流水位的变化对海水入侵有较大的影响，采取相应的防治措施可以有效控制海水入侵。因此，采取防治措施后，海水入侵可以减少，灾害损失不再扩大或略有减少，但这需要多方面努力才能实现这一目标。

② 不采取措施进行有效防治，工作区海水入侵灾害面积西部海岸带将扩大至 197.57km²，届时灾害损失将为 69345.09 万元；东部海岸带灾害面积将扩大至 47.79km²，届时灾害损失将为 9104.95 万元。深圳市海岸带灾害总损失将为 78450.04 万元。

深圳市海岸带海水入侵的防治效益主要是社会效益和环境效益，重要的是保护宝贵的淡水资源，促进深圳市资源-环境-经济协调发展。

第 8 章
海水入侵地质灾害防治对策

海水入侵研究的核心是开发资源和保护环境的优化管理，由于海水入侵是一个从陆地到海洋、从地上到地下、从自然环境到人类社会经济发展的综合问题，因此海水入侵地质灾害的应对措施必须从自然到人类社会经济发展综合考虑以达到资源与环境统一，人与自然相和谐。深圳市西部海水入侵地质灾害相对严重，但海水入侵的诱发原因也较多，如抽取地下水、海水沿河上溯、高位海水养殖、因地势低平多遭风暴潮袭击，此外也受海平面上升的影响。东部，由于以基岩海岸为主，仅有少量砂砾海岸，部分河流及小量高位海水养殖形成小范围海水入侵地质灾害，因此其应对措施可参照西部。以下为综合防治对策。

8.1 补注地下水提高地下淡水水位

海岸地带及入海河流下游段，海水入侵主要是海水面高于地下水，形成海水补给地下水，为了防止这种情况的发生，就要提高地下淡水的水位。通过回灌补源等措施补给地下水，提高地下水位，在咸淡水界面的淡水侧形成与界面平行的高水位带和深淡水带，使之如一淡水屏障阻止界面向内陆移动。在滨海地带有计划地回补地下水，是世界各国普遍施行的有效控制办法。

例如美国纽约，为增加长岛砂砾石冰碛层的供水量和阻止海水入侵，在大约 $250 km^2$ 的面积上建立了近 400 个汇集雨水的渗水池。加利福尼亚州为防止海水入侵，在沿海岸线 16km 长度内布置了一系列的注水井，建造地下淡水屏障，每天通过钻孔的回灌量达 25 万立方米，其注入水包括用三级处理法处理过的下水道污水。

开挖人工渠进行人工回灌补注地下水，引淡压（排）咸。以淡水压咸水，迫使海水后退，在海咸水界面上游（即淡水侧）含水层导水性较好地段开挖一条人工渠道蓄水，以抬高地下水位，形成新的海咸水与原地下水之间分界面，其开挖后所得土方具有经济价值，可以用于填海，补贴工程经费，因此工程费用相对较低。且沿岸而流的水渠可美化环境，如经规划与景观设计相结合将具有旅游休闲价值。回灌水源主要有深圳雨季丰富的雨水与地表水，以及经处理合格后的废污水等。利用池塘收集雨季多余的雨水回灌地下，对地面无法开挖人工渠的地段，也可采用埋式沟渠或管渠进行回灌，但其成本相对较高。

对人工回灌补注地下水进行二维模拟，发现该方法对于阻止海水入侵是极其有效的。以 8000mg/L 作为浓度分布初始值［图 8-1（a）］，所注入的为淡水，即 Cl^- 浓度为零。图 8-1（b）~（j）为将注水孔布置在距海岸线 120m 处，注水深度 13m，注水流量为 $5m^3/d$ 情况下咸淡水界面的推移过程。

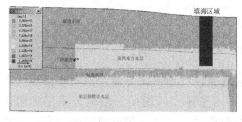

(a)初始浓度

(b)注水31d后的咸淡水界面

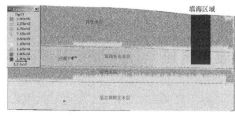

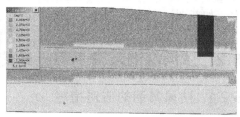

(c)注水61d后的咸淡水界面

(d)注水92d后的咸淡水界面

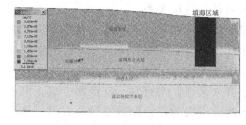

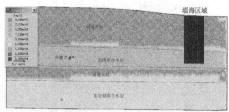

(e)注水122d后的咸淡水界面

(f)注水153d后的咸淡水界面

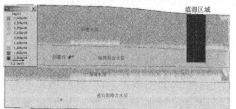

(g)注水183d后的咸淡水界面

(h)注水245d后的咸淡水界面

图 8-1

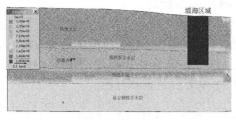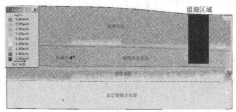

(i)注水365d后的咸淡水界面   (j)注水548d后的咸淡水界面

图8-1 实施注水后咸淡水界面随时间推进过程

具体到本区，可在一些有条件的地区或地段在地下水上游采取雨水回灌（配合《深圳市雨水再利用条例》），尤其在第四系淡水区的中上游地段采用雨水回灌工程提高地下淡水水位，如宝安区沙井街道的后亭村一带就可以采用回灌方式补充地下水。还可以在分级建闸的河道中，利用河两侧可入渗的岸坡补充地下水，如新洲河进行了这方面的改造。

8.2 防风暴潮及海平面上升的应对措施

8.2.1 防风暴潮的应对措施

8.2.1.1 风暴潮的特点

（1）风暴潮的产生与台风位置或台风路径有直接关系

风暴潮是伴随台风而产生的。从宝安地区出现的风暴潮灾害，特别是近年来发生的8309号、8909号和9316号、1822号等典型的风暴潮，可以看出宝安地区的风暴潮具有以下的规律和特点。

登陆及影响宝安地区的台风大多数来自太平洋，也有部分在南海生成。由于广东的海岸线长，台风登陆时在某岸段可能造成极为严重的风暴潮，在另一岸段却没有什么影响。由于台风是一逆时针旋转的气旋，所以在台风前进方向的右侧，台风旋风的向岸风把海水推向岸边造成风暴潮。遵循这个规律，当台风进入深圳以西的海面，会使宝安地区产生风暴潮。特别是直接登陆珠江口台风更容易造成灾害性的风暴潮。

（2）风暴潮的强弱与台风强弱有密切关系

对于宝安地区来说，当台风进入深圳以西的海面以后，随着台风靠近海岸，风切应力使海水向岸堆积，从而形成风暴潮。但风暴潮的大小主要取决于台风强度，即台风中心附近最大风速和中心气压。当台风中心附近风速越大，中心气压越低，风暴潮就越大，造成的灾害就越严重。8309号、8908号和9316号等台风登陆时中心风力都在12级以上，2008年9月24日登陆广东的台风"黑格比"，最大阵风达17级。在珠海口大石水文站测得2.73m的潮位，是该站近百年来9

月同期最高潮位。

（3）风暴潮若遇天文大潮，风暴潮位增高

风暴潮是风与潮两者相互作用的产物。资料表明，历史上的强风暴潮多数是台风与天文大潮耦合叠加致使潮位倍增而形成的。根据广东海域的潮汐特点，每逢农历初一至初三、十五至十八这几天是天天大潮期。若在此期间碰上台风暴潮袭击，天文大潮叠加上风暴潮，会造成比通常更高的风暴潮位，并可能突破当地实测历史最高潮位。8309 号、8908 号和 9316 号台风风暴潮就是最明显的例子。所以大潮期间如遇台风，就要做好预防强风暴潮的工作。

（4）风暴潮与洪水影响叠加明显

在沿海海岸地带一些低平地段，洪水与风暴潮的相互影响十分显著。如宝安区，当洪峰从茅洲河等往下游河网区传播时，在河口遇风暴潮上溯，洪水不但不能排泄入海，反而被潮水顶托，大量洪水滞留河口及下游河段，使原来已经抬高的潮位更加高。因此，当风暴潮与洪水相逢时，其增水值一定会大大增加。2008年 6 月，深圳地区遭遇百年一遇的强降雨，由于茅洲河口受风暴潮的影响，洪水不能排泄入海，致使宝安区、光明新区大面积积水，形成严重内涝，局部低洼地带积水深达 2.5m 以上。

8.2.1.2　风暴潮对海水入侵的影响

风暴潮除直接造成沿海大量人员转移和大量房屋、农田、水产养殖、海堤被淹或损毁等财产损失外，还可以造成海水入侵和土壤盐渍化的程度加重和区域加大。

8.2.1.3　对风暴潮的应对措施

① 提高防洪排涝能力。深圳市受风暴潮影响最大最直接的是西部海岸带的北部，西海岸岸线平直，直接受热带气旋侵袭的机会较大，历史最高潮位 278cm（1933 年 8 月，珠江基面）就出现在本岸段的西乡。考察西段海岸的建设布局，在相当一段时期内，防潮警戒的重点应为宝安地区，尤其是新安、西乡、福永、沙井等重点低平地区，对这些低平地区要严格按照珠江流域规划中提出的防洪和排涝标准进行设防，即防洪方面必须按百年一遇洪潮水位标准设防。在排涝方面，则采用两种标准：对于流域面积广，流经重要地区的排洪沟采用重现期为20 年一遇或 20 年一遇以上的排涝标准；对于流域面积小，流经一般地区的排洪沟采用重现期为 10 年一遇的排涝标准。

② 加高加固防洪墙。目前珠江三角洲地区有一些城市建造了 50 年一遇或不到50 年一遇的防洪墙，为达到上述防洪标准，必须按新的设防标准建造或加固防洪墙。具体到本区，主要集中在西部海岸带，结合城建规划，修建高标准的防洪墙。

③ 整治河流，增加泄洪能力，确保河道通畅。

④ 设置排水泵站，辅助排涝。

⑤ 加强城市规划，消除内涝威胁。

⑥ 增加上游蓄洪能力，加强下游防洪设施，共同抵御或减轻洪涝与高潮位叠加而形成的灾害。

8.2.2　防海平面上升的应对措施

中国科学院地学部的咨询报告指出，到 2050 年，珠江三角洲地区的海平面可能会上升 50～60cm。海平面上升 0.7m，每月就有 1～2 天出现接近或达到目前实测历史最高潮位，那时的 10 年一遇的风暴潮位就相当于目前的百年一遇。海平面上升导致海堤设计标准降低，防潮能力下降，使风暴潮灾害加剧，受灾地区灾害次数增加，范围扩大。因此海平面上升对风暴潮的影响不可忽视。

海平面上升形成的海水入侵是一个缓慢的过程，但对于一些重要工程建设由于使用期长，入侵海（咸）水也将会对这些工程产生严重损害，因此对一些位于低平位置易受海平面上升、海水入侵的重要工程，可结合工程实际如深基坑开挖的防渗治理综合考虑将防渗帷幕适当加深至隔水层顶板，这样既可以满足工程施工需要，也可防止未来因海平面上升而引起的海水入侵对工程的危害。对于一些位于海岸边的重要工程地段也可在临海一侧建设隔水帷幕，以应对因海平面上升而形成新的更大范围海水入侵，虽然造价高，但对于一些重要工程而言，也是可以被接受的一种应对措施。

此外，对规划中的一些工程可提高建（构）筑物的建设高程以及加高加固防洪墙，以应对海平面上升及潮汐引起的海水入侵。

8.3　防海水沿河上溯

如前所述，海水逆河而上造成海水入侵的程度取决于许多因素，如海水与河水位高差、河水位与地下水位高差、河流流量大小、河床地层结构与渗透性、近入海段河床坡降等。人工截弯取直并砌底、护岸的河道，地下水与地表水联系减弱，海水沿河对地下水入侵范围小。但人工改造后，河岸附近天然地下水与地表水的天然联系及自然的生态环境被破坏，需要综合考虑。

要减少海水逆河而上造成海水入侵的根本对策是在旱季海水高潮时河流能维持足够的水位与基本流量。下面就行政管理与技术层面两方面提些对策。

对策一：减少河流上游用水，咸潮期需水库放水压咸水。

要减少海水逆河而上，旱季时，上游要进行科学调度，增加河水流量，减少用水量，以维持最低流量与水位，保持地下水水位无大的降低。必要时，河流上游的水库如大沙河上游的西丽湖和长岭陂水库、西乡河上游的铁岗水库要考虑放水压咸。

对策二：在旱季保持地下水位高于河水位。

如果在旱季能保持地下水位高于河水位，那么即使海水沿河上溯，其咸水将主要受限于河道范围内，不至于大量向河流两侧及下伏含水层中渗透运移。采用这一对策还要求尽量减少对地下水的抽水量，特别是傍河抽水量。

对策三：可对入海河流河道进行综合整治。

对下游海水经常上溯的河段，可在河道两岸修筑防渗护坡，对河床进行防渗处理。中上游淡水段河床应能保证河道内长年有足够淡水入渗地下，可在河道内逐级筑坝蓄水，以抬高整个河流中、上游地下水水位，使河道内的地表水可沿两岸及河床补给地下水，使地下淡水水位保持长年高于下游因潮汐回灌的海（咸）水河水水位。如新洲河目前的整治方案中就有逐级建坝拦蓄洪水的措施，这一方面保证河道内有足够淡水补给地下水，抬高地下水水位使地下水水位高于河水水位，形成地下水补给河水的水动力条件，致使河道内海（咸）水无法入侵河道两岸地下水造成海水入侵地质灾害，同时也改善了环境。还可结合入海口段建闸防止海（咸）水因潮汐回灌河道内，这在深圳已有较多河流采用且收到一定效果，如西乡河、大沙河、新洲河、盐田河等，主要河流整治措施图参见文献［31］、表 8-1。河道两岸修护坡或挡墙，应采取适宜措施使河道内淡水能源源不断补给地下水。

表 8-1　主要河流防治措施一览表（截至 2009 年 12 月数据）

河流名称		河流防治现状	建议防治措施
茅洲河水系	东宝河	为深圳市与东莞市界河，未治理	在距入海口 5.0km 处，即茅洲河入东宝河口下游建闸，同时对河道进行治理
	茅洲河	东宝河支流，部分地段经人工改造，未治理	对河道进行治理，可分级设闸，或修建滚水坝
	松岗河	茅洲河最大支流，大部人工整治，于松岗镇内修建两座分别为四孔及三孔闸（距入海口分别为 11.0km 和 12.0km）	已整治，维持现状
	新桥排洪河	人工河，于河道中段距入东宝河口 2.0km（距入海口约 4.6km）处建一座控制排洪量的四孔水闸	已整治，维持现状
西乡河		西乡河自铁岗水库至入海口全部河道均进行了人工整治，在距入海口 1.30km 处河道内建一六孔水闸	已整治，维持现状
新圳河		河道已整治	在距入海口 500m 处，即在宝安实验中学西侧建闸
大沙河		对河道进行了全面整治，入海口处建一座长 79m，高约 3.0m 的大沙河河口水闸，距入海口约 1650m 处河道内建一座橡胶坝，坝高约 2.5～3.0m，为滚水坝，距入海口约 3800m 处建一座多孔翻板闸（高 2.5m），距入海口约 6370m 处建一座四孔翻板闸（高约 3.5m）	已整治，维持现状

河流名称		河流防治现状	建议防治措施
深圳河水系	新洲河	在距入深圳河口上游450m处建一座拦截海水五孔闸,河流两岸均为混凝土护坡,部分地段上部有混凝土矮挡墙	已整治,维持现状
	福田河	河流两岸均采用混凝土护坡,河床多为混凝土铺底,下游近深圳河段则为混凝土挡墙	已整治,维持现状
	布吉河	河流两岸均采用混凝土护坡,河床也多为混凝土铺底,其下游近深圳河段则为混凝土挡墙	已整治,维持现状
	沙湾河	沙湾河在入深圳河口上游建闸,上游左岸(冲刷岸)为混凝土挡墙(高5.0~6.0m),其余河段进行护坡治理	已整治,维持现状
盐田河		河道经整治多平直,河流中、下游两岸均为混凝土挡墙,(下部留有排水孔),中、下游河床亦铺有混凝土,距入海口约1.5km处,河道中建有一座三孔翻板水闸	已整治,维持现状
大梅沙河		中下游河道人工改造较大,中部河道及地表水塘经整治改造成一个具有统一水面的近似环形景观水池,水池下游于环梅路北西侧建一长约130m,高2.0~3.50m浆砌条石水坝,距海边150m修建有五孔水闸	已整治,维持现状
小梅沙河		河道局部治理	应对海洋世界废弃的海水修建专门的排水管道,防止海水下渗
葵涌河		下游为花岗岩河谷,河谷呈"U"形,长约1.3km,两岸边坡较陡(约30°~50°),该段河道坡降较大(约7.7‰)。故海水沿河道上溯距离受到一定制约,近入海口段受潮水顶托,海水沿河道上溯最大可达800m,未治理	维持现状
西涌河		河道基本未加整治,绝大部分保留其原始状态河流,下游河床多为砂层,中游河床则以砂质黏土为主,亦有部分河床为砂层,下游有近10m浆砌石挡墙或护坡	在海水养殖区上段,建闸蓄淡水
新圩河		仅于河流入海口段约0.6km,河流左岸为浆砌块石挡墙,河流右岸为干砌块石护坡	在海水养殖区上游,即距入海口800m处建闸
王母河		王母河整个河道均进行了人工整治,河道平直,河流两岸均筑有浆砌块石挡墙。其下游挡墙高约3~5m,中游约2~3m,部分河段河床铺有干砌块石,已修闸	现有闸门有一处已坏,完善闸门。或在现有闸门的上游500m处建新闸
坝光河		有多条小溪,其中较大的有两条,未治理	在海水养殖区上段,距入海口1000m建闸

8.4　高位海水养殖区海水入侵应对措施

对高位海水养殖区形成的海咸水入侵，可从两个方面进行治理：一是将现存养殖区的引水渠及养殖水池，改造成防渗沟渠和水池；二是已弃养殖区改为建设用地地段，可在查清其水文地质条件的基础上，选择适宜的洗咸、排咸措施，换地下水为淡水。

8.5　填海区防止海水入侵的应对措施

8.5.1　填海工程区对滨海地区海水入侵的可能影响

深圳市填海区在深圳尤其是西部形成相当长的填海海岸带，填海活动改变了地下水的运动状态，将对地下水流动系统与水化学特征产生影响，也决定了填海对海水入侵的影响。

① 填海区在一定程度上成为原地下水与海水的屏障，缓解了海水入侵。因工程需要，土体需压缩固结，渗透系数可能逐渐降低，填海带的屏障作用更加显著。

② 若快速填海且填海带渗透系数偏低，原海岸内地下咸水可能被长期包裹；淤泥中残留的海水缓慢释放，对滨海地下水质造成长期影响。

③ 填海区内填土、淤泥、海水、陆源地下水将发生各类化学反应，生成新的化学物质（图 8-2）。海水中硫酸盐与风化花岗岩土填土中氧化铁、有机物反应可能产生酸性化合物；酸性地下水与原为碱性海水浸泡且富含重金属、有机物的海底淤泥反应，可能造成有毒重金属、有机物释放；若填海之后，海水入侵继续发生，这些比原海水更复杂的物质将随之迁移，产生比原海水入侵更加恶劣的后果。

④ 大规模填海后，海岸线向海移动，延长了地下水向海水排泄径流途径，减弱了地下水向海水的排泄，从而可能导致原海岸带地下水位抬高，原滨海区及部分填海区中的地下水将不断淡化，这将改变原地下水与海水的咸淡水界面，经过相当长时间后，该界面会向海域发生相应的移动而达到新的平衡。若适当选择填料，填海区本身可成为一新的含水层，为地下水提供新的赋存空间。

8.5.2　填海区防止海水入侵的措施

① 修建人工地下水隔水墙，使淡水和咸水分开，具体方法是沿海岸灌注高塑性黏土浆，这在中国北方滨海缺水地区已被采用。我国山东省龙口市采用高压定向喷射灌浆方法，近几年来在八里沙河和黄水河下游均修建了地下防渗墙（坝），其中黄水河地下水库最大调节库容达 4000 万立方米。地下水库建成后，不仅防治了海水入侵的发展，并使库区内生态环境得到恢复，此外还解决了全龙

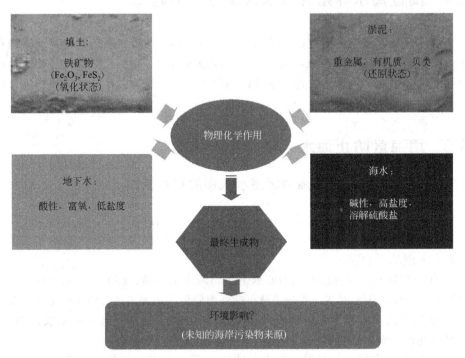

图 8-2　不同化学成分的填土、淤泥、地下水与海水相互反应示图

口市区的用水问题。虽然费用昂贵,但在深圳宝安区与填海结合起来,倒不失为一种可行的方法。填海时选择填料,用透水性极差的材料如黏土,沿海填成一条地下隔水坝,使地下淡水与海水隔开。

对悬挂式防渗墙效果进行二维模拟。防渗墙深度取 15m,浇灌地点距海岸 25m。图 8-3 为浇灌防渗墙后咸淡水界面推移过程。从图 8-3 可看出,在开采地下水条件下,防渗墙底部与不透水层边界虽仅有 2m 宽的通道,但防渗墙仍不能有效地阻止海水入侵。可以推断,若不能保证所浇灌防渗墙能够完全阻断海水入侵通道,则该情况下不宜采用实体帷幕法防治海水入侵。

② 修建地下水库集水。在有些滨海地区,人为修筑隔水墙,形成了地下水库。但在深圳填海区,可以修建名副其实的地下水库。填海时先挖走淤泥,再填上透水性良好的砂砾层。挖走淤泥主要是加大人工含水层的厚度、提高水的质量。挖走淤泥虽增加工作量,但减少地面沉降,这在香港常用。宝安一带,填海面积达几十平方公里,储水量相当可观,可以把修建高标准防洪堤、防水帷幕、地下水库综合考虑。从水资源长远的战略意义,该建议确有进一步深入研究的必要。

③ 优化填海结构和材料、优化淡水入渗及地下径流改变地下咸水环境,达到洗咸目的。当填海范围与原地下水系统汇水范围相比不可忽略时,填海将明显

(a)设置帷幕10d后海水入侵程度

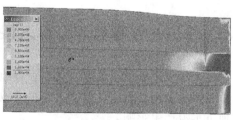
(b)设置帷幕20d后海水入侵程度

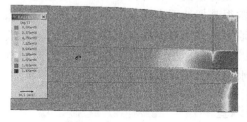
(c)设置帷幕30d后海水入侵程度

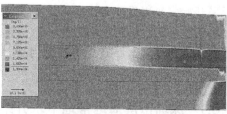
(d)设置帷幕61d后海水入侵程度

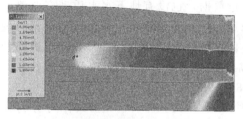
(e)设置帷幕92d后海水入侵程度

(f)设置帷幕122d后海水入侵程度

(g)设置帷幕153d后海水入侵程度

(h)设置帷幕183d后海水入侵程度

图 8-3　浇灌防渗墙后咸淡水界面随时间推进过程

改变地下水流动系统，包括水位的变化、分水岭的移动、渗流溢出带的重新分布和地下水向海排泄量的变化。由于淤泥、冲积相黏土及风化残积土的渗透性能差，又由于海底淤泥层的渗透系数随固结不断减小，地下水将处于长时间缓慢的调整过程。地下水流场改变的程度取决于填海方案（填土前是否铲除淤泥，填土为海沙、残积土等）、含水系统的结构及填海规模。填海对地下水系统的影响程度取决于诸多因素，如原滨海含水系统特征（潜水或承压水）、填海规模与填土渗透性。虽然填海可 1～2 年内完成，但填海对地下水系统的改变可能是相当漫长的非稳定过程。

8.6　地下水开采引起海水入侵的防治措施

地下水开采可以直接或间接地影响地下水流动，使滨海含水层中的咸、淡水关系变得复杂化。通常，地下水开采会减少向海洋排泄地下淡水，直接和间接地对地下水流产生影响。

大多数情况下，地下水开采的影响反应得很慢，有时候影响后果要在地下水开采开始多年以后才会出现，以至于通常很难把地下水开采的影响与其结果联系起来，或意识到这种影响。要确切估计地下水开采对滨海含水层的影响，有必要连续观测滨海含水层系统的咸-淡水水头及其水质动态变化特征，分析其演化规律，才能合理评价地下水开采对滨海含水层海水入侵的影响程度。

8.6.1　深圳市滨海地带地下水开采调查

由于工作区缺乏基本的地下水开采量数据，也没有地下水水质动态监测数据，因此，深圳市滨海地带地下水开采量的调查非常艰难。通过收集资料和现场调查，据不完全统计，宝安区新安、西乡、福永、沙井和松岗 5 个街道办和南山区及福田区沿海地段 81 个社区（居民委员会）共查出 561 口民用井和工业用井，其中大部分民用井为 20 世纪 80—90 年代初开采的民用井，井深 3～10m，多为 4～6m，工业用井和学校用井较深，为 40～70m。大体可分为三个阶段：

第一个阶段：1990 年以前，该阶段是深圳市经济建设处于起步阶段，地下水开采程度低，开采量少。该阶段海水入侵程度相对较低。

第二个阶段：1990—2000 年，该阶段是深圳市经济建设高速发展阶段，这个时候自来水还未普及，工业和生活用水主要靠开采地下水，地下水开采程度高，开采量较大。

第三个阶段：2000 年至今，自来水已经普及，加之水务局严查地下水开采，与 20 世纪 90 年代相比，居民地下水开采程度大大降低，开采量也急剧减少，少量工厂企业隐蔽开采地下水的情况还存在，但量已经较少，且难以调查。

目前由野外调查、水质分析和稳定同位素^{18}O 与 H 分析综合得出，深圳市由于抽水引起海水入侵的地方在沙井后亭村一带，JC2、JC3 号孔中地下水中 Cl^- 含量达到 10918.32～13328.84mg/L，JC2 号孔邻近的河水 Cl^- 含量为 573.72mg/L，河口海水中的 Cl^- 含量为 8707.09mg/L，说明海水入侵地下水的时间不是现在，以此推断，此处海水入侵时间应在 20 世纪 90 年代，也正是深圳市地下水开采的高峰期。

8.6.2 地下水开采引起海水入侵的应对措施

（1）加强地下水开发管理

地下水的渗透速度较当前人们对地下水的开发速度要慢得多，地下水资源尽管属于再生性自然资源，但在一定时期内是有限的，为此必须对地下水开发进行管理。据研究，海水入侵与强抽采中心有直接关系，即强抽采中心一旦形成，则咸、淡水界面相对不动；强抽采中心向陆内迁移，都会引起明显的海水入侵。因此，要开发地下水，就要控制地下水的开采量保持在一个合理的水平上。

（2）在海水入侵敏感区限制地下水开采

在海水入侵敏感区段，如近海咸水与淡水混合带附近，入海河流中、下游的两岸边，与海水水力联系较强的含水层，都要禁止地下水的开采。具体到本区，在沙井后亭、西丽河下游、大沙河中下游和盐田河中游地带，限制地下水开采。

总之，要想改变地下水水化学特征（即将已遭受海水入侵咸化的地下水逐渐淡化），是一个缓慢的过程。因此在采用海水入侵（地下咸水）地质灾害的应对措施时，无论哪一种方案或措施，都应因地制宜，且应首先查清需治理地段的水文地质条件，在此基础上，再审视方案的可行性，且在具代表性地段先做试验，取得效果再逐步展开全面治理。在采用治理措施时，也可采用综合措施，防、治结合，以求取得最佳效果。

8.7 各区海水入侵地质灾害应采取的应对措施

综上所述各类海水入侵地质灾害在各行政区内由于各地地质环境及人类经济工程活动的强度的差异，反映海水入侵地质灾害也存在一定的差异。其应对措施也不尽相同，现按行政区划对其海水入侵地质灾害的类型、分布与相应的应对措施进行评述。

8.7.1 宝安区

宝安区由于特殊的地质环境，即多以冲洪积海积平原为主，地势低平，海岸线长，人类经济工程活动强度较大，因此海水入侵的类型较多，分布范围也较大。

8.7.1.1 抽取地下水引发的海水入侵地质灾害

（1）分布

经勘察测试确定，主要分布于北部沙井后亭工业区。

（2）主要应对措施

① 加强地下水开发管理，控制地下水开采量，使地下水开采控制在一个合

理的水平上（不得形成较大的降落漏斗和较大降深），对用水量大的、形成片的用水区限制其地下水开采量，以至停采地下水如后亭工业区。

② 进一步查清其水文地质条件，选择适宜地段结合深圳对雨水的利用，将雨水回灌地下，抬高地下水水位，改变地下水动力条件，逐步淡化已咸化的地下水。

8.7.1.2　风暴潮及海平面上升引起的海水入侵地质灾害

（1）分布

由于宝安海岸带地形低平且海岸线又长，受风暴潮及海平面上升（其速度是缓慢的，但累积数年其结果是可怕的（2050年可上升50～60cm）影响，对新安、沙井、福永、西乡等地威胁较大。

（2）主要应对措施

① 可结合填海工程加高加固防洪堤。

② 提高防洪排涝能力。防洪方面必须按100年一遇洪潮水位设防；排涝方面可采用两种标准，对于流域面积广、流经重要地区的排洪采用重现期为20年一遇以上的排涝标准，一般地区可采用重现期为10年一遇的排涝标准。

③ 整治河道，确保河道通畅。

④ 选择适当位置建排洪泵站。

⑤ 增加上游蓄洪调洪能力，加强下游防洪措施。

8.7.1.3　海咸水沿河道上溯形成的海水入侵地质灾害

（1）分布

本区较大河流有茅洲河（含东宝河、松岗河、洪排河）、西乡河、新圳河等。

（2）主要应对措施

① 减少河流上游用水，保持河道内有足够的淡水压咸。茅洲河、西乡河均应首先减少河道接纳污水，增加合乎要求的淡水，尤其旱季上游水库应放出一定淡水保持河道中、下游河道内有足够的淡水。

② 旱季保持河道两岸地下水水位高于河水位（还可结合区域抬高地下水水位的方案处理）。

③ 对入海河流进行综合治理。河流下游河道两岸修筑防渗护坡，河床进行防渗处理；河道中游淡水段河道保持河道内长年有足够淡水入渗地下。

河道内可逐级建坝拦蓄淡水，补充地下水。

茅洲河东宝河水系在距入海口约5.0km处建闸阻断海水沿河上溯，中、上游逐级建闸拦蓄淡水补充地下，抬高地下水水位。

西乡河与咸水河，充分利用现有近入海口闸阻断海水沿河道上溯，在其中游建闸（坝）拦蓄淡水，补充地下水，改善地下水动力条件。

新圳河可在入海口附近建闸拦住海水沿河上溯，中游建闸（坝）拦蓄淡水补充地下水。

8.7.1.4　高位海水养殖

（1）分布

主要分布于沙井、福永、新田、松根等地沿海地段。

（2）主要应对措施

① 将现有养殖区的引水渠及养殖水池改造为防渗渠与防渗水池，防止咸水下渗咸化地下水。

② 已弃养殖区改为建设用地的地段，可在查清其水文地质条件的基础上选择回灌淡水等方法进行洗咸、排咸处理，换地下咸水为淡水。

8.7.1.5　填海区

（1）分布

主要分布于宝安国际机场及其南北沿海地段。

（2）主要应对措施

① 对规划填海区，应优化填海结构及材料，尽量选择导水性好的材料及水平导水性好的结构，以改善地表及地下淡水的入渗及渗透条件，改变地下咸水环境。

② 已填海区，应查清其填土结构及水文地质条件，在此基础上采用上游回灌淡水进行洗咸、排咸。

8.7.2　南山区

该区因海岸带不长其海水入侵地质灾害类型也不多，主要为海咸水沿河道上溯海水入侵地质灾害及填海工程形成的地下海咸水。

8.7.2.1　海咸水沿河道上溯海水入侵地质灾害

（1）分布

南山区主要河流为大沙河。

（2）主要应对措施

因大沙河几经整治，其海水沿河道上溯情况已有较大改善，但目前仍有3.2km河道为咸水，地下水在距海岸1.5km处仍为咸水。

① 充分利用现有设施在河流中游及下游拦蓄淡水，以抬高河水位，增加河水（淡水）补给地下水，从而抬高地下水水位，改善地下水径流条件，达到逐渐洗咸、排咸目的。

② 充分利用新建河口闸拦截海水沿河道上溯，改善河道水质情况。

8.7.2.2　填海区

（1）分布

主要分布于前海湾及后海湾。

（2）主要应对措施

① 对规划填海区，应优化填海结构及填海材料，即其结构能保地下水水平运动通畅，垂直能改善淡水的入渗条件（即淡水能顺利入渗补给地下水以改变地下咸水环境）。

② 已填海区，应查清其地质结构及水文地质条件。若下部透水性较好，可选择上游回灌淡水（雨水）以逐渐洗咸，最终达到地下咸水淡化。

8.7.3　福田区、罗湖区

该区主要有以下两种海水入侵地质灾害类型：海水沿河道上溯及填海工程。

8.7.3.1　海水沿河道上溯形成的海水入侵地质灾害

（1）分布

主要入海河流有新洲河、深圳河及其主要支流，福田河、布吉河、沙湾河。

（2）主要应对措施

① 新洲河。该河道近入海口处已有水闸，应充分利用该闸拦截海水进入河道，对河流中上游进行综合治理，可达到拦蓄淡水补充地下水、抬高地下水水位的目的。

② 深圳河。该河为与香港特别行政区的界河，其整治措施应在双方达成共识的情况下实施，建议在近入海口处建闸拦截海水的倒灌上溯。

该河中游及三个支流均可采用筑闸坝拦蓄地表淡水，且闸坝上游河道应进行岸坡及河床整治，保证能使河道内淡水顺利入渗地下补充地下水，抬高地下水位，改善其地下水径流条件。

8.7.3.2　填海工程

（1）分布

主要分布于福田保税区。

（2）主要应对措施

① 对规划填海区，应优化填海结构及材料，尽量选择导水性好的材料及水平导水性好的填筑结构，以改善地表水的入渗条件及地下水的渗透条件，改变地下咸水环境。

② 已填海区，应查清其填筑结构及基底水文地质条件，在此基础上采用适宜的措施。如下部有含水层可采用由上游回灌淡水进行洗咸、排咸，以改善地下水的咸化环境。

8.7.4　盐田区

该区海水入侵地质灾害类型不多，仅有海咸水沿河道上溯形成的海水入侵地质灾害及填海工程两类。

8.7.4.1　海咸水沿河道上溯形成海水入侵地质灾害

（1）分布

主要有盐田河、大梅沙、小梅沙。

（2）主要应对措施

① 盐田河。盐田河经整治其防海水沿河道上溯有一定成效，为进一步改善其海水入侵形势，尚需进一步做好以下工作：充分利用该河淡水资源较丰富的特点，建议在该河中、上游建坝、闸拦蓄淡水，增加淡水补给地下水的量。为此，坝闸上游河床及两岸岸坡下部应有增加地表河水入渗地下的措施，即岸坡下部及河床应铺设透水性好的材料等。

充分利用现有水闸，并建议在其下游近入海口处再建一水闸以拦截海水，防止海水沿河道上溯。

② 大梅沙。现有一坝两闸，坝上拦蓄大量淡水，坝下尚有两闸拦截海水沿河道上溯，防止海水入侵效果较明显。

③ 小梅沙。海洋世界将废弃海水滞留于院内作景观用水，致使小梅沙地段地下水咸化较严重。

建议将废弃海水修防渗专用渠排入海中，院内景观用水改为淡水，以改变该地段地下水咸化问题。

8.7.4.2　填海工程

（1）分布

主要分布于盐田港一带。

（2）主要应对措施

① 对规划的填海区应优化填筑结构及材料，尽量选择导水性好的材料及水平导水性好的填筑结构，以改善地表水的入渗条件及地下水渗透条件，改变地下咸水环境。

② 已填海区，应查清其填筑结构及基底水文地质条件，在此基础上采用适宜的措施，如下部有含水层可采用由上游回灌淡水进行洗咸。该地段可将河流中游和上游拦蓄的淡水，人工注入地下，增加入渗的淡水，改善地下水径流条件，对入渗咸水进行防治。

8.7.5　龙岗区

龙岗区的海水入侵地质灾害，由于受地质环境的制约，主要分布于大鹏沿海部分地段及葵涌部分地段。

8.7.5.1　海咸水沿河道上溯形成的地质灾害

（1）分布

主要分布在一些较大的沟谷河溪，如王母河、新圩河、西涌河、坝光河。

（2）主要应对措施

① 河流下游近入海口河段建闸拦截海水沿河道上溯。

王母河目前近入海口处有一桥闸，但不完善，尚不能起到拦截海水沿河上溯的目的，应完善该闸。

新圩河建议在距入海口约 800m 处建闸拦截海水沿河上溯。

西涌河建议在高位海水养殖区上端建闸，拦截海水沿河上溯。

坝光河建议在养殖区上端距海岸约 1000m 处建闸拦截海水沿河上溯。

② 保持河道内有足够的淡水，以提高地下淡水水位，防止河道内海咸水入渗两岸地下含水层。如王母河可在中游建闸坝拦蓄地表淡水，新圩河、西涌河均可在河流中游适当位置建坝（闸）。

③ 对河道进行综合整治，下游遭受海水入侵段，河床及两岸岸坡应进行防渗处理，防止海水入渗地下含水层，中游淡水河段河床与两岸岸坡应铺设透水性好的材料，以增加地表水入渗地下。

8.7.5.2　高位海水养殖

（1）分布

主要分布于溪涌、东涌、西涌、王母、新圩、坝光几个沟谷的海岸地带。

（2）主要应对措施

① 对已建的引水渠及养殖水池进行防渗处理；② 对即将弃用并改为建设工程用地的高位海水养殖场，可在养殖区上游进行人工回灌淡水（雨水），对地下咸水进行洗咸、排咸，同时可在河道防海水上溯的中游位置修建大坝，拦蓄淡水，以提高地下淡水水位，进行综合治理。

第9章
海水入侵地质灾害监测

9.1 海水入侵地质灾害监测工作意义

　　海水入侵地质灾害会使地下水资源遭到破坏。地下水资源对人类社会是一个宝贵财富，水在人们日常生活、工业及农业生产中均是不可缺少的资源。随着世界人口的增长及农业生产的发展，用水量也在日益增长。同时，人类经济活动导致地表、地下水体的污染，水质恶化及海水入侵等，使有限的水资源更加紧张。海水入侵的载体是地下水，其传媒也是地下水，海水入侵地质灾害既破坏了地下水资源，也改变了地下水水化学特征，由此引发一系列的危害，尤其对飞速发展的建设工程其危害是非常严重的。为了合理地开发和利用地下水资源，遏制地下水环境进一步恶化，防止新的地下水环境问题出现，在加强水文地质勘查研究的基础上，必须对地下水动态变化进行长期监测（地下水动态变化是指地下水的数量和质量的变化状况），以便了解地下水在时空上的变化及其与海水入侵灾害的规律，从而适时制订海水入侵地质灾害的相应防范对策，达到地下水资源可持续开发利用的目的。

　　海水入侵地质灾害监测是为保障社会经济可持续发展而开展的一项重要的基础性、公益性工作。加强海水入侵地质灾害长期监测，一方面是查找诱发地下水水化学变化的因素，为进一步制订开发利用和保护地下水资源方案提供基础资料；另一方面也是检验水资源开发利用是否合理，海水入侵等地质灾害环境问题保护措施是否得当的直接手段。通过海水入侵地质灾害监测资料的整理分析，找出地下水尤其淡水区遭受海水入侵的规律和已发生海水入侵区的地下咸水向淡水转化的趋势，了解开发利用地下水资源中存在的问题，提出改进方向和进一步的环境保护措施，以及改变和增强转咸为淡的措施和力度。因此，对地下淡水资源本来就不丰富的深圳市开展海水入侵地质灾害长期监测，既是国民经济和社会发展的基础性支撑条件，又是实现地下水资源可持续发展的保障措施。同时，监测工作还肩负着对海水入侵地质灾害所采取的应对措施的检验，检验其方法的正确性与实效性。

9.2 海水入侵地质灾害监测网络建设

9.2.1 监测网络建设原则

① 深圳市共有 6 种海岸带类型，分别是淤泥质海岸、三角洲及河口海岸、基岩海岸、砂砾质海岸、红树林海岸及填海海岸，监测网络应覆盖深圳市所有海岸类型。

② 深圳市西部海岸带程度不同地发生了海水入侵地质灾害，东部海岸带发生海水入侵比较轻微。据此，监测网络建设以西部海岸带为重点，并兼顾东部海岸带。

③ 根据深圳市海岸带水文地质共划分三区、六亚区，即第四系松散岩类孔隙水区，下分三个亚区；基岩裂隙水区，下分两个亚区；隐伏碳酸盐岩溶洞裂隙水区。监测网络应覆盖深圳市海岸带所有水文地质区及亚区。

④ 监测网还应有部分监测孔布设于已采取某些应对措施的地段，以监测其治理海水入侵效果，为其改进或改变应对措施提供依据。

⑤ 监测网络剖面布置宜垂直海岸线、沿入海河流方向的河谷阶地和垂直咸水与淡水的分界线方向。

⑥ 监测网络点应重点布置在咸、淡水变化带和海水入侵前沿地带，保证监测网络点在咸水区、过渡带和淡水区均有分布。

⑦ 监测网监测孔深度应穿过海水入侵含水体或咸水体的底部，一般要求揭穿含水层（带）。

9.2.2 监测网络布置

根据以上监测网络建设原则，深圳市海岸带海水入侵地质灾害监测网络由 18 条监测剖面共 47 个监测孔组成。其中，11 剖面的 JC23、JC21、JC20 3 孔采用自动实时监测系统，其余 17 条剖面 44 孔采用人工监测。每孔只做一层地下水的监测，现分别评述如下：

9.2.2.1 东部

东部海岸带以基岩海岸带为主，人类工程经济活动较弱，海水入侵相对较弱，因此监测工作量相对较小，共布设监测剖面 6 条，监测孔 16 个，东部海岸带监测工作布置图参见文献 [31]。

（1）基岩裂隙水监测

监测剖面 2 条，即 22、23 剖面。

① 22 剖面。位于基岩海岸，主要监测基岩裂隙水。剖面因施工困难形成与海岸斜交形态。基岩岩性为花岗岩（$J_3^{1a}\eta\gamma$）。监测孔 2 个（JC36、JC37），其中，

JC36 孔距海岸约 80m，JC37 孔距海岸约 240m。

② 23 剖面。剖面沿葵涌河布设，与海岸近于垂直；共布监测孔 3 个，其中，JC38、JC39 分布于葵涌岩溶洼地中，洼地较平坦，葵涌河在洼地中两岸发育有具二元结构阶地，重点监测隐伏石炭系石磴子组（C_1s）灰岩、大理岩溶洞裂隙水，目的是查明这一具供水意义的含水层是否遭到海水入侵的危害。另一孔（JC40）位于葵涌河近入海口段，该段河谷呈峡谷型，两岸基岩裸露坡度较陡，为基岩丘陵区，监测基岩裂隙水，基岩岩性为花岗岩（$J_3^{1a}\eta\gamma$）。

（2）第四系孔隙水监测

共布监测剖面 4 条，监测孔 11 个，主要分布在低山丘陵间的沟谷平地中，这些地段是易形成海水入侵的区段。

① 20 剖面。位于龙岗盐田沟谷平地，剖面线垂直于海岸并沿盐田河布设共布监测孔 3 个（JC33、JC32、JC31）。其中，JC33 位于盐田港填海区，主要监测填海土层以下第四系砂层孔隙水，JC32、JC31 位于盐田河两岸阶地上，主要监测阶地下部第四系卵石、砂层孔隙水。

② 21 剖面。位于龙岗大梅沙河谷中、下游地段，剖面垂直海岸，谷地内共布设监测孔 2 个（JC34、JC35），监测谷地中部第四系砂层孔隙水。

③ 25 剖面。位于大鹏王母河河谷，剖面线沿王母河布设，与海岸成近 40° 斜角，监测孔 3 个（JC43、JC42、JC41）分布于王母河两侧河流阶地上，监测层位为河流阶地下部第四系卵石层、砂层孔隙水。

④ 27 剖面。位于大鹏西涌河河谷，剖面线垂直海岸，该剖面共布设监测孔 3 个（JC46、JC45、JC44），监测孔位于西涌河中游河谷两侧阶地上，由于河流弯曲大，监测孔无法沿河布设，而是沿剖面线即沟谷方向布设。监测层位为河流阶地第四系砂层孔隙水。

9.2.2.2 西部

西部海岸带多为冲洪积海积平原，地形低平者多，人类经济工程活动强度大，入海河流也较大，可引起海水入侵的自然因素或人为因素均较多，海水入侵程度较重，因此监测工作重点放在西部海岸带，共布设监测剖面 12 条，监测孔 31 个，西部海岸带监测工作布置图参见文献 [31]。

（1）基岩裂隙水监测

共分布于 2、4、10、14、16 号剖面中（原设计仅有 4、10 两剖面中有基岩裂隙水监测孔），因地质条件变化对部分孔监测层位做了调整。

① 2 剖面。位于宝安区沙井后亭工业区，垂直于东宝河近于平行茅洲河，布设监测孔 3 个（JC1、JC2、JC4），该剖面原设计监测第四系冲洪积海积平原下部孔隙水，因施工发现 JC4 孔仅有隐伏基岩裂隙水，而将该孔改为监测基岩裂隙水，基岩岩性为 Z_1d 混合岩。

② 4 剖面。位于宝安区福永北部，剖面线垂直海岸，原设计 JC6、JC7 两孔

为监测双层水（基岩裂隙水与第四系孔隙水）孔，施工后发现该地段第四系无良好含水层，随之改为基岩裂隙水监测孔。基岩岩性 JC6 孔为 Z_1d 片麻岩，JC7 孔为花岗岩（$O_1\eta\gamma$）。

③ 10 剖面。位于南山区南山北，剖面线垂直海岸，原设计 JC15、JC16、JC17 三孔为第四系孔隙水监测孔，JC18、JC19 两孔为基岩裂隙水监测孔，施工后发现地质情况变化，JC15、JC16、JC17 三孔地段无第四系良好孔隙水含水层，因此改为基岩裂隙水监测孔；JC18、JC19 两孔虽浅部有不厚第四系孔隙水含水层却被隔离，因此该剖面五孔均为隐伏基岩裂隙水监测孔。基岩岩性均为花岗岩（$K_1^{1b}\eta\gamma$）。

④ 14 剖面。位于福田区红树林北，剖面线近于垂直海岸，剖面线前部较低平，后部稍高，原设计 JC24、JC25、JC26 三孔均为第四系孔隙水监测孔，施工后发现 JC25、JC26 两孔地段无良好第四系孔隙水，均为隐伏基岩裂隙水，因此改为基岩裂隙水监测孔。基岩岩性为花岗岩（$K_1^{1b}\eta\gamma$）。

⑤ 16 剖面。位于罗湖区市政府与市公安局附近，剖面线近于平行深圳河布设，原设计两孔（JC29、JC30）监测深圳河或布吉河阶地下部第四系孔隙水，施工后发现该地段第四系无良好含水层，改为基岩裂隙水监测孔。

（2）第四系松散岩类孔隙水监测

西部第四系分布广，地势低平，地层结构变化较大，易形成海水入侵，因此原设计西部 12 条剖面每一剖面均有监测第四系孔隙水的监测孔。经施工发现地层结构变化，因此做较大的变动，原设计 27 孔为监测第四系孔隙水监测孔，现有第四系孔隙水监测孔 20 个，分布于 10 条剖面中。

① 1 剖面。位于宝安区沙井后亭工业区地段，该地段为冲洪积海积平原，地势低平，该剖面共布设 3 孔（JC1、JC2、JC4）。其中，JC2 孔为 1、2 剖面交汇共用孔，JC4 孔为隐伏基岩裂隙水监测孔，JC1、JC2 孔为监测第四系下部砂层孔隙水监测孔。

② 2 剖面。与 1 剖面垂直，且 JC2 孔为与 1 剖面共用孔，该剖面与 1 剖面 JC1、JC2 孔同处于一个水文地质单元，该剖面仅有两孔（JC2、JC3），JC3 与 JC2 孔一样为监测第四系下部砂层孔隙水监测孔。

③ 4 剖面。位于宝安区福永北部，该剖面仅后部一孔（JC9）为第四系监测孔，监测浅部第四系砂层孔隙水。

④ 6 剖面。位于宝安国际机场南侧，剖面线垂直于海岸，该区段为冲洪积海积平原，剖面上布设有两个监测孔（JC10、JC11），均为第四系砂层及砂质黏性土孔隙水监测孔。

⑤ 8 剖面。剖面位于西乡河流域，剖面区段为冲洪积海积平原，剖面垂直于海岸，并近于平行西乡河，剖面上共布设 3 个监测孔（JC12、JC13、JC14），三孔均位于西乡河两岸阶地上，且距河较近，主要监测阶地下部、粗砂、圆砾及砾砂孔隙水。

⑥ 11 剖面。大沙河沿河剖面，垂直于海岸，由 JC23、JC21、JC20 三孔组成，三孔距大沙河距离分别为 90m、120m、68m，为大沙河阶地下部砾砂层孔隙水监测孔。

⑦ 12 剖面。该剖面为垂直 11 剖面大沙河横剖面，于 11 剖面 JC21 孔处与 11 剖面相交（即 JC21 孔为两剖面共用孔），位于大沙河左岸（东岸），由 JC21、JC22 孔组成，JC22 孔距大沙河 698m，同样为大沙河阶地下部砾砂层孔隙水监测孔。

⑧ 14 剖面。剖面位于福田区红树林后部，该剖面共 3 孔，其中仅 JC24 孔为第四系孔隙水监测孔，该孔位于剖面后端（香蜜湖南岸），主要监测第四系下部中粗砂孔隙水。

⑨ 15 剖面。位深圳河边，剖面线垂直于深圳河、近于平行福田河（下游），距海岸约 5km，剖面布设两孔（JC28、JC27），JC28 孔位于福田河入深圳河口处，JC27 孔位于福田河边，两孔均监测两河阶地下部圆砾及砾砂孔隙水。

⑩ 29 剖面。位于后海湾填海区，由 3 孔（JC47、JC48、JC49）组成，分别监测填海区基底（原海底地层），填海土层下部，以及填海土层上部地下水水化学特征及其变化规律。

9.3 海水入侵地质灾害监测孔

9.3.1 监测孔钻孔结构

（1）基岩裂隙水监测孔

监测层位为各类岩体强—中风化层（包括碳酸盐岩溶含水层），目的主要是查明深圳市海岸带基岩裂隙水背景值特征，了解地下水在时空上的分布和动态变化规律及其遭受海水入侵的程度等。该类监测孔上部第四系覆盖层采用外径为 110～130mm、壁厚 8～10mm PVC 实管，实管下端采用黏土球或水泥止水，防止上部松散岩类孔隙水进入基岩裂隙水中，其基岩部分如无明显孔壁垮塌则采用裸孔，若存在孔壁垮塌等则采用厚壁 PVC 花管进行护壁，孔深以进入微风化基岩 3～5m（作为监测孔沉淀管使用），基岩钻孔孔径相对上部覆盖层钻孔孔径小一级，基岩裂隙水监测孔结构见图 9-1。

（2）第四系松散岩类孔隙水监测孔

监测层位为第四系松散岩类海积、河流冲积、冲洪积的砂、砾、卵石等含水层，目的主要是查明深圳市海岸带第四系松散岩类孔隙水的背景值特征，了解地下水在时空上的分布和动态变化规律及其受海水入侵的程度等。该类监测孔钻孔口径为 300mm，含水层采用外径 110mm、厚壁 PVC 花管（滤水管），花管垫筋包网外部填砾料，花管上、下为同径厚壁 PVC 实管，下部实管长 3.0～5.0m，作为监测孔沉淀管使用，上部实管外部采用黏土球或水泥止水，防止地表水沿管壁下渗污染被监测含水层。第四系松散岩类孔隙水监测孔结构见图 9-2。

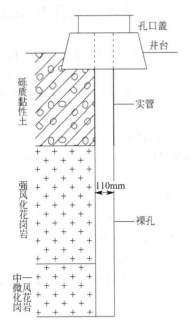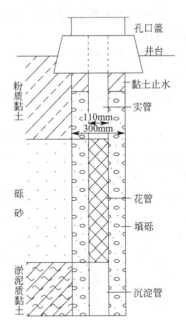

图 9-1 典型基岩裂隙水监测孔
结构示意图

图 9-2 典型第四系松散岩类孔隙水监测孔
结构示意图

9.3.2 监测孔滤水管

① 滤水管（花管）采用厚壁 PVC 管，钻圆孔，孔径 6mm，孔距 4cm，呈梅花形布置，花管孔隙度 10%，过滤网为尼龙材质，过滤网规格 60~80 目，外填砾料，砾料直径 3~8mm。

② 滤水管的下端实管管底封闭，其长度一般为 3~5m。

9.3.3 监测孔洗孔

为保证监测孔与地下水灵敏连通，滤水管安装完毕后及时洗孔，采用活塞洗井法和大强度抽水洗井法，达到水清砂净、地下水位反应灵敏。

9.3.4 井台、井口盖

为加强对监测孔的保护和方便长期监测工作，监测孔地面均修筑有底为 50cm×50cm、顶为 40cm×40cm、高 50cm 混凝土井台。井台下部深入地面以下 30~50cm，井台内及其下部有长 1.0m 钢管作为护管。

为使监测孔免遭破坏，监测孔均设有特制防护井盖。采用壁厚 10mm、直径 200mm 钢板，设有专用扳手开启装置，防护能力强。每个井口盖上均喷绘有监测孔孔号、防盗字样及出现情况联系电话号码。

9.4　海水入侵地质灾害监测项目及时间步长

海水入侵地质灾害监测方法分为人工监测和自动实时监测。人工监测系统监测的项目包括：地下水水位、水温和水质（水质分析项目主要为 Ca^{2+}、Mg^{2+}、Na^+、K^+、Cl^-、SO_4^{2-}、HCO_3^-、Br^-、矿化度）。水位、水温监测时间步长为 15d，水质分析监测时间步长为 30d，如遇特殊情况适当加密。自动实时监测系统监测项目主要为水位、水温、电导率，监测时间步长为 1d（监测周期人为设定），其水质监测与人工监测孔同步（周期为 30d）。

9.5　海水入侵监测资料阶段整理与分析

9.5.1　概述

深圳市海水入侵地下水监测工作，主要分布于深圳市海岸带，共有监测剖面 18 条，监测孔 47 个。由于西部特殊的地形地貌及环境地质条件易于形成海水入侵，西部相对东部形成海水入侵地质灾害程度要严重些，因此监测工作重点也就放在西部，西部共有监测剖面 12 条，监测孔 31 个；东部则有监测剖面 6 条，监测孔 16 个。

47 个监测孔中自动监测孔 3 个（即大沙河 11 剖面 JC23、JC21、JC20 孔），但水质监测仍由人工监测，其余 44 孔均为人工监测。

深圳市海水入侵地质灾害地下水监测工作于 2008 年 7 月下旬至 8 月初全面开展，该阶段监测时间超过一个水文年，监测时间越长，其规律越清晰。因监测工作已结束，目前仅能对已有监测资料进行阶段性整理与分析。

因监测工作主要为了解海水入侵时空变化特点，因此在资料分析上主要选用海水入侵的敏感指标，即地下水中的 Cl^-、SO_4^{2-}、Br^-、矿化度、地下水水位及降雨量制成曲线或直方图，以分析其变化规律等。

9.5.2　监测成果分析

选择有代表性的剖面进行分析：

9.5.2.1　东部

（1）基岩裂隙水
东部共布有 2 条剖面，专门监测基岩裂隙水（部分为碳酸盐岩溶洞裂隙水）。

① 22 剖面。该剖面为专设监测块状基岩（花岗岩）裂隙水的剖面，由 2 孔（JC36、JC37）组成。其地下水中 Cl^-、SO_4^{2-}、Br^-、矿化度、地下水水位及降雨量变化特征见图 9-3、图 9-4。

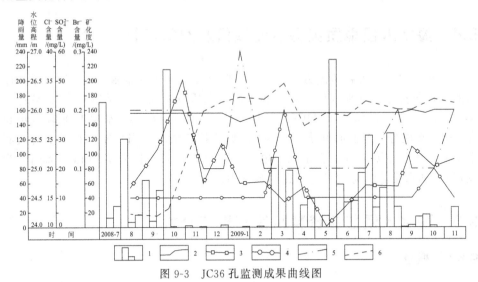

图 9-3　JC36 孔监测成果曲线图

1—降雨量直方图；2—地下水水位曲线；3—Cl^- 含量曲线；

4—SO_4^{2-} 含量曲线；5—Br^- 含量曲线；6—矿化度曲线（下同）

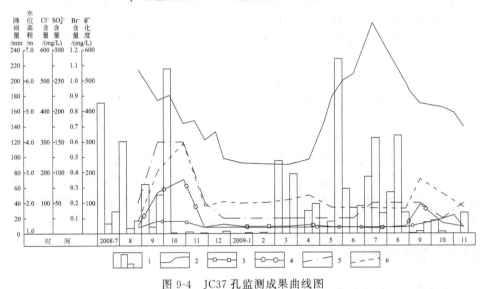

图 9-4　JC37 孔监测成果曲线图

由图 9-3 可知，JC36 孔其地下水水位绝大多数时间高出海平面约 0.5m，因孔口管无法加接测水位致使地下水沿孔口自溢，由该裂隙水局部微承压所致。其主要化学成分反映该裂隙水为淡水，其中 Cl^- 为 10.12～35.16mg/L，SO_4^{2-} 为 10～20mg/L、Br^- 为 0.1～0.2mg/L，由曲线看虽有变化，但变化不大，均反映其淡水的水化学特征。

JC37孔其地下水水位变化如图9-4所示，总体趋势随季节变化，即枯水季节水位最低，雨季水位最高。地下水中主要化学成分具有随时间变化特征，分析形成原因：该孔位于咸淡水混合带附近，即上部为淡水，下部为咸水，取样时多取钻孔上部的水，因此造成该结果。

② 23剖面。该剖面主要为监测葵涌岩溶洼地地下水化学特征及地下水水位变化特征，监测该地段是否遭受海水入侵，布2孔（JC38、JC39），另于葵涌河下游即岩溶洼地外，火成岩区沿河布一监测孔（JC40）。各孔地下水中Cl^-、SO_4^{2-}、Br^-、矿化度、地下水水位及降雨量变化特征见图9-5～图9-7。

岩溶洼地中JC38、JC39孔，由曲线图可见地下水水位由于灰岩含水层深埋地下，且上部有较厚的相对隔水层，受大气降水影响不大，两孔地下水位年变幅分别为0.95m及1.0m。由其地下水主要化学成分变化特征看，该洼地目前尚未遭受海水入侵危害，地下水均为淡水。但JC38孔2008年12月22日监测成果地下水Cl^-达260.55mg/L，Br^-达0.4mg/L，均超出了淡水标准，JC39孔2009年6月、7月、10月、11月四个月地下水中Cl^-均超过100mg/L，10月Br^-也达到1.0mg/L，分析其原因，是由取样不规范所致。

从JC40孔的水位曲线可以看出，地下水水位与大气降水相关性不大，其原因是该监测孔位于葵涌河边，且该河段位于海水潮汐影响区段，因此其地下水水位主要受河道内水位及潮汐影响。

地下水中主要化学成分，由曲线看明显受海咸水影响，地下水中Cl^-均大于10000mg/L，最高达17934.86mg/L，与海水相同（该河口海水中Cl^-含量为16874.55mg/L）。由于监测孔位于受潮汐影响河岸带，因此该地段属受海水严重入侵区是正常的。

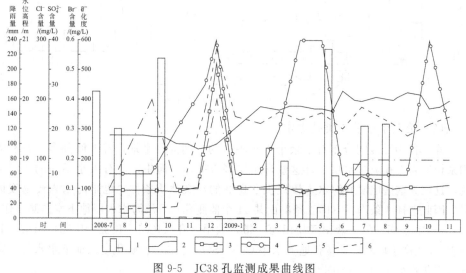

图9-5　JC38孔监测成果曲线图

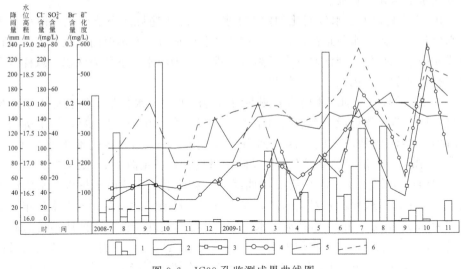

图 9-6　JC39 孔监测成果曲线图

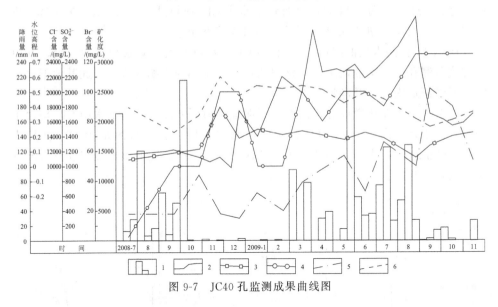

图 9-7　JC40 孔监测成果曲线图

（2）第四系松散岩类孔隙水

东部低山丘陵间分布有十余个大小不一的丘间沟谷平地，谷地底部多分布有第四系松散岩类孔隙含水层，且这些含水层多直接伸入海中，还有大小不一的入海河流，这就为这些地段的海水入侵提供了良好的水文地质条件，也是海水入侵易发区段，因此选择 4 条沟谷（即 4 条剖面共 11 个监测孔）开展海水入侵地下水监测工作。

① 19 剖面。位于盐田区盐田河一带，共由 3 孔（JC31、JC32、JC33）组成，其中 JC33 孔位于填海区，各孔地下水中 Cl^-、SO_4^{2-}、Br^-、矿化度、地下水水位及降雨量变化特征见图 9-8～图 9-10。

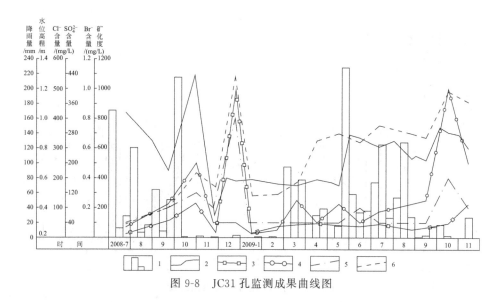

图 9-8　JC31 孔监测成果曲线图

　　JC31 孔位于盐田河旁（距河床约 25m），由图 9-8 曲线可看出地下水水位受大气降水及河水影响较明显，如 2008 年 10 月 5 日，暴雨后于当月 10 日监测地下水水位较前次（2008 年 9 月 23 日）上升 0.31m。再如 2009 年雨季水位明显高于枯水季节地下水位，虽然受大气降水影响但有一定滞后现象。

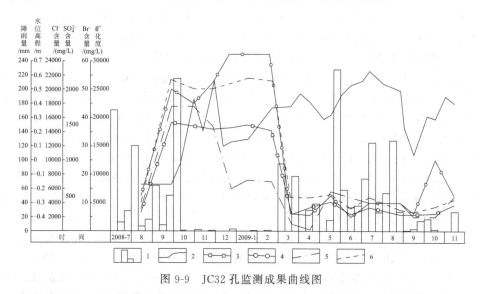

图 9-9　JC32 孔监测成果曲线图

　　地下水主要化学成分变化特征，由图 9-8 曲线可见该地段为淡水区，但 2008 年 12 月 23 日及 2009 年 11 月 14 日监测成果地下水中 Cl⁻ 分别为 489.64mg/L 及 111.65mg/L，分析该成果为取样欠规范或受河水污染所致。因该地段距海岸较远（约 2.5km），且海水沿河上溯最远点距该监测孔还有约 1.0km，因此该地

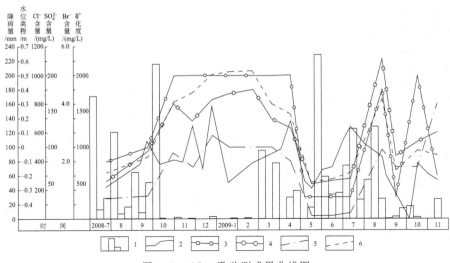

图 9-10　JC33 孔监测成果曲线图

段应属淡水区。

　　JC32 孔距海岸约 400m。其地下水水位变化如图 9-9 所示，可见受潮汐影响较明显。据实测一个一般潮位期地下水位变化 0.71m。地下水主要化学成分变化特征，由图 9-9 曲线可见前七个月（2008 年 8 月—2009 年 2 月）变化较大，如 Cl⁻ 最大最小相差数倍，Br⁻ 也是开始数月变化较大，其变化大的原因与上游淡水来量大小以及潮汐作用强弱有关，但自 2009 年 3 月各离子变化基本趋于稳定。同时亦反映出雨季各离子浓度低，枯水季节则较高。

　　JC33 孔位于填海区，距原海岸 620m 海中，其地下水水位明显受潮汐影响，并受填海材料影响。因此反映与大气降水关系不清晰（见图 9-10），地下水主要化学成分变化特征由图 9-10 曲线看较为特殊，虽位于填海区，但监测层位为原海底孔隙含水层，地下水中 Cl⁻ 含量并不高，多不足 1000mg/L，仅 2009 年 8 月为 1118.38mg/L。Br⁻ 变化较大，其中 2009 年 5 月 16 日为 0.10mg/L，7 月为 0.2mg/L，其余为 0.7～4.0mg/L。分析其形成原因，是该海底含水层长期受上游地下淡水的补给，致使其原海底的地下咸水逐渐淡化，由于来水量变化较大，因此各离子浓度变化也较大。

　　② 20 剖面。位于大梅沙谷地，由 2 孔（JC34、JC35）组成。各孔地下水中 Cl⁻、SO₄²⁻、Br⁻、矿化度、地下水水位及降雨量变化特征见图 9-11、图 9-12。

　　JC34、JC35 两孔监测含水层位为第四系砂层孔隙水。其中 JC35 孔距现代海岸较近（约 400m）。由地下水水位曲线（图 9-12）可见地下水水位与大气降水关系密切，即降水季节地下水水位相对较高，枯水季节地下水水位相对较低，其变化幅度前部 JC35 孔为 1.15m，中部 JC34 孔（图 9-11）为 2.17m。JC35 孔由于距海岸较近，地下水水位还受一定的潮汐影响。如曲线上反映无降雨时地下水水位有起伏。地下水主要化学成分特征，由曲线看有一定变化，但变化不大，均呈

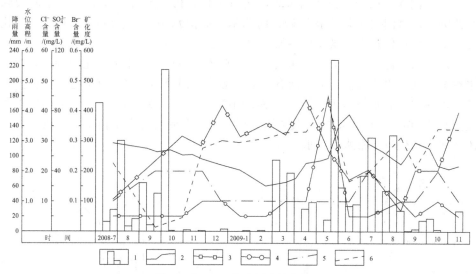

图 9-11　JC34 孔监测成果曲线图

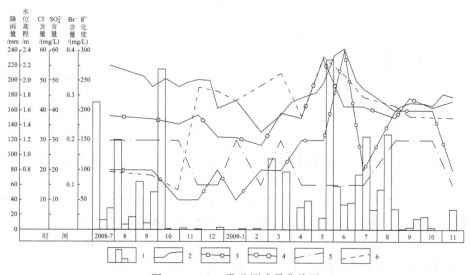

图 9-12　JC35 孔监测成果曲线图

现为淡水的特征，即地下水中 Cl^- 浓度一般不超过 60mg/L，其中 JC35 孔 2009年 5 月地下水监测 Cl^- 浓度为 57.37mg/L，Br^- 则均在 0.1～0.2mg/L。

9.5.2.2　西部

（1）基岩裂隙水

西部由于环境地质条件与东部差异较大，基岩裂隙水多为隐伏形式出现，共分布于五条剖面（2、4、10、14、16）之中。

① 4 剖面。位于宝安区福永北，该剖面有 2 孔（JC6、JC7 孔）为基岩裂隙水监测孔，监测层位均为花岗岩，两孔基岩裂隙水中 Cl⁻、SO_4^{2-}、Br⁻、矿化度、地下水水位及降雨量变化特征见图 9-13、图 9-14。

地下水水位变化特征，由曲线可见其总体趋势均具随季节变化的特征，即枯水季节其地下水位最低，但其间有波动，形成原因尚不清楚，有待进一步监测查证。再则 JC6 孔水位多为负值，且最低值 2009 年 2 月为 −1.0m（其水位低于距监测孔约 30m 的水渠水位）。其成因分析为监测井附近有人工抽水井开成，该地段地下水水位较正常水位偏低。

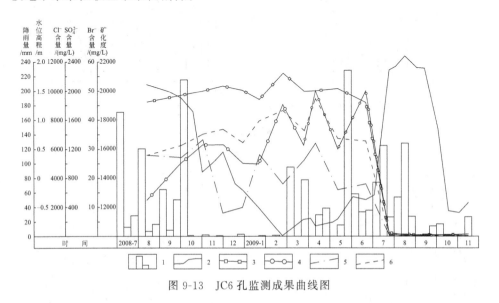

图 9-13　JC6 孔监测成果曲线图

地下水中主要化学成分变化特征由图 9-13 及图 9-14 曲线可见 JC6 孔与 JC7 孔不同。

JC6 孔距海岸约 2.5km，但由于地处原高位海水养殖区，故基岩裂隙水多为咸水。地下水中 Cl⁻ 和 Br⁻ 均高。但自 2009 年 7 月各种离子均有较大下降。其中 Cl⁻ 由 9196.58mg/L 降为 240.21mg/L，Br⁻ 由 18.0mg/L 降为 0.40mg/L。此段时间水位也相应升高，由 −0.29m 升至 1.82～2.10m。分析其形成原因，应为监测孔附近人工抽水井停止抽水，浅部大量淡水（含大气降水）的入渗补给汇集该地段，致使地下水变淡。

JC7 孔由曲线可见地下水位主要受大气降水影响，表现为雨季水位高于枯水季节，年变幅为 0.85m。地下水化学成分总体变化不大，仅 2008 年 10 月 30 日监测成果出现异常，其中 Cl⁻ 较其他时段高 10 余倍，但 Br⁻ 浓度变化较小，仍保持在 0.1～0.2mg/L。分析 Cl⁻ 出现异常是由该地段地下水遭污染所致，并非海水入侵所形成。

② 10 剖面。位于南山北，该剖面由 5 孔（JC15～JC19 孔）组成，监测层位均

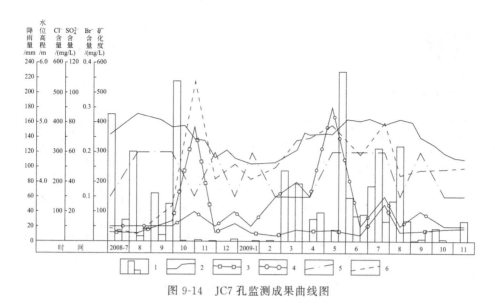

图 9-14　JC7 孔监测成果曲线图

为花岗岩，各孔地下水中 Cl⁻、SO_4^{2-}、Br⁻、矿化度、地下水水位及降雨量变化特征见图 9-15～图 9-19。

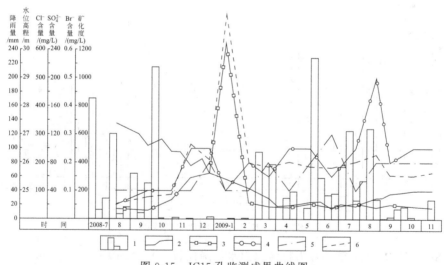

图 9-15　JC15 孔监测成果曲线图

该剖面地下水水位变化特征由曲线图可见总体趋势都在随季节变化，即枯水季节地下水水位低。但 JC15 孔进入 3 月后仍在下降，JC17 孔进入 3 月下降较多，但进入 4 月水位有抬升。分析原因，因基岩裂隙含水层导水性较差，地下水水位变化发生滞后所致。其地下水水位变幅中最大为 JC15 孔（3.04m），JC17 孔为 2.73m，其中 2009 年 3～5 月水位突然下降 3.0m 有余，分析不属于自然下降，而是由于附近有水井人为抽水所致。其余 3 孔 JC16 孔为 0.94m、JC18 孔为

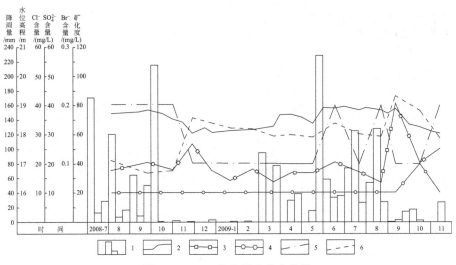

图 9-16　JC16 孔监测成果曲线图

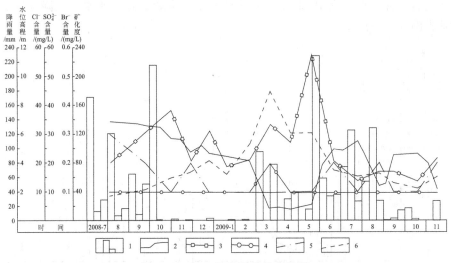

图 9-17　JC17 孔监测成果曲线图

0.78m（其中 2009 年 5 月为特殊原因水位降低较大）、JC19 孔为 0.74m。

　　地下水中主要化学成分变化特征由曲线可见，地下水水位较高的四孔（JC15、JC16、JC17、JC19 孔）均为淡水。但 JC15 孔 2008 年 11 月及 12 月两次监测成果地下水中 Cl⁻ 均超过 100mg/L，更甚者 2009 年 1 月其监测成果 Cl⁻ 竟达到 624.40mg/L，但另一海水入侵敏感性指标 Br⁻ 却一直保持在 0.1～0.2mg/L，因此分析其地下水中 Cl⁻ 高的原因属地下水遭到其他污染，并非海水入侵的结果。再者该孔位置也较高，也较难遭受海水入侵地质灾害。JC18 孔所处位置较低，含水层深埋地下为负 30 余米。因此地下水受到东西两侧严重海水入侵区

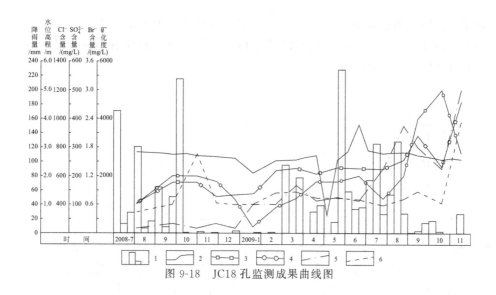

图 9-18　JC18 孔监测成果曲线图

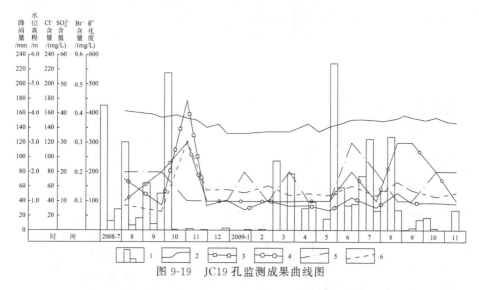

图 9-19　JC19 孔监测成果曲线图

入侵海水影响，地下水变咸。Br^- 也反映出海水特征，变幅为 0.6～3.0mg/L，其中 2009 年 11 月地下水中 Br^- 高达 3.0mg/L，这说明该地段地下水已遭到海水入侵的影响。

③ 14 剖面。该剖面位于红树林北，剖面南部有 2 孔（JC25、JC26 孔）为监测基岩裂隙水孔，监测层位均为花岗岩。各孔地下水中 Cl^-、SO_4^{2-}、Br^-、矿化度、地下水水位及降雨量变化特征见图 9-20、图 9-21。

地下水水位变化特征由图 9-20、图 9-21 曲线可见，处于地形较高的 JC25 孔，其地下水水位亦高，地下水水位变幅亦较大（2.94m），处于地形较低处的 JC26 孔则地下水水位较低，地下水水位变幅亦较小（1.83m）。其地下水水位总的变化趋势是随季节变化而变化，尤其 JC25 孔枯水期地下水水位低。其中 2009 年 1 月 JC26 孔、2009 年 2 月 JC25 孔，即枯水期地下水水位有明显上升，为局部地段受地表水体影响所致。

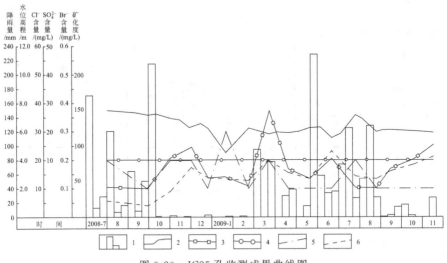

图 9-20　JC25 孔监测成果曲线图

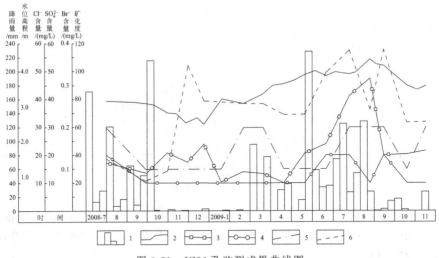

图 9-21　JC26 孔监测成果曲线图

地下水主要化学成分变化特征，由曲线看尽管部分成分有一定变化，但其变幅多不大，如 Br⁻ 在 0.1～0.3mg/L 之间变化，Cl⁻ 也多在 10～20mg/L 之间变化，个别达 37.12mg/L。SO_4^{2-} 变幅更小，如 JC25 孔 16 次监测成果 12 次为 10mg/L，4 次为 20mg/L。说明这些地段地下水不仅未受海水入侵影响，也未受地表污水影响，仍保持较稳定的淡水水化学特征。

（2）第四系松散岩类孔隙水

西部第四系地层分布广，多为冲洪积及海积层，下部多由砂、砾砂、圆砾及卵石等构成含水层。共有监测剖面 10 条（1、2、4、6、8、11、12、14、15、29），其中 1、4、14 剖面分布有基岩裂隙水监测孔。

① 1 剖面。位于宝安北沙井后亭工业区，该地段经同位素测试其地下咸水为海水入侵所致，该剖面由 2 孔（JC2、JC3 孔）组成，其中 JC2 孔为与 2 剖面共用孔。两孔地下水中 Cl^-、SO_4^{2-}、Br^-、矿化度、地下水水位及降雨量变化特征见图 9-22、图 9-23。

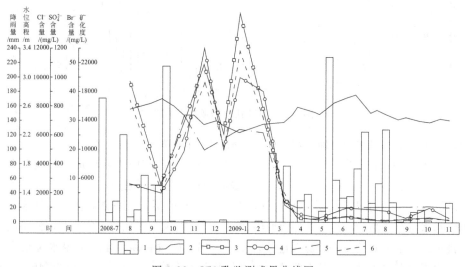

图 9-22   JC2 孔监测成果曲线图

由地下水水位曲线可看出，两孔由于地处平原区地下水水位变幅均不大，其中 JC2 孔为 0.52m，JC3 孔为 0.40m（其中 2009 年 11 月水位突然下降达 2.65m，分析为附近有水井人为抽水所致）。JC2 孔因位于茅洲河边，其地下水水位受河水水位影响较明显（河水水位还受潮汐影响），经实测一般一个潮位期地下水水位变化为 0.21m。由曲线还可看出地下水水位变化还受季节性影响，即枯水季节地下水位偏低。

地下水中主要化学成分变化特征，由曲线看出 JC2 孔变化较大，地下水中 Cl^- 浓度最高值是最低值的近 104 倍［最大为 14406.60mg/L（2009 年 1 月），最低为 102.95mg/L（2009 年 8 月）］。分析其形成原因是因距茅洲河较近，因时段不同接受河水量不同，多雨季节河水接受大量来自上游的淡水使河水变淡，且该时段正值河水补给地下水的时段，大量河水补给地下水造成地下水中 Cl^- 偏低（2008 年 11 月河水中 Cl^- 浓度为 573.72mg/L）。JC3 孔因远离河边地下水中 Cl^- 浓度变化相对较小。地下水中 Br^- 浓度也随地下水中 Cl^- 浓度变化。总之从两孔地下水中主要化学成分看，JC3 孔地下水仍保持大量海水成分，成为海水入侵严重区。JC2 孔因受河水季节咸淡

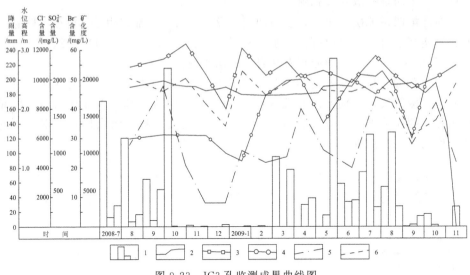

图 9-23　JC3 孔监测成果曲线图

变化，丰水季节河水补给地下水形成地下水咸度明显降低。

②6 剖面。位于宝安国际机场南，由 2 孔（JC10、JC11 孔）组成。其地下水中 Cl^-、SO_4^{2-}、Br^-、矿化度、地下水水位及降雨量变化特征见图 9-24、图 9-25。由图 9-24 曲线看 JC10 孔其地下水水位变化，2009 年 2 月前不符合正常规律，即枯水季节地下水水位有变高的态势。其形成原因据现场调查发现，该孔位于公路东，公路西有一排水渠，渠下游约 200m 处因建桥将该渠截堵，虽设有涵管排水但渠水位抬高较多，由于现在渠水排水正常因此地下水水位又开始下降，再则该渠水还受潮汐影响，因此致使该孔前段出现不正常情况，其后即 2009 年 3 月以后可较清楚地看到地下水水位受大气降水影响，且较为明显。由图 9-25 可见，JC11 孔地下水水位受大气降水影响较为明显。

对于地下水主要化学成分变化特征，由图 9-24 JC10 孔曲线可以看出，由于位于填海区后部，地下水主要化学成分呈现其咸水特性，其前段（即 2009 年 2 月前）变化幅度大是地下水与渠水有一定联系，地下水水位上升时地下水中主要化学成分低，反之就高。JC11 孔位于淡水区，其地下水主要化学成分也呈现出淡水的特征，但 2009 年 9 月地下水中 Cl^- 突然升高至 87.14mg/L，分析形成这一高值的原因是地下水遭受污染（见图 9-25）。

③11 剖面。位于大沙河且剖面方向与大沙河走向一致，由 3 孔（JC23、JC21、JC20 孔）组成，其中 JC20 孔为与 12 剖面共用孔，各孔地下水中 Cl^-、SO_4^{2-}、Br^-、矿化度、地下水水位及降雨量变化特征见图 9-26～图 9-28。

三孔均位于大沙河河畔，JC23、JC21、JC20 孔分别距海岸 1490m、2880m、3640m，距大沙河的距离分别为 90m、120m、68m。地下水水位变化特征由图 9-26～图 9-28 曲线可见三孔各有不同特点。

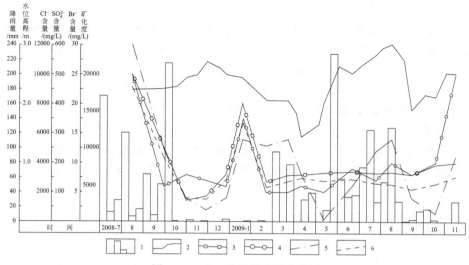

图 9-24 JC10 孔监测成果曲线图

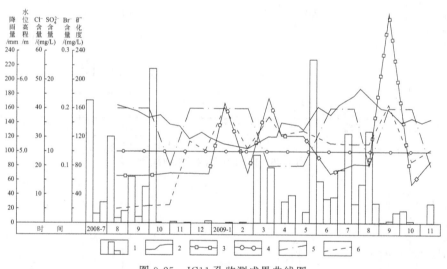

图 9-25 JC11 孔监测成果曲线图

　　JC23 孔（图 9-26）总的趋势与大气降水有较为明显的关系，但因受河水及潮汐影响，有一定波动，但变幅较小，监测期间总变幅为 3.02m。

　　JC21 孔（图 9-27）其地下水水位曲线与 JC23 孔相似，但总变幅较小（1.25m）。

　　JC20 孔（图 9-28）地下水水位变化特征由曲线看具有枯水季节水位高、雨季地下水位反而低的现象，呈现不规律的波动，波幅一般为 2.07m，2009 年 7月 24 日测得水位高达 6.03m，超出正常变幅。分析其原因主要是受河水水位影响。实地调查发现，距 JC20 号孔很近的地方，河内有一个翻板闸，受该闸开启影响，河水位时涨时跌，因此 JC20 孔中地下水水位也随之发生较大变化（见图9-29）。该现象也表明地下水位与河水位的联系非常密切。

地下水中主要化学成分变化特征，由曲线看三孔各具特点：

JC23孔位于海水入侵严重区，由图9-26曲线可见其中Cl⁻有逐渐减小的趋势，Br⁻也有该趋势，仅个别时段出现偏大异常值。由此说明大沙河一步步地整治，使得大沙河JC23孔地段的地下咸水在逐步趋向淡化。

JC21孔虽位于大沙河河水受海水污染段，但因监测孔距河较远，且处于地下水补给河水的径流区段，因此其地下水水化学特征由图9-27曲线看仍保持淡水水化学特征。

JC20孔由于远离海岸，且该河段河水亦为淡水，因此其地下水化学特征由图9-28曲线看均呈现淡水的特征，即Cl⁻少于100mg/L，Br⁻为0.1~0.2mg/L。

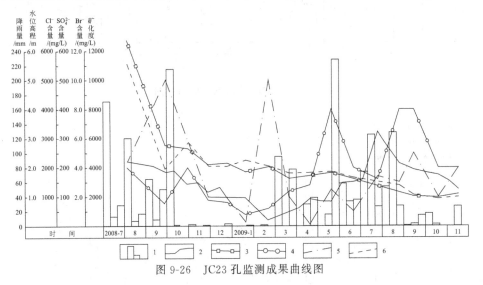

图9-26　JC23孔监测成果曲线图

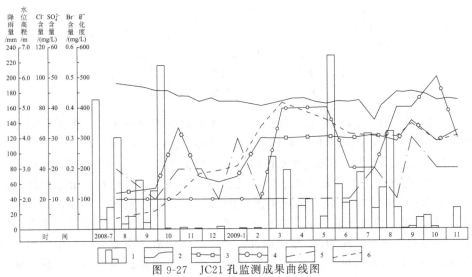

图9-27　JC21孔监测成果曲线图

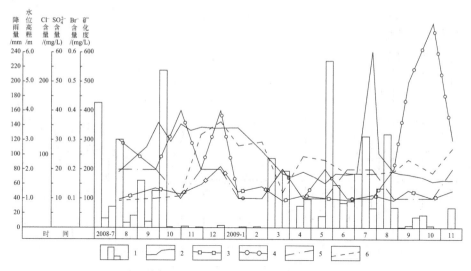

图 9-28　JC20 孔监测成果曲线图

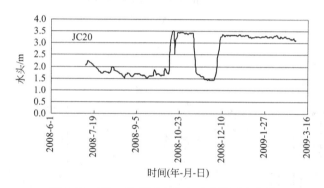

图 9-29　JC20 孔地下水位自动监测动态曲线

④ 12 剖面。该剖面为垂直大沙河顺河剖面（11 剖面）。剖面由 2 孔（JC20、JC22 孔）组成，其中 JC20 孔为两剖面共用孔。各孔地下水中 Cl^-、SO_4^{2-}、Br^-、矿化度、地下水水位及降雨量变化特征见图 9-30 及图 9-28。

由地下水水位变化图 9-30 曲线可看出其总体趋势与大气降水基本上是吻合的，即枯水季节地下水水位低，降雨季节地下水水位较高，地下水水位波动幅度不大，监测时段内为 1.10m。

地下水主要化学成分变化特征，由图 9-30 曲线可见各主要化学成分虽有一定的变化，但由于该孔位于淡水区，其变化是不大的，个别时段如 2009 年 10 月监测地下水中 Cl^- 达 128.78mg/L，总的显示其具有淡水水化学特性。

⑤ 29 剖面。位于后海湾填海区，由三孔（JC47、JC48、JC49 孔）组成，主要监测填海区不同层位地下水水位与降雨量及地下水中 Cl^-、SO_4^{2-}、Br^-、矿化度等的变化特征，其变化特征见图 9-31～图 9-33。

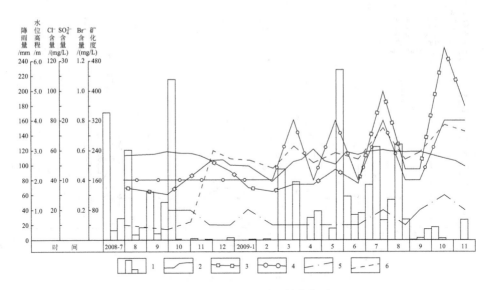

图 9-30　JC22 孔监测成果曲线图

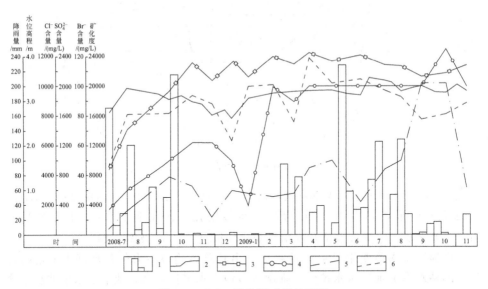

图 9-31　JC47 孔监测成果曲线图

该剖面三孔中 JC47 孔主要目的是监测原海底土层中地下水水位及地下水主要化学成分变化特征；JC48 孔主要目的是监测填海土层下部土层的地下水水位及地下水主要化学成分变化特征；JC49 孔主要目的是监测填海土层上部地下水水位及地下水主要化学成分的变化特征。

地下水水位变化特征由曲线图可看出，与大气降水及季节性变化相关关系不清晰，其形成原因：一是三孔距海岸较近受潮汐影响；二是三孔地层透水性较差，即无良好的透水含水层。因此形成其变化规律不强的特征。

地下水主要化学成分变化特征：JC47孔由图9-31曲线看建孔初地下水中Cl^-、Br^-较低，开始后逐渐抬升，三个月后达到高值，其后虽有波动，但其值不大，Cl^-浓度均在10000mg/L以上，Br^-则波动范围较大为12～39mg/L（平均为25.6mg/L）。从这一地下水化学特征充分显示原海底（即填海底部）地下水目前基本处于海水状态。

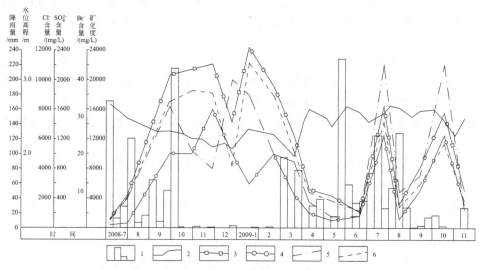

图9-32　JC48孔监测成果曲线图

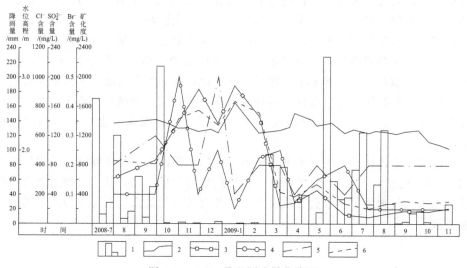

图9-33　JC49孔监测成果曲线图

JC48孔由图9-32看地下水主要化学成分，建孔初期浓度较低，其后逐渐上升，2008年9月其中Cl$^-$升至10000mg/L以上，至2009年6月下降至1063.78mg/L，Br$^-$浓度变化也较大（3～44mg/L），因此该填海区下部土层中地下水因受原海水及大气降水入渗补给，表现为地下水化学成分有较大的波动，但基本保持了明显受海水影响的特征。

由图9-33曲线可见JC49孔地下水中主要化学成分变化特征，各种成分明显低于JC47及JC48孔，地下水中Cl$^-$浓度为44.61～941.84mg/L，Br$^-$浓度则为0.1～0.5mg/L，这一特征充分显示了该土层地下水主要来自大气降水的补给，同时也一定程度受到深部咸水沿土层孔隙上升的影响，形成这一地下水水化学特征。

三孔建孔初期主要化学成分较低，经过2～3个月才达到高值，分析原因是施工时采用淡水施工，因此部分淡水进入土层，建孔后该淡水缓慢释放，形成建孔初期地下水中主要化学成分偏低的现象。再者JC48、JC49两孔由于地下水主要为大气降水入渗补给，所以雨季Cl$^-$浓度较低，枯水季节受深部咸水影响其地下水中Cl$^-$浓度较高。

从本次海水入侵地下水监测工作看，其监测孔的部署是科学的、合理的，监测方法是正确的，由监测成果看绝大多数监测孔都能客观反映所处地段地下水水位及地下水主要化学成分的变化特征，也反映出不同地段海水入侵的形势和演化过程，监测工作收到了初步效果，如大多数监测孔地下水水位具有随季节及潮汐变化的特征，各监测孔都能客观反映所处地段地下水主要化学成分的特征。但也存在某些不足之处，如本次受工作期限及工作量限制，监测工作仅有一个多水文年资料，因此某些规律性（如枯水年及丰水年等）尚未清晰和完整反映出来，尚待监测工作的继续来完成。再则部分近海孔、近地表水体孔缺少同步潮位资料、地表水体水位资料及同步水化学资料，因此对本次监测成果中的个别异常值及现象难以做出科学真实的解释，今后的监测工作应对这一缺憾进行一些弥补。

经过一年多的监测，认为可在一部分采取治理措施的地段增补部分监测孔，以监测其治理效果以及地下水水化学特性变化特征，为今后海水入侵地质灾害治理措施的选取和使用提供依据。再者对现有监测孔可适当减少一部分，如JC41、JC44、JC15、JC16等孔所处地段均为淡水区，且海水入侵也难以影响到这些地段。

随着海水入侵地质灾害地下水监测工作的不断深入、改进和完善，深圳市海水入侵地质灾害的诱因将会更清晰，发展趋势将会更明朗，其应对措施将会更科学，海水入侵地质灾害也会在政府领导及各有关部门的大力支持下得到足够的遏制或改善。

参考文献

[1] Appelo C A J，Postma D. Geochemistry，groundwater and pollution. 1993：22-24.

[2] Clark I D，Fritz P. Environmental isotopes in Hydrogeology. America：Lewis Publishers，1999.

[3] Edmunds W M. Bromine geochemistry of British groundwaters. Mineralogical Magazine，1996，60：275-284.

[4] Edmunds W M. Significance of geochemical signatures in Sedimentary basin aquifer System，Water-Rock interaction. Swets and Zeitlinger，Lisse，2001：29-30.

[5] Freeze R A，Cherry J A. Ground Water. Prentice-Hall Inc，1979.

[6] Lorrai M，Fanfani L，Lattanzi P，et al. Processes controlling groundwater chemistry of a coastal area in SE Sardinia，Water-Rock interaction. London：Taylor and FranCls Group，2004. 439-443.

[7] Mazor E. Chemical and isotopic groundwater hydrology. New York：Marcel Ddkker Inc，2005.

[8] Salama R B，Utto C J，Fitzpatrick R W. Contributions of groundwater conditions to soil and water salinization. Hydrogeology Journal，1999，160：46-64.

[9] Vengosh A，Ben-Zvi A. Formation of a salt plume in the Coastal Plain aquifer of Israel：the Be'er Toviyya region. Journal of Hydrology，1994，160：21-52.

[10] Yamanaka M，Kumagai Y. Sulfur isotope constraint on the provenance of salinity in a confined aquifer system of the southwestern Nobi Plain. central Japan. Journal of Hydrology，2005，325：33-35.

[11] Diersch H J G. WASY Software FEFLOW (R) -Finite Element Subsurface Flow & Transport Simula-tion System：Reference Manual. WASY GmbH Institue for Water Resources Planning and Systems Research，Berlin，Germany，2005.

[12] Chen K P，Jiao J J. Preliminary study on seawater intrusion and aquifer freshening near reClaimed coastal area of Shenzhen. China，Water SClence and Technology：Water Supply，2007，7（2）：137-145.

[13] Jiao J J. Modification of regional groundwater regimes by land reClamation. Hong Kong Geologist，2000，6：29-36.

[14] Huyakorn P S，Anderson P F，Mercer J W，et al. Saltwater intrusion in aquifers：development and testing of a three-dimensional finite element model. Water resources research，1987，23（2）：293-312.

[15] Jiao J J，Wang X S，Nandy S. Confined groundwater zone and slope instability in weathered igneous rocks in Hong Kong. Engineering Geology，2005，80：71-92.

[16] Jiao J J，Wang X S，Nandy S. Preliminary assessment of the impacts of deep foundations and land reClamation on groundwater flow in a coastal area in Hong Kong. China，Hydrogeology Journal，2006，14（1-2）：100-114.

[17] 常士骠，张苏民，等．工程地质手册．北京：中国建筑工业出版社，2007.

[18] 中国地质调查局．海岸带地质环境与城市发展论文集．北京：中国大地出版社，2005.

[19] 深圳市地质矿产局，深圳市勘察研究院，深圳市地质学会．深圳市海域地质矿产资源开发利用与地质环境保护规划（2000～2010年）．2001-11.

[20] 深圳市国土资源和房地产管理局宝安分局．深圳市宝安区海岸带地质灾害调查与研究报告．2007-11.

[21] 深圳市勘察测绘院有限公司，深圳市勘察研究院有限公司，深圳市地质建设工程公司，深圳市地质环境及地质灾害调查报告．2007-7.

[22] 樊丽芳，陈植华．深圳滨海地带海水入侵判定界限值的确定．勘察与科学技术，2004（2）．

[23] 丁玲，李碧美．海岸带海水入侵的研究进展．海洋通报，2004（2）．

[24] 深圳市水务局水利勘察设计院．大沙河（大学城段）整治工程初步设计报告．2004.

［25］ 深圳市坤信数字工程有限公司和中国地质大学（武汉）工程学院．深圳市沿海典型地段（深圳大学-香密湖）海水入侵现状综合调查评价．2003.

［26］ 深圳地质局．1991—1995 年地下水五年监测报告．

［27］ 深圳地质局．1998 年地下水监测报告．

［28］ 深圳地质局．1999 年地下水监测报告．

［29］ 深圳地质局．2000 年地下水监测报告．

［30］ 金可礼，陈耀庭．西沥水库土坝渗流观测与坝体加固效果浅析．水利水电科技进展，2000，20（3）：54-56.

［31］ 深圳市勘察测绘院有限公司．深圳市海水入侵地质灾害调查与防治对策研究报告．2010-8.

［32］ 谢林伸．深圳市河流水质改善策略研究——以龙岗河流域为例．北京：科学出版社，2018.

［33］ 自然资源部海洋预警监测司．2020 年中国海平面公报．2021.